U0335760

MANUAL
FOR THE BASIS
OF
INTERIOR
DESIGN

室内设计基础教程

北京骁毅空间文化发展有限公司 编

華中科技大學出版社
http://www.hustp.com

中国 · 武汉

图书在版编目（CIP）数据

室内设计基础教程 / 北京骁毅空间文化发展有限公司编．-- 武汉：华中科技大学出版社，2019.9

ISBN 978-7-5680-5280-1

Ⅰ.①室… Ⅱ.①北… Ⅲ.①室内装饰设计－高等学校－教材 Ⅳ.① TU238

中国版本图书馆 CIP 数据核字 (2019) 第 122343 号

室内设计基础教程
Shinei Sheji Jichu Jiaocheng

北京骁毅空间文化发展有限公司 编

出版发行：华中科技大学出版社（中国·武汉）　电话：(027) 81321913
出 版 人：阮海洪

责任编辑：康　晨
封面设计：骁毅文化

印　　刷：深圳市雅佳图印刷有限公司
开　　本：889mm × 1194mm 1/32
印　　张：16
字　　数：400 千字
版　　次：2019 年 9 月第 1 版第 1 次印刷
定　　价：258.00 元

本书若有印装质量问题，请向出版社营销中心调换
全国免费服务热线：400-6679-118 竭诚为您服务

室内设计行业涉及的专业内容较多，庞大而繁杂的知识体系掌握起来费时、费力。虽然市面上有较多室内设计方面的工具书，但基本属于某一设计领域，如色彩、软装等，即使包含室内设计全流程，内容讲解却过于繁琐、不够精练。针对这些现象，出现一本涵盖室内设计方方面面，且将设计关键点高度提炼的工具书就十分必要了。

本书由“理想·宅 Ideal Home”倾力打造，按照室内设计的大致流程划分为 11 章，从初步规划、预算到设计、施工；同时强调空间布局、室内装饰等方面的内容，打破常规书籍单一的基础知识模式，实现理论与实践的结合，力求帮助读者深度了解室内设计全方位的内容和运用技巧。

本书提供的知识深度恰到好处，为室内设计师提供快速、可靠、随手可得的信息资料，令室内方案设计迅捷且容易，有助于室内设计师应对日常的设计挑战。这是一本室内设计人员必备的高效工具书。

目录

Contents

第八章

根据家居设计方案，挑选适宜建材

第九章

把控施工细节，避免拖延工期

第十章

装修质量现场验收，及时处理遗留问题

第十一章

软装采购与布置，完成装修最后一关

附录

第一章
了解业主需求，制作客户访谈表

一、客户需求访谈表格范例

二、室内设计方案情绪版的制作

一、客户需求访谈表格范例

想要设计出符合业主需求的空间形态，首先应与客户进行充分沟通，并通过制作访谈表，将业主需求进行记录、分析，并透过专业的设计知识，整合、解决其中的冲突和现况问题。

1. 设计需求访谈表范例

案名：韩公馆—极简北欧	**设计地点：**北京朝阳区
访谈日期：2018.09.13	**房屋基本信息：**9/18 楼　三室两厅一厨一卫
受访业主：李清怡（女）职业：教师　韩毅（男）职业：律师	
居住空间需求：客厅、书房、主卧、老人房、儿童房、阳台狗窝	**现况面积：**128 平方米
目前家庭成员： 主人：1 男 1 女　/ 小孩：1 个 3 岁女儿　/ 长辈：公婆同住　/ 其他成员：1 狗	
未来家庭成员：计划再添 1 子	
访谈内容	
1. **风格设定：**偏好简约、舒适的空间 2. **预算：**20～25 万 3. **设计需求：**希望加大厨房使用面积，希望有独立的工作区 4. **家庭成员作息：**作息大体规律，男主人偶有加班、出差，婆婆承担大部分家务 5. **收藏与兴趣或爱好：**男主人偏爱收藏黑胶唱片 6. **现有家具使用情况：**旧房改造，主卧睡床保留 7. **未来添购家具：**希望拥有和空间更匹配的定制家具 8. **现有空间问题：**主卧太大，厨房面积略小；卫生间无干湿分区	

续表

访谈内容
9. **收纳需求**：需要较多的收纳、展示空间 10. **卫生间及厨具设备需求**：卫生间希望有淋浴房，厨房希望有足够摆放小家电的空间 11. **材料需求**：环保无毒，不贴壁纸 12. **其他**：无

※ 业主需求初步了解

2. 空间规划需求访谈表范例

案名：韩公馆—极简北欧	**设计地点**：北京朝阳区
访谈日期：2018.09.13	**房屋基本信息**：9/18 楼　三室两厅一厨一卫
访谈内容 （活动家具 / 固定家具 / 墙地顶建材 / 照明 / 收纳 / 设备）	
1. **玄关**：大面积收纳柜、强化复合地板 2. **客厅**：三人沙发、单人座椅、木茶几、电视柜、竹炭乳胶漆、强化复合地板 3. **餐厅**：4 人延伸餐桌、4 座椅、餐边柜、竹炭乳胶漆、强化复合地板 4. **主卧**：1.8 米睡床、整面墙衣柜、竹炭乳胶漆、强化复合地板 5. **书房**：书架、工作台、竹炭乳胶漆、强化复合地板 6. **儿童房**：上下床、玩具收纳区、环保漆、竹木地板 7. **老人房**：1.5 米睡床、环保漆、竹木地板 8. **厨房**：L 型整体橱柜、通体砖、釉面砖 9. **卫生间**：淋浴房、静音马桶、干湿分离、通体砖 10. **阳台**：狗窝、碳化木	

※ 各空间主要需求记录

3. 家庭生活作息表范例

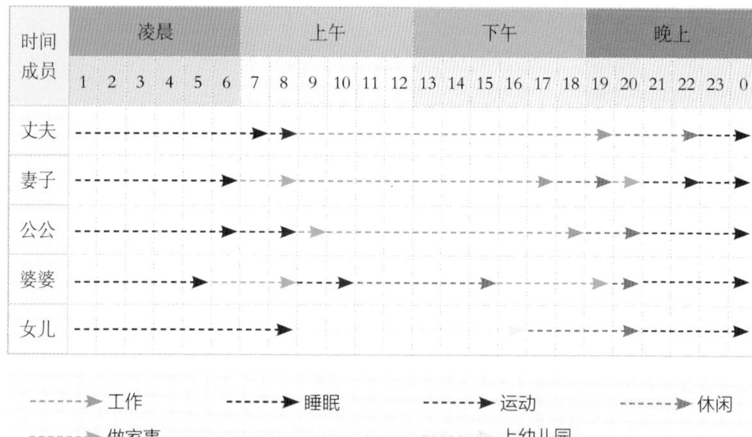

※ 彻底了解家庭成员的作息，能帮助在规划居室空间时，掌握并贴近细节的设计，例如早睡的老人房最好离晚睡的主人房远一些，避免被干扰等。

4. 空间关系表制作范例

根据客户访谈结果，制作空间关系表，可以确定原始户型的调整方案，也能实现业主对空间格局的需求。

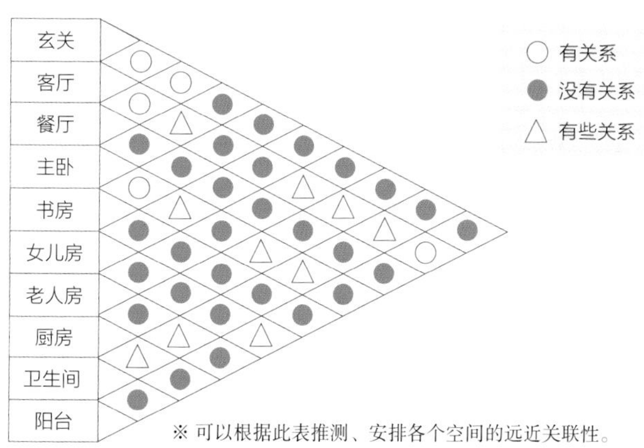

※ 可以根据此表推测、安排各个空间的远近关联性。

5. 室内风格设定调研表

与业主进行深度沟通之后，可以结合其喜好与户型现况来确定具体的室内风格。设定室内风格时，应考虑以下几个方面的问题：

◎考虑居室面积，有些风格配色较厚重，不适合小户型。

◎考虑业主经济能力，预算有限的家庭，不适合工艺复杂的风格。

◎考虑居住适用性，工作繁忙的业主，不适合材质难清洗的风格。

◎考虑业主喜好，如从颜色入手，确定适宜的家居风格。

现代风格	
空间特质指数	□ 不希望更改格局配置 □ 不喜欢复杂的木工 □ 不想花太多预算装修整体空间 □ 强调个性与时尚感
业主个性指数	□ 喜欢凸显自我、张扬个性 □ 喜欢简洁明快、不繁琐的生活方式 □ 喜欢充满科技感、有创意的东西 □ 喜欢黑白、黄色、红色等对比强烈的色彩 □ 喜欢奇特的光、影变化 □ 喜欢新型材料及工艺做法 □ 喜欢抽象、夸张的图案 □ 喜欢造型新颖的家具和软装

简约风格	
空间特质指数	□ 居家面积小于 80 平方米 □ 不想花太多预算在整体装修上 □ 家居空间强调干净、通透
业主个性指数	□ 喜欢简洁、不繁琐的生活方式 □ 喜欢清雅色调或浅茶色、棕色等中间色调 □ 对直线、大面积色块、几何图案感兴趣 □ 对家具的喜好偏向低矮、直线条，或是带有收纳功能 □ 喜欢黑白装饰画

北欧风格	
空间特质指数	□ 空间结构简单、线条明快 □ 拥有通透的大窗户 □ 想要弱化空间分割，坚持空间的单纯性 □ 空间宜简不宜繁，坚决摈弃过于累赘的硬装饰 □ 需要足够的储藏空间
业主个性指数	□ 喜欢丹麦、芬兰、挪威、瑞典等北欧国家 □ 喜欢宜家家居风格 □ 喜爱能够降温的色彩，如米色、浅木色等；喜爱黑白色调的搭配 □ 喜爱以自然元素为主的材质（如木、藤、柔软质朴的纱麻布品） □ 喜爱线条简练的板式家具 □ 喜欢多肉、蕨类等小型植物

工业风格	
空间特质指数	□ 拥有足够开敞和高度的空间 □ 层高不低于 2.6 米 □ 有部分横梁，且有暴露的管线
业主个性指数	□ 喜欢重金属、雷鬼等音乐风格 □ 喜欢冷峻、硬朗的空间格调 □ 喜欢金属、机械等工业材料 □ 喜欢暗色调带来的厚重、复古感 □ 能够接受怪诞、夸张的图形 □ 喜欢做旧的装饰品，如旧风扇、旧皮箱、旧自行车等

港式风格	
空间特质指数	□ 室内空间宽敞、内外通透 □ 空间的采光性佳 □ 各空间的面积比例和谐，不会过小
业主个性指数	□ 不追求跳跃的色彩，可接受无色系作为大面积配色 □ 业主男性思维感较强，喜欢空间带有高级感 □ 喜欢金属、玻璃、大理石等冷质材质 □ 能够接受新型事物，在家具选择上不拘泥传统材质

中式古典风格	
空间特质指数	□ 居家面积大于 100 平方米 □ 在布局上倾向严格的中轴对称原则 □ 强调家居空间古色古香，富有文化气息的氛围 □ 装修预算充足
业主个性指数	□ 喜欢明清的古典文化，例如故宫、颐和园等设计风格 □ 对中国红、黄色系、棕色系的颜色情有独钟 □ 爱好收藏青花瓷、字画、文房四宝 □ 追求一种修身养性的生活境界，爱好花鸟鱼虫等装饰 □ 喜欢明清家具，如圈椅、博古架、隔扇

新中式风格	
空间特质指数	□ 期待空间遵循均衡与对称原则 □ 想避免传统中式的过于沉闷，又期待加入中式元素 □ 空间强调中式韵味，却又符合现代人的生活特点
业主个性指数	□ 喜欢木质材料搭配现代石材 □ 喜欢中式镂空雕花、仿古灯等中式元素 □ 喜欢字画、瓷器、丝绸装饰 □ 对梅兰竹菊、荷花等图案情有独钟 □ 喜欢线条简单的中式家具

欧式古典风格	
空间特质指数	□ 装修预算充足 □ 居家面积大于 130 平方米 □ 没有居家打扫的顾虑 □ 不存在家具保养的问题
业主个性指数	□ 钟爱旅游，特别是欧洲 □ 喜欢明黄、金色等颜色渲染出的富丽堂皇的氛围 □ 喜欢奢华的水晶灯、罗马帘、壁炉等古典风格家装 □ 对欧式拱门和精美雕花的罗马柱情有独钟

新欧式风格	
空间特质指数	□ 注重室内使用效果，强调室内布置按功能区分 □ 不喜欢过于繁复的造型，突出随意、舒适的空间感受 □ 避免传统欧式家居的奢华，又期待拥有欧式风格的高雅
业主个性指数	□ 喜欢白色与金色搭配出的高雅和谐的氛围 □ 喜欢欧式花纹、装饰线 □ 不喜欢板式家具，喜欢有波状线条和富有层次感的家具 □ 非常喜欢各种白色描金的器具 □ 地面喜欢铺设石材及拼花

美式乡村风格	
空间特质指数	□ 居家面积大于 80 平方米 □ 强调自然有氧的环境，热爱原木材质空间 □ 注重私密空间与开放空间的区别 □ 重视家具和日常用品的实用和坚固
业主个性指数	□ 喜欢突出舒适和自由的氛围 □ 喜欢浓郁的色彩（如棕色系、暗红色系、绿色系） □ 可以接受粗犷的材质（如硅藻泥墙面、复古砖） □ 对于铁艺灯、彩绘玻璃灯情有独钟 □ 能接受各种仿古、做旧的痕迹 □ 钟爱乡村风格家具 □ 喜欢在室内摆放大型盆栽 □ 喜欢带有拱形的造型和天然的布艺

现代美式风格	
空间特质指数	□ 整体空间通透 □ 客厅面积不小于 15 平方米，可以在墙面做简单造型
业主个性指数	□ 喜欢开放、自由的美国文化 □ 喜欢粗犷中不乏现代感的设计 □ 喜欢相对开阔的空间 □ 喜欢自然材质，如木材、棉麻 □ 喜欢线条简练、流畅的实木家具 □ 喜欢精致、小巧的装饰物

法式宫廷风格	
空间特质指数	□ 面积较大，且层高较高 □ 最好拥有大面积的落地窗 □ 装修预算充足
业主个性指数	□ 具有高雅的品味，浪漫的情怀 □ 喜欢法式宫廷的奢华感 □ 喜欢纤巧的猫脚家具 □ 或喜欢唯美的紫色、粉色等色彩，或对绚丽、浮华的配色感兴趣 □ 对欧式雕花情有独钟，希望在家居中大量运用

法式乡村风格	
空间特质指数	□ 拥有一定层高，可以做木格栅吊顶及雕花平面吊顶 □ 户型为中户型或大户型 □ 空间中的承重墙位置合理，可以做半开敞式墙面设计
业主个性指数	□ 喜欢普罗旺斯薰衣草庄园的浪漫氛围 □ 喜欢棉麻、木材等天然质感的材料 □ 喜欢仿旧家具带来的质朴气息 □ 喜欢铁皮花器等文艺风和自然风装饰 □ 喜欢来源于自然灵感的装饰元素

田园风格	
空间特质指数	□ 户型为中户型或大户型 □ 注重营造空间的流畅感和系列化 □ 强调自然居家气氛，接近大自然的感觉
业主个性指数	□ 喜欢自然、随意的居室氛围 □ 对各种纯天然的色彩情有独钟（如红色、绿色、黄色等） □ 喜欢碎花、格子的图案 □ 喜欢各种蕾丝花边的衣服 □ 喜欢在室内摆放盘状挂饰与盆栽 □ 喜欢带有朴实、自然感的装饰材料，如竹、陶、藤等

地中海风格	
空间特质指数	□ 户型为大户型或别墅 □ 没有居家打扫的顾虑 □ 空间强调通透性，拥有良好的光线
业主个性指数	□ 喜欢海洋的清新、自然浪漫的氛围 □ 不排斥蓝色或绿色等清冷色调 □ 对各种拱形门，拱形窗情有独钟 □ 喜欢铁艺雕花 □ 喜欢各种造型的饰品（如船型、贝壳、海星） □ 喜欢仿古砖、马赛克拼花

东南亚风格	
空间特质指数	□ 户型为中户型或大户型 □ 空间风格强调浓烈，但不要过于杂乱
业主个性指数	□ 向往较浓烈的异域风情 □ 喜欢天然的木材、藤、竹等质朴材质 □ 能接受很艳丽的色彩，如橙色、明黄、果绿色 □ 喜欢富有禅意的饰品，如佛手、佛像 □ 对各种木雕情有独钟

日式风格	
空间特质指数	□ 空间总能让人静静地思考，禅意无穷 □ 可以借用外在自然景色，为室内带来无限生机 □ 重视实际功能，如设置榻榻米，增加收纳空间
业主个性指数	□ 欣赏日本的侘寂美学，喜欢无印良品 □ 不推崇豪华奢侈、金碧辉煌，以淡雅节制、深邃禅意为追求 □ 喜欢在居室的装修、装饰中大量使用纯天然的材质 □ 具有较高的艺术造诣，擅用枯木做装饰 □ 对带有日式风情的元素情有独钟，如樱花、浮世绘、蒲团等

二、室内设计方案情绪版的制作

通过各种访谈表可以初步形成室内设计的定位方向，但在制作具体设计方案时，则需要使调研结果更加具象化。通过进行室内设计方案情绪版的制作，可进一步使业主的想法落地。

1. 了解室内方案情绪版及其作用

◎ 情绪版是指对室内设计相关主题方向的色彩、图片、影像或其他材料的收集。

◎ 可引起某些情绪反应，以此作为设计方向或形式的参考。

◎ 可有效帮助设计师明确视觉设计需求，用于提取配色方案、视觉风格、质感材质，以指导视觉设计，为设计师提供灵感。

2. 室内方案情绪版的制作流程

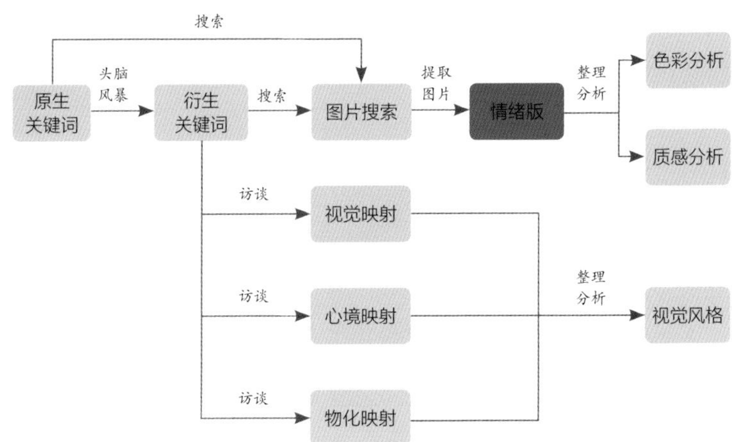

※ 第一步：原生关键词设定

综合业主的访谈结果，明确业主喜好，可以得出体验关键词。如果在沟通时，业主明确表示喜好简洁、舒适的空间环境，由此可以得出“简洁”、“舒适”是本案设计的关键。

※ 第二步：原生关键词的衍生

通过原生关键词，画出关键词的思维导图。一方面可以合理地发散思路，另一方面可以在此过程中，深挖原生关键词在业主心中的定义。

◎以原生关键词“简洁、舒适、时尚”为例，思维导图绘制范例：

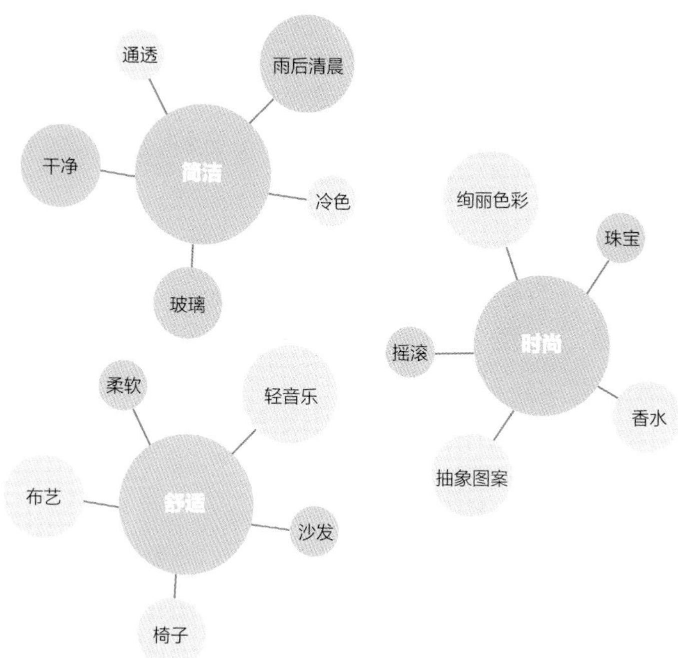

※ **第三步：图片搜索，提取生成情绪版**

在这一阶段，要求设计师使用“原生关键词”和“衍生关键词”，通过网络渠道，收集大量相应素材图进行方案的初步设定。

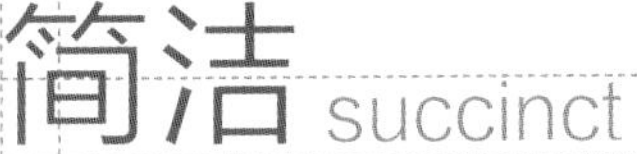

舒服 comfortable

时尚 fashion

※ 第四步：分析衍生关键词

在生成情绪版的同时，将所有“衍生关键词”按照三个维度分类整理，即视觉映射、心境映射、物化映射。

目的：帮助设计师从用户角度去理解“抽象关键词”的“具象诠释”。

		简洁	时尚	舒适
词典意义		指（说话、行为等）简明扼要，没有多余的内容	流行文化的表现，一个时期内设计环境崇尚的流行文化，特点为年轻、个性、多变，并被公众认同和效仿	身心安恬、称意。生命的自然状态及心理上的需求，得到满足以后的感觉
用户定义	视觉映射	整齐、明亮、干净、大方、白色、条理清楚、棱角分明、冷硬、素色、直接	多彩、绚丽、黑色、个性、潮流、摇滚、嘻哈、欧美	柔软、环保、温暖、黄色、米色、绿色
	心境映射	清晨、空旷、雨后	街拍、暴风雨、气场大	散步、睡觉、放空的状态
	物化映射	钢化玻璃、不锈钢、原木、白瓷、横平竖直的板式家具、吸顶灯	铆钉、彩绘玻璃、黄铜、绚丽的壁纸、造型独特的茶几、魔豆灯、色彩绚丽的装饰画、变形夸张的工艺品	实木、竹藤、棉麻、素色布艺沙发、懒人椅、符合人体工学的座椅

※ 第五步：对情绪版进行“色彩分析”和“质感分析”

对照情绪版，以及整理后的衍生关键词，可以对家居环境进行初步的色彩和材质设定。

色彩分析： 选择情绪版中的图片，先在 PS 中进行高斯模糊，再使用颜色滴管提取大色块。

质感分析： 结合衍生关键词的分析结果，将情绪版中高频出现的纹理和材质提取出来。

◎色彩分析范例

原图

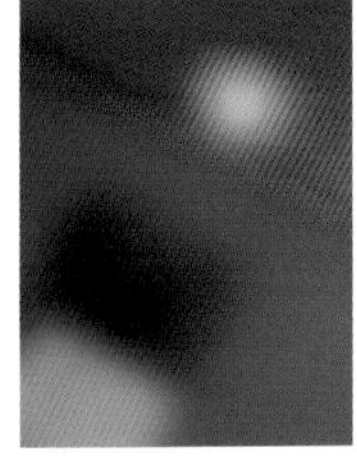

高斯模糊

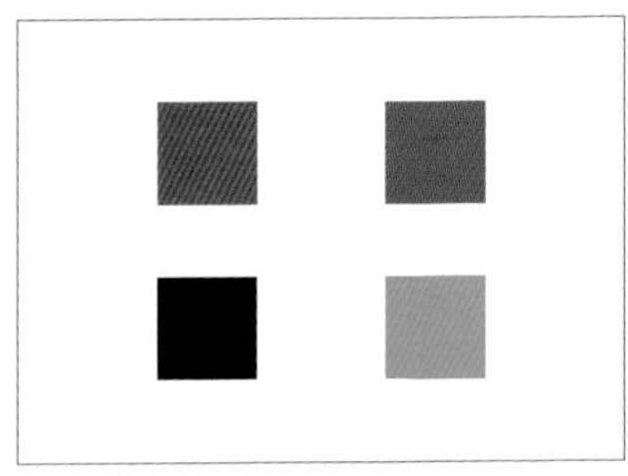

配色方案提取

◎从关键词到初步案例的演变范例

初步设计案例：

初步设计案例：

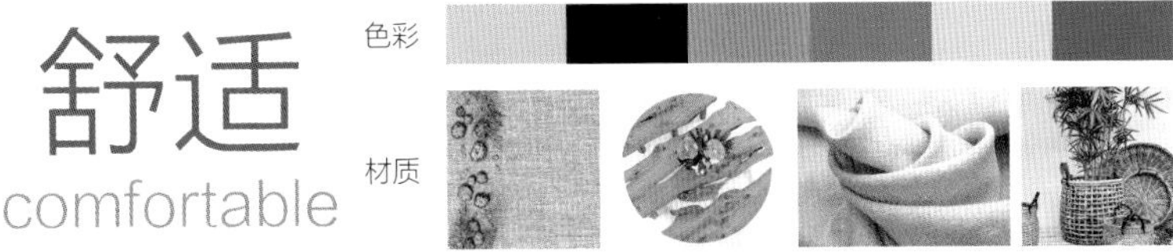

初步设计案例：

第二章

从业主喜好出发，确定家居风格

一、现代简洁类风格与设计

二、东方气韵类风格与设计

三、大气奢华类风格与设计

四、自然有氧类风格与设计

一、现代简洁类风格与设计

现代简洁类型的风格一般适用于房型面积不大的家庭，预算相对较低。其中简约风格对于大部分家庭均适用。若追求简洁中带有品质感，北欧风格、港式风格较适合；若追求简洁中不乏个性，则适用工业风格。

1. 现代风格

① 风格要点

◎ 提倡突破传统，创造革新。

◎ 重视功能和空间组织。

◎ 注重发挥结构本身的形式美。

◎ 崇尚合理的构成工艺。

◎ 强调设计与工业生产的联系。

◎ 具有时代特色。

② 灵感来源

现代风格的配色可以参照钢筋水泥塑造的大楼、柏油马路等，其材质体现出机械感、现代技术的产物（玻璃等），形成温度感较低的配色印象。

③ 风格元素的运用特点

种类	特点	常用元素
材料	□ 尊重材料的特性 □ 选材更加广泛 □ 讲究材料自身的质地和色彩的配置效果	□ 复合地板 □ 不锈钢 □ 文化石 □ 大理石 □ 木饰墙面 □ 玻璃 □ 条纹壁纸 □ 马赛克拼花背景墙
家具	□ 家具线条简练，无多余装饰 □ 柜子与门把手设计尽量简化	□ 造型茶几 □ 躺椅 □ 布艺沙发 □ 线条简练的板式家具
配色	□ 可将色彩简化到最少程度 □ 也可使用强烈的对比色彩	□ 红色系 □ 黄色系 □ 黑色系 □ 白色系 □ 对比色
装饰	□ 装饰体现功能性和理性 □ 简单的设计中，也能感受到个性的构思	□ 抽象艺术画 □ 无框画 □ 金属灯罩 □ 时尚灯具 □ 玻璃制品 □ 金属工艺品 □ 隐藏式厨房电器 □ 珠线帘
形状图案	□ 用直线表现现代的功能美 □ 以简洁的几何图形为主 □ 也可利用圆形、弧形等，增加居室造型感	□ 几何结构 □ 直线 □ 点线面组合 □ 方形 □ 弧形

风格案例剖析

① 点线面组合 ② 时尚灯具 ③ 抽象艺术画 ④ 对比色 ⑤ 造型茶几

① 黑色系
② 不锈钢罩面台灯
③ 几何图案地毯
④ 布艺沙发

① 无多余装饰的橱柜
② 大理石饰面
③ 玻璃装饰花瓶
④ 躺椅
⑤ 多材质组合的家具

① 方形拼接造型装饰
② 时尚灯具
③ 强烈的对比色彩
④ 线条简练的造型家具

2. 简约风格

① 风格要点

◎ 取消外表多余的浮华以突出原本的特性。

◎ 由简单的形象或符号来构筑空间。

◎ 简化结构体系，精简结构构件。

◎ 对比是简约装修中惯用的设计方式。

◎ 讲究结构逻辑，使之产生没有屏障或屏障极少的建筑空间。

② 灵感来源

简约风格的配色可以参照干净的天空、空旷的原野、银装素裹的冬日等，其材质体现出清爽、舒适、素雅之感，一般没有过多装饰。

③ 风格元素的运用特点

种类	特点	常用元素
材料	□ 用材简单，不会用过多的材料搭配 □ 和美观度相比，更重实用性	□ 纯色涂料　□ 纯色壁纸 □ 条纹壁纸　□ 抛光砖 □ 通体砖　□ 石材 □ 镜面 / 烤漆玻璃　□ 石膏板造型
家具	□ 不占面积、折叠、多功能等为主 □ 力求为家居生活提供便利	□ 低矮家具　□ 直线条家具 □ 多功能家具　□ 带有收纳功能的家具
配色	□ 白色常被大面积使用 □ 常用纯色或流行色装点空间	□ 白色　□ 白色 + 黑色 □ 木色 + 白色　□ 白色 + 米色 □ 白色 + 灰色　□ 白色 + 黑色 + 红色 □ 白色 + 黑色 + 灰色　□ 米色 □ 中间色　□ 单一色调
装饰	□ 尽量简约，但要到位 □ 以实用性为主	□ 纯色地毯　□ 黑白装饰画 □ 金属果盘　□ 吸顶灯　□ 灯槽
形状图案	□ 简洁的直线条	□ 直线　□ 直角 □ 大面积色块　□ 几何图案

风格案例剖析

① 石膏板造型墙面 ② 黑白装饰画 ③ 大面积白色 ④ 直线条家具

① 饰面板 ② 多功能家具 ③ 直线条布艺沙发 ④ 纯色家具装点

纯色涂料
通体砖

3. 北欧风格

① 风格要点

◎ 崇尚自然，尊重传统工艺技术。

◎ 风格简洁、直接、功能化，且贴近自然。

◎ 任何一个空间总有一个视觉中心。

◎ 强调室内空间宽敞、内外通透，最大限度地引入自然光。

② 灵感来源

北欧风格的配色可以参照北欧风景、文艺杂志等，其材质体现出天然质感，但又带有精致的高级感。

③ 风格元素的运用特点

种类	特点	常用元素
材料	□ 保留材质的原始质感	□ 天然材料 □ 板材 □ 石材 □ 藤 □ 白色砖墙 □ 玻璃 □ 铁艺 □ 实木地板 □ 金属
家具	□ “以人为本”是家具设计的精髓 □ 完全不使用雕花、纹饰 □ 线条明朗，简化流通	□ 板式家具 □ 布艺沙发 □ 带有收纳功能的家具 □ 符合人体曲线的家具 □ 布吉·莫根森双人位沙发 □ 板式原木家具 □ 符合人体工学的家具 □ 伊姆斯椅
配色	□ 讲求浑然天成 □ 使用黑白灰营造强烈效果 □ 浅淡的色彩 □ 多使用中性色进行柔和过渡	□ 白色 □ 灰色 □ 黄色 + 蓝色 □ 浅色 + 木色 □ 纯色点缀
装饰	□ 注重个人品味和个性化格调 □ 不会很多，但很精致	□ 魔豆灯 □ 钓鱼灯 □ 鱼线灯 □ 极简无花床品 □ 几何图案地毯 □ 组合装饰画 □ 网格置物架 □ 鹿头壁挂 □ 谷仓门 □ 玻璃瓶插花 □ 绿植
形状图案	□ 注重流畅的线条设计 □ 只用线条、色块区分点缀 □ 完全不用纹样和图案装饰	□ 流畅的线条 □ 条纹 □ 几何造型 □ 大面积几何色块

风格案例剖析

①生机盎然的绿植 ②符合人体曲线的座椅 ③大面积白色墙面 ④灰色系布艺沙发 ⑤造型茶几

① 组合装饰画 ② 布吉·莫根森双人位沙发 ③ 几何纹样地毯 ④ 玻璃瓶插花

① 流畅线条的空间 ② 玻璃瓶插花 ③ 浅色 + 木色 ④ 简洁壁炉装饰

① 鱼线灯 ② 组合装饰画 ③ 板式家具 ④ 极简纯棉布艺床品

4. 工业风格

① 风格要点

◎ 空间兼具奔放与精致、阳刚与阴柔、原始与工业化之感。

◎ 散发出粗狂、神秘、机械感十足的特质。

◎ 不刻意隐藏各种水电管线，适当暴露建筑结构和管道。

② 灵感来源

工业风格的配色主要源于机械、旧工厂的水泥墙等，体现出一种男性的粗犷与冷硬。材质同样硬朗、坚固，有时还会体现出一种复古感。

③ 风格元素的运用特点

种类	特点	常用元素
材料	□ 保留原有建筑材料的部分容貌 □ 材料呈现粗糙、粗犷的质感	□ 裸露的砖墙 □ 原始水泥墙 □ 做旧质感的木材 □ 磨旧感的皮革 □ 金属构件
家具	□ 从细节上彰显粗犷、个性的格调 □ 金属集合物，有焊接点、铆钉等暴露在外的结构组件	□ 水管风格家具 □ 金属与旧木结合的家具 □ Tolix 金属椅 □ 皮质沙发
配色	□ 突显颓废与原始工业化 □ 冷静的色彩搭配 □ 避免色彩感过于强烈的纯色	□ 黑色 □ 灰色 □ 棕色 □ 木色 □ 朱红色
装饰	□ 多见水管造型的装饰 □ 擅用身边的陈旧物品	□ 皮毛地毯 □ 贾伯斯吊灯 □ 爱迪生灯泡 □ 悬浮吊灯 □ 旧皮箱 □ 旧自行车 □ 旧风扇 □ 羊头或牛头装饰 □ 工业模型 □ 齿轮时钟
形状图案	□ 给人视觉冲击力 □ 非常规的构造结构	□ 夸张的图案 □ 扭曲 □ 不规则线条 □ 斑马纹 □ 豹纹

风格案例剖析

① 原始水泥墙　② 贾伯斯吊灯　③ 皮质沙发　④ 朱红色单人座椅

① 裸露的砖墙　② 暴露的水管装饰　③ 水管风格装饰架

① 金属构件灯　② Tolix 金属椅　③ 做旧铁皮柜

① 水管风格装饰架　② 旧自行车装饰　③ 金属与旧木结合的家具

5. 港式风格

① 风格要点

◎ 简洁的线条与空间的融合度较高。

◎ 擅于营造前卫、时尚且不受拘束的空间感。

◎ 追求冷静的空间氛围，往往体现出一种男性思维。

◎不受承重墙的限制，强调形式更多的服务于功能。

◎ 注重灯光、细节与饰品，符合现代人对生活品位的追求。

② 灵感来源

港式风格的配色来源和现代风格类似，但一般不会出现过于绚丽的配色方案，较低调、克制。材质方面会用到大量茶镜、黑镜以及金色金属等。

③ 风格元素的运用特点

种类	特点	常用元素
材料	□ 追求材质创新，会大量运用新型环保材料	□ 刨花板 □ 高密度纤维板 □ 透光玻璃 □ 不锈钢 □ 镜面
家具	□ 大量运用奢华感的金属家具	□ 金属家具 □ 大理石家具 □ 吊球椅 □ 新型材质家具 □ 蛋椅 □ 创意造型家具
配色	□ 配色冷静、深沉，不追求跳跃色彩 □ 常用无色系作为大面积配色 □ 大量运用到金属色 □ 几乎不会采用对比色	□ 黑色 □ 灰色 □ 白色 □ 金色 □ 宝蓝色 □ 浊色调暖色
装饰	□ 色彩和材质可以多样化 □ 将金色的设计理念延续到装饰品中	□ 毛皮布艺 □ 带有光泽度的抱枕 □ 金漆工艺台灯 □ 透光金属吊灯 □ 大型造型灯具 □ 琉璃玻璃装饰 □ 镀金漆 / 金色装饰品
形状图案	□ 线条简单大方，切不可花哨 □ 开放式的空间结构	□ 利落的线条 □ 素雅的图案 □ 几何形状 □ 水墨纹样

风格案例剖析

① 灰蓝色背景墙　② 金属创意装饰　③ 新型材质家具

① 大型造型灯具　② 宝蓝色装饰饰面　③ 带有光泽度的抱枕　④ 创意造型家具

① 金色的大面积使用　② 具有光泽度的玻璃　③ 素雅图案的床品　④ 毛皮盖毯

二、东方气韵类风格与设计

东方气韵类型的家居风格主要包括中式风格、日式风格和东南亚风格，这些风格有着浓郁的地域特色，且传达出一种禅意韵味。在具体设计时，若业主预算略少，可建议使用新中式和日式风格，若预算足够，且房型较大，可考虑中式古典和东南亚风格。

1. 中式古典风格

① 风格要点

◎ 常给人以历史延续和地域文脉的感受。

◎ 使室内环境突出民族文化渊源的形象特征。

◎ 讲究构架制原则，建筑构件规格化。

◎ 利用庭院组织空间，用装修构件分合空间。

◎ 注重环境与建筑的协调，善于用环境创造气氛。

② 灵感来源

中式古典风格的家居配色最重要的是体现出时间积淀，老木、深秋的落叶以及带有历史感的建筑，都能很好地体现出这一特征。材质上多用木材，塑造出厚重感。

③ 风格元素的运用特点

种类	特点	常用元素	
材料	□ 以木材为主要建材 □ 充分发挥木材的物理性能 □ 创造出独特的木结构或穿斗式结构	□ 木材 □ 青砖	□ 文化石 □ 字画壁纸
家具	□ 带有中式古典风格 □ 讲究“对称原则”	□ 明清家具 □ 案类家具 □ 博古架 □ 隔扇	□ 圈椅 □ 坐墩 □ 榻 □ 中式架子床
配色	□ 运用色彩装饰手段营造意境 □ 擅用皇家色	□ 中国红 □ 棕色系	□ 帝王黄 □ 蓝色 + 黑色
装饰	□ 追求修身养性的生活境界	□ 宫灯 □ 中式屏风 □ 文房四宝 □ 水墨装饰画 □ 挂落 □ 木雕花壁挂	□ 青花瓷 □ 中国结 □ 书法装饰 □ 佛像 □ 雀替
形状图案	□ 吸取我国传统木构架建筑 □ 镂空类造型是中式家居的灵魂	□ 垭口 □ 窗棂 □ 冰裂纹 □ 牡丹图案 □ 祥兽图案	□ 藻井吊顶 □ 回字纹 □ 福禄寿字样 □ 龙凤图案 □ 镂空类造型

风格案例剖析

① 中国红缎面抱枕 ② 镂空类造型 ③ 宫灯造型吊灯 ④ 圈椅

① 藻井吊顶 ② 明清家具 ③ 水墨装饰画 ④ 圈椅

① 木质镂空月亮门　② 博古架　③ 几架类装饰家具　④ 木质坐墩

① 镂空造型吊顶装饰　② 帝王黄装饰壁画　③ 棕色系木质餐桌椅

2. 新中式风格

① 风格要点

◎提取传统家居的精华元素和生活符号，并进行合理的搭配、布局。

◎根据现代人的审美需求来打造富有传统韵味的事物。

◎再现移步变景的精妙小品。

◎多采用对称式的布局方式，格调高雅，造型简朴优美。

② 灵感来源

新中式风格的配色可以参照京城民宅，以及江南园林建筑，同时也少不了皇家特色。材质方面依然以木质为主，结合现代感的金属、玻璃材质。

③ 风格元素的运用特点

种类	特点	常用元素
材料	□ 主材常取材于自然 □ 也不必过于拘泥，可与现代材质巧妙兼融	□ 木材 □ 竹木 □ 青砖 □ 石材 □ 中式风格壁纸
家具	□ 线条简练的中式家具 □ 现代家具与古典家具相结合	□ 圈椅 □ 无雕花架子床 □ 简约化博古架 □ 线条简练的中式家具 □ 现代家具 + 清式家具
配色	□ 色彩自然、搭配和谐 □ 苏州园林和京城民宅的黑、白、灰色为基调 □ 以皇家住宅的红、黄、蓝、绿等为局部色彩	□ 白色 □ 白色 + 黑色 + 灰色 □ 黑色 + 灰色 □ 吊顶颜色浅于地面与墙面
装饰	□ 装饰细节上崇尚自然情趣	□ 仿古灯 □ 青花瓷 □ 茶案 □ 古典乐器 □ 鸟笼装饰 □ 佛像 □ 花鸟图 □ 水墨山水画 □ 中式书法
形状图案	□ 常以“梅兰竹菊”图案为隐喻 □ 广泛运用简洁硬朗的直线条	□ 中式镂空雕刻 □ 中式雕花吊顶 □ 直线条 □ 荷花图案 □ 梅兰竹菊 □ 龙凤图案 □ 骏马图案

风格案例剖析

① 水墨山水画 ② 线条简练的中式家具 ③ 水墨纹样地毯

① 仿古灯　② 中式镂空雕刻　③ 无雕花架子床

① 线条简练的中式家具　② 花朵图案装饰壁纸　③ 皇家色局部点缀

3. 东南亚风格

① 风格要点

◎ 结合东南亚民族岛屿特色及精致文化品位的设计。

◎ 设计简约人性，融合中西之美。

◎ 虽然风格浓烈，但不能过于杂乱。

◎ 以冷静线条分割空间，代替一切繁杂与装饰。

② 灵感来源

东南亚风格的配色来源可以充分以当地的特色为主，如色彩斑斓的热带雨林、寺庙中神圣的金色等。东南亚风格取材天然，追求自然、环保的设计理念。

③ 风格元素的运用特点

种类	特点	常用元素
材料	□ 广泛运用天然原材料	□ 木材 □ 石材 □ 藤 □ 麻绳 □ 彩色玻璃 □ 黄铜 □ 金属色壁纸 □ 绸缎绒布
家具	□ 常使用实木、棉麻以及藤条材质 □ 以纯手工编织或打磨为主 □ 多数只是涂一层清漆作为保护 □ 明朗、大气的设计	□ 木雕家具 □ 藤艺家具 □ 果皮家具 □ 木皮家具 □ 水草家具 □ 红木家具 □ 柚木家具
配色	□ 大胆用色，但最好做局部点缀 □ 夸张艳丽的色彩冲破视觉沉闷 □ 色彩回归自然 □ 统一中性色系	□ 原木色 □ 褐色 □ 橙色 □ 紫色 □ 绿色
装饰	□ 别具一格的东南亚元素	□ 烛台 □ 浮雕 □ 佛手 □ 木雕 □ 锡器 □ 纱幔 □ 大象饰品 □ 泰丝抱枕 □ 青石缸 □ 花草植物 □ 东南亚建筑摆件
形状图案	□ 热带风情为主的花草图案 □ 禅意风情的图案	□ 树叶图案 □ 芭蕉叶图案 □ 莲花图案 □ 莲叶图案 □ 佛像图案

风格案例剖析

① 木质吊顶　② 烛台　③ 纱幔　④ 花草纹样地毯　⑤ 色彩鲜艳的台灯

① 艳丽的配色　② 泰丝抱枕　③ 木皮家具　④ 紫色 + 绿色拼接桌旗　⑤ 绿植装饰

佛像装饰
锡器

4. 日式风格

① 风格要点

◎ 讲究空间的流动与分隔：流动则为一室，分隔则分几个功能空间。

◎ 强调空间形态和物体单纯、抽象化的同时，还必须重视空间各物体的相关性。

◎ 不推崇豪华奢侈、金碧辉煌，以淡雅节制、深邃禅意为境界。

◎ 推崇原始形态，彰显出原始素材的本来面目。

② 灵感来源

日式风格力求与大自然融为一体，常借用外在自然景色，为室内带来生机；配色来源也常见体现侘寂感的木色、浊蓝色等。选用材料特别注重自然质感，与大自然亲切交流，其乐融融。

③ 风格元素的运用特点

种类	特点	常用元素
材料	□ 自然界的材质大量运用于居室	□ 原木 □ 白灰粉墙 □ 藤 □ 草席
家具	□ 家具低矮，且不多 □ 设计合理、形制完善、符合人体工学	□ 榻榻米 □ 低矮家具 □ 升降桌 □ 押入 □ 天袋 □ 地袋 □ 传统日式茶桌 □ 暖炉台
配色	□ 多偏重于原木色 □ 沉静的自然色彩	□ 原木色 □ 米黄色 □ 白色 □ 白色 + 浅木色 □ 木色 + 白色 + 黑色
装饰	□ 和风传统节日用品	□ 和服娃娃装饰画 / 装饰物 □ 清水烧 □ 日式鲤鱼旗 □ 和风御守 □ 日式招财猫 □ 江户风铃 □ 浮世绘 □ 枯枝 / 枯木装饰 □ 和纸灯具 □ 蒲团 □ 日式推拉格栅
形状图案	□ 简洁的造型线条 □ 较强的几何立体感	□ 横平竖直的线条 □ 樱花图案 □ 竹子图案 □ 山水图案 □ 木格纹

风格案例剖析

① 原木色定制装饰 ② 竹子图案装饰 ③ 升降桌 ④ 低矮家具 ⑤ 日式推拉格栅

① 横平竖直的线条 ② 木质茶几 ③ 清水烧装饰 ④ 枯木装饰

①白色＋浅色　②樱花图案半帘　③竹藤吊灯　④原木色定制收纳柜

①沉静的配色关系　②浮世绘装饰画　③取材自然的装饰

三、大气奢华类风格与设计

大气奢华类型的风格主要为偏欧式的风格，这类风格的主要特点是能够体现出奢华、大气，以及精致感的家居氛围。其中欧式古典风格和法式宫廷风格的造价较高，较合适别墅，新欧式风格则选择性更高，大中户型同样适用，且更符合当代人的居住理念。

1. 欧式古典风格

① 风格要点

◎ 空间追求连续性，追求形体的变化和层次感。

◎ 追求华丽、高雅之感，具有很强的文化韵味和历史内涵。

◎ 整体空间具有强烈的西方传统审美气息。

◎ 适用大房子，若空间太小，无法展现其风格气势，同时会造成压迫感。

② 灵感来源

欧式古典风格的色彩来源可以参照欧式皇家室内建筑，以及色彩复古、艳丽的珠宝，力求体现金碧辉煌、华丽富贵的视觉冲击。材质方面同样需彰显富贵之气。

③ 风格元素的运用特点

种类	特点	常用元素
材料	□ 建材与家居整体构成相吻合 □ 石材拼花最能体现风格的雍容、大气	□ 石材拼花　□ 仿古砖 □ 镜面　□ 护墙板 □ 欧式花纹壁布　□ 软包 □ 天鹅绒
家具	□ 厚重凝炼、线条流畅 □ 细节处雕花刻金 □ 完整继承和表达风格的精髓	□ 色彩鲜艳的沙发　□ 兽腿家具 □ 贵妃沙发床　□ 欧式四柱床 □ 床尾凳
配色	□ 色彩鲜艳、浓烈，光影变化丰富 □ 要表现出古风格的华贵气质 □ 黄色系被广泛运用	□ 白色系　□ 黄色 / 金色 □ 红色　□ 棕色系 □ 青蓝色系
装饰	□ 多用欧式图案 □ 常见的古典式装饰或物件	□ 大型灯池　□ 水晶吊灯 □ 欧式地毯　□ 罗马帘 □ 壁炉　□ 西洋画 □ 装饰柱　□ 雕像 □ 西洋钟　□ 欧式红酒架
形状图案	□ 具有造型感 □ 少见横平竖直，多带有弧线 □ 涡卷与贝壳浮雕是常用的装饰手法	□ 藻井式吊顶　□ 拱顶 □ 花纹石膏线　□ 欧式门套 □ 拱门

风格案例剖析

① 水晶吊灯 ② 护墙板 ③ 天鹅绒装饰帘 ④ 金色描边雕花家具

① 大型灯池
② 天鹅绒流苏窗帘
③ 色彩鲜艳贡缎床品
④ 床尾凳

① 藻井式吊顶
② 罗马帘
③ 欧式花纹壁布
④ 兽腿家具

① 装饰柱
② 棕色系书柜
③ 西洋画
④ 兽腿家具

2. 新欧式风格

① 风格要点

◎ 极力让厚重的欧式家居体现出一种别样奢华的“简约风格”。

◎ 不再追求表面的奢华和美感，而是更多解决人们生活的实际问题。

◎ 在注重装饰效果的同时，用现代的手法和材质还原古典气质。

◎ 经过改良的古典主义风格，高雅而和谐是其代名词。

◎ 具备了古典与现代的双重审美效果。

② 灵感来源

新欧式风格的配色来源比较广泛，可参考任意精致、高级的配色案例，再加入吻合其风格特征的软装、建材即可凸显新欧式风格的特色。

③ 风格元素的运用特点

种类	特点	常用元素
材料	□ 石材依然较常用，色彩更淡雅 □ 保留欧式古典的选材特征，但更简洁	□ 石膏板工艺 □ 镜面玻璃顶面 □ 花纹壁纸 □ 护墙板 □ 软包墙面 □ 装饰石膏线 □ 拼花大理石 □ 木地板
家具	□ 家具线条简化，更具现代气息 □ 保留传统材质和色彩大致风格 □ 摒弃过于复杂的肌理和装饰	□ 线条简化的复古家具 □ 曲线家具 □ 真皮沙发 □ 皮革餐椅
配色	□ 常选用白色或象牙白作底色 □ 多选用浅色调	□ 白色 □ 象牙白 □ 金色 □ 黄色 □ 白色 + 暗红色 □ 灰绿色 + 深木色 □ 白色 + 黑色 □ 湖蓝色点缀
装饰	□ 空间注重装饰效果 □ 用室内陈设品来增强历史文脉特色 □ 会照搬古典陈设品烘托室内环境	□ 铁艺枝灯 □ 烛台吊灯 □ 罗马柱壁炉外框 □ 欧式花器 □ 雕塑 □ 天鹅陶艺品 □ 欧风茶咖具 □ 帐幔 □ 抽象图案 / 几何图案地毯
形状图案	□ 形状与图案以轻盈优美为主 □ 曲线少，平直表面多	□ 波状线条 □ 欧式花纹 □ 装饰线 □ 对称布局 □ 雕花

风格案例剖析

① 造型水晶吊灯　② 镜面 + 金属装饰　③ 金色 Y 字形餐椅

① 石膏板工艺
② 铁艺枝灯
③ 雕塑
④ 曲线家具
⑤ 湖蓝色点缀

① 吊顶装饰线
② 黑色 + 白色 + 金色
③ 对称摆放的台灯
④ 线条简化的复古家具

① 烛台吊灯
② 软包墙面
③ 薰衣草紫床品

3. 法式宫廷风格

① 风格要点

◎ 展现高贵、典雅的设计感是关键。

◎ 注重营造空间的流畅感和系列化。

◎ 布局上突出轴线的对称。

◎ 空间结构属开放式，视觉宽广大气。

◎ 追求建筑的诗意、诗境，力求在气质上给人深度的感染。

② 灵感来源

法式宫廷风格最直接的配色来源是法国皇室宫廷的室内配色，其贵族服饰中的色彩也是不错的参考方案。材质方面也是极尽奢华，与欧式古典风格相比，更具女性气质。

③ 风格元素的运用特点

种类	特点	常用元素
材料	□ 注重材料造型 □ 天然材料作为主材料或装饰材料	□ 大理石 □ 石膏线 □ 木线 □ 浅淡纹理壁纸 □ 银镜装饰
家具	□ 强调家具与墙面造型的呼应 □ 尺寸纤巧，讲究曲线和弧度 □ 略带复古处理的漆面 □ 极其注重脚部、纹饰等细节的设计 □ 手绘装饰和洗白处理	□ 铆钉皮革单人沙发 □ 法式柔软布艺沙发 □ 金漆造型家具 □ 法式工艺装饰柜
配色	□ 追求色彩和内在联系 □ 注重色彩和元素的搭配 □ 背景颜色多以淡雅色彩为主	□ 绿色系 + 浅色系 □ 暖色调 + 灰色调 □ 棕色系 + 浅色调 □ 蓝色系 + 浅色系
装饰	□ 繁复、华丽的布艺装饰 □ 描金边的工艺品	□ 法式床头帘鬘 □ 法式金色水晶吊灯 □ 宫廷生活装饰画 □ 法式花器 □ 花纹繁复的金属相框 □ 西洋钟
形状图案	□ 线条更细，细节设计上更加细致 □ 精致的欧式花纹纹理 □ 运用雕花线板与图案装饰空间	□ 玫瑰 □ 水果 □ 叶形 □ 火炬 □ 竖琴 □ 希腊的柱头 □ 月桂树 □ 花束 □ 丝带 □ 环绕“N”字母的花环

风格案例剖析

① 精美的雕花线板 ② 法式水晶吊灯 ③ 宫廷生活装饰画 ④ 蓝色系 + 浅色系

① 华丽的罗马帘 ② 精美雕花的家具

浅淡纹理壁纸
精致的雕花线板
西洋钟

四、自然有氧类风格与设计

自然有氧类的设计风格在色彩与材质上均会体现出天然气息。若喜欢甜美的空间氛围，可以考虑法式乡村风格和田园风格；若喜欢清新的空间氛围，地中海风格最适合；而美式风格则适用于大多数家庭的需求。

1. 美式乡村风格

① 风格要点

◎ 室内环境中力求表现悠闲、舒畅、自然的乡村生活情趣。

◎ 摒弃了繁琐和豪华，并将不同风格中优秀元素汇集融合。

◎ 以舒适为向导，强调“回归自然”。

◎ 注重家庭成员间的相互交流。

◎ 注重区分私密空间与开放空间。

② 灵感来源

美式乡村风格的配色可以借鉴西部牛仔，以及西部乡村的自然配色，其中棕色是必不可少的色彩。材质方面应充分体现出自然感，且带有粗犷的原始之美。

③ 风格元素的运用特点

种类	特点	常用元素
材料	□ 运用天然木、石等材质的质朴纹理	□ 自然裁切的石材 □ 硅藻泥墙面 □ 砖墙 □ 花纹壁纸 □ 实木 □ 棉麻布艺 □ 仿古地砖
家具	□ 颜色多仿旧漆 □ 实用性较强 □ 体积庞大，质地厚重 □ 具有木材原始的纹理和质感 □ 刻意添上仿古瘢痕和虫蛀痕迹	□ 粗犷木家具 □ 皮沙发 □ 摇椅 □ 四柱床
配色	□ 以自然色调为主 □ 与乡村色彩相互搭配	□ 棕色系 □ 褐色系 □ 米黄色 □ 暗红色 □ 红色 + 蓝色 + 白色 □ 绿色系
装饰	□ 带有岁月沧桑的配饰 □ 自然韵味的绿植、花卉	□ 铁艺灯 □ 鹿角灯 □ 金属风扇灯 □ 本色棉麻 □ 世界版图装饰画 □ 仿古装饰品 □ 野花插花 □ 绿叶盆栽 □ 自然风光的油画 □ 大朵花卉图案地毯
形状图案	□ 地中海样式的拱门 □ 随意涂鸦的花卉图案为主流特色 □ 线条随意，但注重干净、干练	□ 鹰形图案 □ 人字形吊顶 □ 藻井式吊顶 □ 浅浮雕 □ 风铃草 □ 麦束 □ 瓮形 □ 圆润的线条（拱门）

风格案例剖析

① 铁艺灯 ② 鹿角壁灯 ③ 绿色系墙面涂料 ④ 棕色系实木复合地板

① 铁艺灯　② 绿色系 + 棕色系　③ 粗犷的木家具

① 圆润的线条　② 鹿角吊灯　③ 世界版图装饰画　④ 粗犷的木家具

2. 现代美式风格

① 风格要点

◎ 摒弃繁琐与奢华的设计手法。

◎ 家居环境更加简洁、随意、年轻化。

◎ 以表现悠闲、舒畅、自然的生活情趣为宗旨。

② 灵感来源

现代美式风格的配色在遵循自然的基础上，更加多样化，配色层次也更加丰富，可参照郊野聚餐等活泼的色彩。材质上仍需体现出天然质感，也可使用金属材质。

③ 风格元素的运用特点

种类	特点	常用元素
材料	□ 天然材料是必不可少的室内建材	□ 木材　□ 自然裁切的石材 □ 花纹壁纸　□ 棉麻布艺
家具	□ 注重实用性，兼具功能与装饰性 □ 线条更加简化、平直，但也常见弧形的家具腿部 □ 少有繁复雕花	□ 棉麻布艺沙发 □ 带铆钉的皮沙发 □ 腿部造型圆润的木家具
配色	□ 色彩相对传统 □ 常以旧白色为主色 □ 将大地色用在家具和地面中	□ 旧白色　□ 木色 □ 绿色系　□ 比邻配色
装饰	□ 比美式乡村风格更精致、小巧的装饰	□ 麻绳吊灯　□ 棉麻布罩灯具 □ 铁艺饰品　□ 木板壁挂装饰 □ 铁艺装饰品　□ 禽类动物摆件 □ 野花插花 □ 自然图案的棉麻抱枕
形状图案	□ 简化线条与圆润造型的结合 □ 美国文化图腾的装饰图案	□ 拱形垭口　□ 花鸟虫鱼图案 □ 鹰形图案

风格案例剖析

① 浅绿色墙面 ② 仿古做旧木家具 ③ 本色棉麻布艺沙发

① 铁艺烛台灯　② 白头鹰翅膀装饰　③ 世界版图装饰

① 自然裁切的石材　② 野花插花　③ 禽类动物摆件

3. 法式乡村风格

① 风格要点

◎ 随意、自然、不造作的装修及摆设方式。

◎ 摒弃复杂设计，贴近自然，保留清晰、单纯的痕迹。

◎ 非常注重元素和色彩之间的搭配。

◎ 空间要求通透、采光好，体现出空旷之感。

② 灵感来源

法式乡村风格的配色来源可以参照大片的薰衣草田，以及明亮的向日葵，体现出浪漫又温暖的配色印象。材质上依然以天然材质为主，也可加入带有法式高贵气质的织锦等。

③ 风格元素的运用特点

种类	特点	常用元素
材料	☐ 运用洗白手法真实呈现木头纹路的原木材质 ☐ 色彩艳丽的材料	☐ 彩色涂料 ☐ 木皮饰面板 ☐ 花砖 ☐ 强化复合地板 ☐ 仿古砖 ☐ 织锦 ☐ 天鹅绒 ☐ 锦缎
家具	☐ 摒弃奢华、繁复，但保留了纤细美好的曲线 ☐ 线条富于张力、细节华丽	☐ 自然材质家具 ☐ 藤编家具 ☐ 纤细弯曲的尖腿家具 ☐ 手绘家具
配色	☐ 柔和、高雅的配色设计 ☐ 擅用浓郁色彩营造出甜美的女性气息 ☐ 遵循自然类风格的质朴配色印象	☐ 浅黄色 ☐ 紫色 ☐ 棕色系 ☐ 白色 ☐ 粉色 ☐ 糖果色 ☐ 马卡龙色
装饰	☐ 充满淳朴和清雅的氛围 ☐ 色彩靓丽或有雕琢精美的花纹 ☐ 常用怀旧装饰物	☐ 鸟类造型灯具 ☐ 法式蕾丝灯 ☐ 彩绘玻璃罩灯 ☐ 带蕾丝花边的窗帘 ☐ 木质钟表 ☐ 埃菲尔铁塔装饰 ☐ 藤编花篮 ☐ 陶制 / 铁质花器 ☐ 野花 ☐ 干燥花 ☐ 薰衣草
形状图案	☐ 尽量避免使用水平直线 ☐ 力求体现丰富的变化性	☐ 方格子 ☐ 花草图案 ☐ 公鸡 ☐ 向日葵 ☐ 卷曲弧线 ☐ 精美的自然纹饰

风格案例剖析

① 鸟类造型灯具 ② 木皮饰面板 ③ 木质钟表 ④ 薰衣草

① 玫红色墙面 ② 彩绘玻璃罩台灯 ③ 碎花布艺床品

自然风格质朴配色
自然花草装饰

4. 田园风格

① 风格要点

◎ 体现温馨、舒适、有氧的生活环境。

◎ 倡导贴近自然、向往自然的家居环境追求。

◎ 没有刻意的精雕细琢，粗糙和破损是允许的。

◎ 表现自然的同时又强调了浪漫与现代流行主义的特点。

② 灵感来源

田园风格的家居取色于大自然中的泥土、绿植、花卉等，色彩丰富中不失沉稳。其中以绿色最为常用，其次为栗色、棕色、浅茶色等大地色系。材质则主要为木质、纯棉，可以给人带来温暖的感觉。

③ 风格元素的运用特点

种类	特点	常用元素	
材料	□ 取材天然 □ 实木材质涂刷清漆较少 □ 一般在材料的表面涂刷有色漆	□ 天然材料 □ 仿古砖 □ 纯棉布艺 □ 碎花壁纸	□ 木材 / 板材 □ 布艺墙纸 □ 波点图案壁纸
家具	□ 讲求舒适性 □ 多以白色为主 □ 相互搭配的家具应具有同样的设计细节	□ 胡桃木家具 □ 高背床 □ 手绘家具	□ 木质橱柜 □ 四柱床 □ 碎花布艺家具
配色	□ 鲜艳的配色 □ 带有自然气息的色调 □ 强调色彩的深浅变化与主次变化	□ 本木色 □ 白色系（奶白、象牙白） □ 白色 + 绿色系	□ 黄色系
装饰	□ 精细的后期配饰融入设计风格中 □ 样式复古的造型	□ 盘状挂饰 □ 复古台灯 □ 木质相框 □ 彩绘陶罐 □ 清新的插花装饰	□ 复古花器 □ 田园台灯 □ 大花地毯 □ 花卉图案的油画 □ 带有花边的布艺
形状图案	□ 碎花图案的大量运用	□ 碎花 □ 条纹 □ 花边 □ 蝴蝶图案	□ 格子 □ 雕花 □ 花草图案 □ 苏格兰图案

风格案例剖析

① 蝴蝶图案装饰画　② 白色系　③ 碎花布艺沙发　④ 清新的插花装饰

① 碎花壁纸 ② 白色木质家具 ③ 带有花边的布艺 ④ 强化复合地板

① 蝴蝶图案窗帘 ② 木质餐边柜 ③ 布艺罩面餐椅

5. 地中海风格

① 风格要点

◎ 代表一种由居住环境带来的极休闲的生活方式。

◎ 设计精髓是捕捉光线、取材天然的巧妙之处。

◎ 设计元素不能简单拼凑，必须有贯穿其中的风格灵魂。

◎ 常利用连续的拱门、马蹄形窗来体现空间的通透。

② 灵感来源

地中海风格充满自由、纯美气息，色彩设计常从地中海流域的特点中取色，配色时不需要太多技巧，只要以简单的心态，认真捕捉光线即可。在材质上，轻薄的纱帘十分适用。

③ 风格元素的运用特点

种类	特点	常用元素
材料	□ 材料质朴、自然 □ 马赛克和白灰泥墙的运用广泛	□ 原木　□ 马赛克　□ 仿古砖 □ 花砖　□ 手绘墙　□ 白灰泥墙 □ 细沙墙面　□ 海洋风壁纸 □ 铁艺栏杆　□ 棉织品
家具	□ 做旧处理的家具 □ 集装饰与应用于一体 □ 低矮、柔和的家具 □ 低彩度、线条简单，且修边浑圆的木质家具	□ 铁艺家具　□ 木质家具 □ 布艺沙发　□ 船形家具 □ 白色四柱床
配色	□ 以清雅的白蓝色为主 □ 来自于大自然最纯朴的色彩 □ 纯美、自然的色彩组合	□ 蓝色 + 白色　□ 蓝色 □ 黄色　□ 黄色 + 蓝色 □ 白色 + 绿色
装饰	□ 以海洋风的装饰元素为主 □ 少有浮华、刻板的装饰 □ 非常注意绿化	□ 地中海拱形窗　□ 地中海吊扇灯 □ 壁炉　□ 铁艺吊灯 □ 铁艺装饰品　□ 瓷器挂盘 □ 格子桌布　□ 海洋风装饰 □ 绿植、花艺装饰
形状图案	□ 不修边幅的线条 □ 流畅的线条，圆弧形比较常见	□ 拱形　□ 条纹 □ 格子纹　□ 鹅卵石图案 □ 罗马柱式装饰线

风格案例剖析

① 铁艺吊灯 ② 纯色布艺沙发 ③ 格子桌旗

① 船舵装饰 ② 干净的配色

① 天然材质的餐椅　② 色彩鲜艳的花艺装饰　③ 蓝色 + 白色　④ 仿古地砖

① 黄色系背景墙　② 装饰花砖　③ 海洋图案的布艺床品　④ 白色木质家具

HOLIDAY

第三章

优化空间格局，还原舒适居住体验

一、住宅空间的功能及布局

了解住宅空间的功能与常见布局，可以在设计时更好地发挥各个空间的作用，还原舒适的居住体验，最终满足业主的个性需求。

1. 住宅的基本功能

一套住宅需要提供不同的功能空间，应包括睡眠、起居、进餐、炊事、便溺、洗浴、工作学习、储藏以及活动空间，可概括为居住、厨卫、交通及其他四个部分。

备注： 不同的功能空间有其相应的尺寸和位置，但必须有机地结合在一起，共同发挥作用。

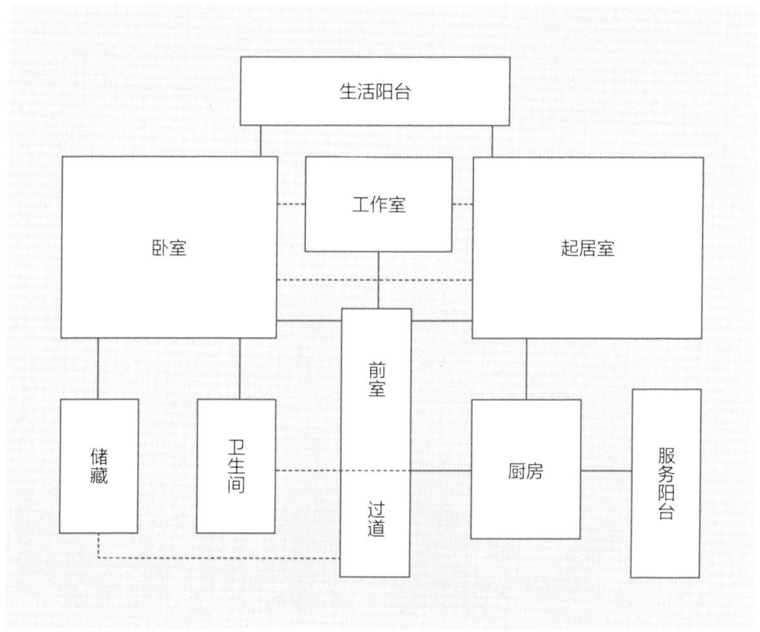

2. 住宅户型的限度面积及布置方式

① 住宅空间最低限度面积

项目	最低限度面积（平方米）
起居室	16.20（3.6 米 ×4.5 米）
餐厅	7.20（3.0 米 ×2.4 米）
主卧室	13.76（4.3 米 ×3.2 米）
次卧室（双人）	11.70（3.0 米 ×3.9 米）
厨房（单排型）	5.55（1.5 米 ×3.7 米）
卫生间	4.50（1.8 米 ×2.5 米）

② 住宅空间常见布置方式

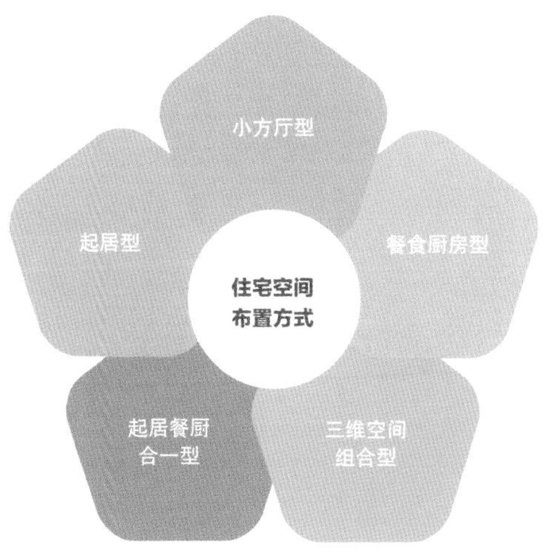

※ 餐食厨房型（DK 型）

DK 型：厨房和餐厅合用，适用于面积小、人口少的住宅。DK 式的平面布置方式要注意厨房油烟和采光问题。

D·K 型：指厨房和餐厅适当分离设置，但依然相邻，从而使得流线方便，燃火点和就餐空间相互分离，阻挡了油烟。

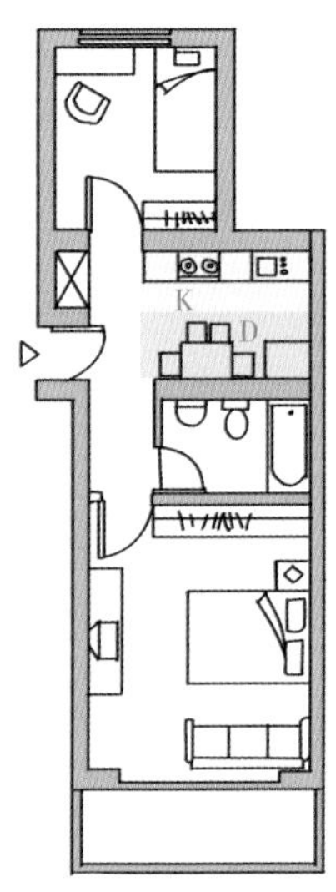

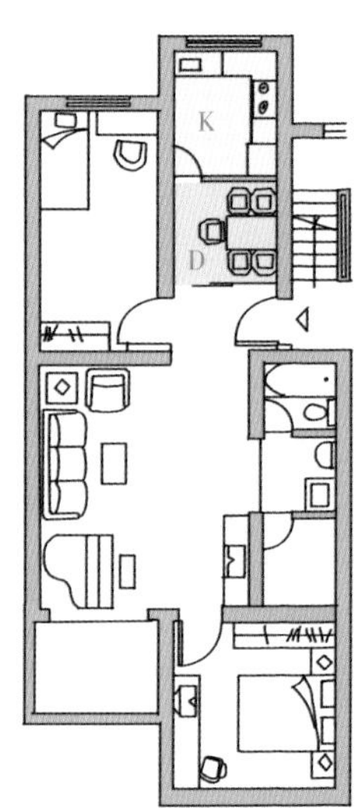

※ 小方厅型（B·D 型）

◎ 把用餐空间和休息空间隔离，兼作就餐和部分起居、活动功能，起到联系作用，克服部分功能间的相互干扰。

◎ 由于这种组织方式有间接同分采光、缺少良好视野、门洞在方厅集中的缺点，所以经常在人口多、面积小、标准低的情况下使用。

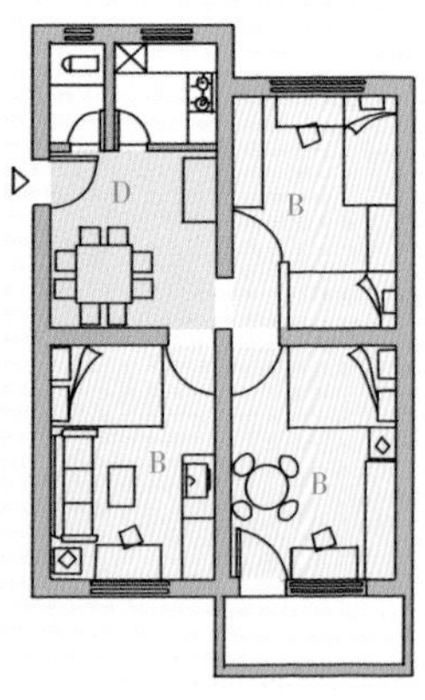

※ 起居型（LBD 型）

以起居室（客厅）为中心，作为团聚、娱乐、交往等活动的地点，相对面积较大，协调了各个功能间的关系，使家庭成员和睦相处。起居室布置方式有三种。

L · BD 型：将起居和睡眠分离。

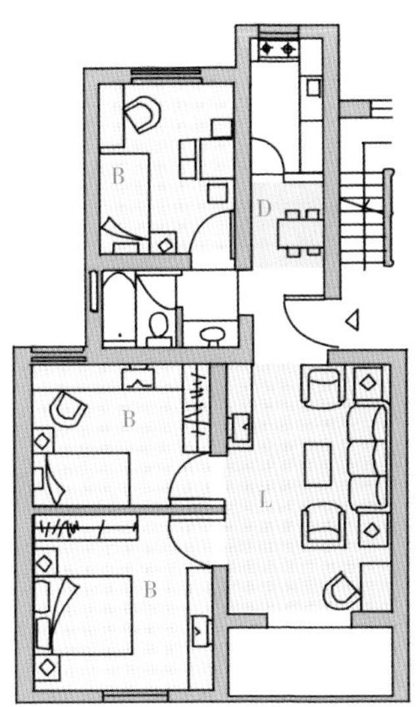

B · LD 型：将睡眠独立，用餐和起居放置在一起，动静分区明确，是目前比较常用的一种布置方式。

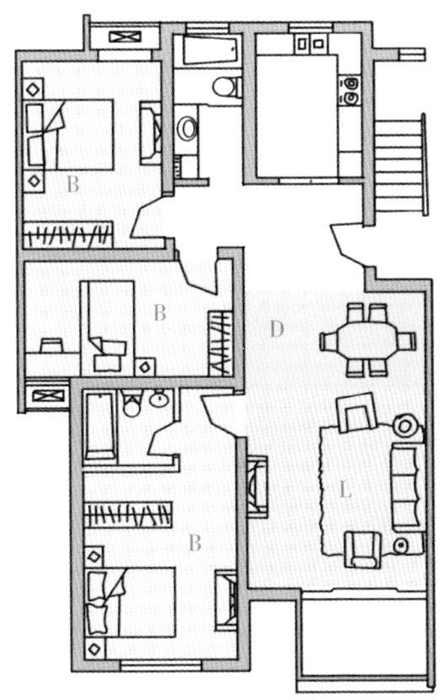

L· B·D 型：将起居、睡眠、用餐分开，各个功能间干扰较小。

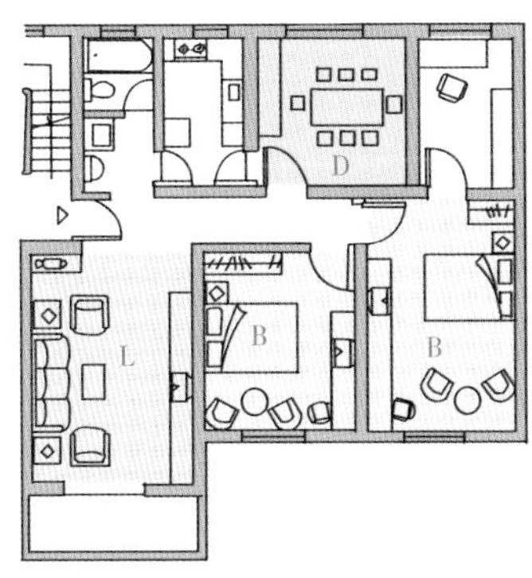

※ 起居餐厨合一型（LDK 型）

◎ 将起居、餐厅、炊事活动设定在同一空间，再以此为中心安排其他功能。

◎ 这种布置方式由于油烟的污染，一般常见于国外住宅。但随着油烟电器的进步和经济水平的发展，国内使用频率也大幅度提高。

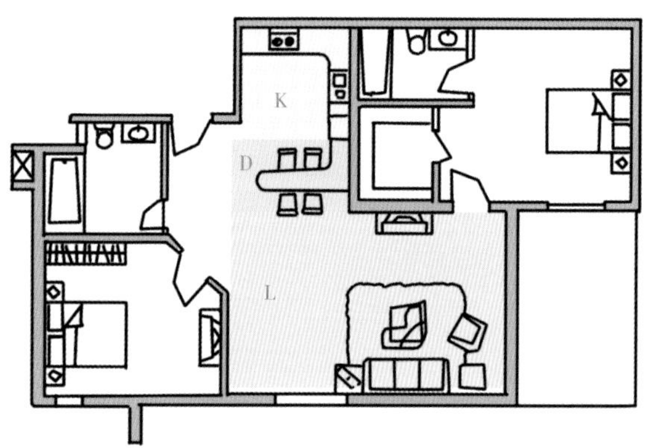

※ 三维空间组合

这种住宅的布置方式是各个功能的分区有可能不在一个平面上，需要进行立体型改造，通过楼梯来联系。

变层高的布置方式：住宅在进行套内分区后，将人员多的功能布置在层高较高的空间内，如会客。可以将次要的空间布置在较低的层高空间内，如卧室。

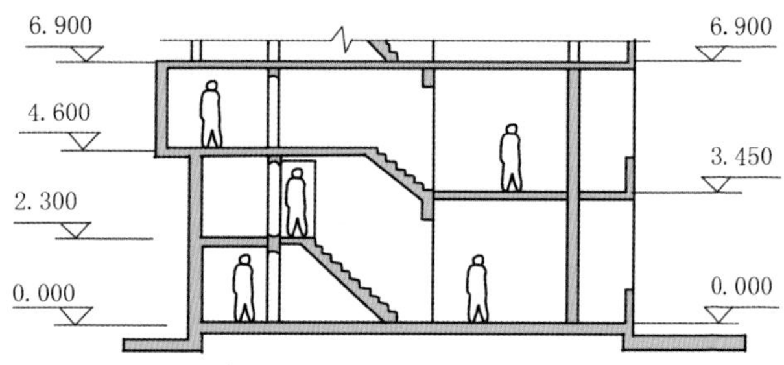

复式住宅的布置方式：将部分功能在垂直方向上重叠在一起，充分利用了空间。但需要较高的层高才能实现。

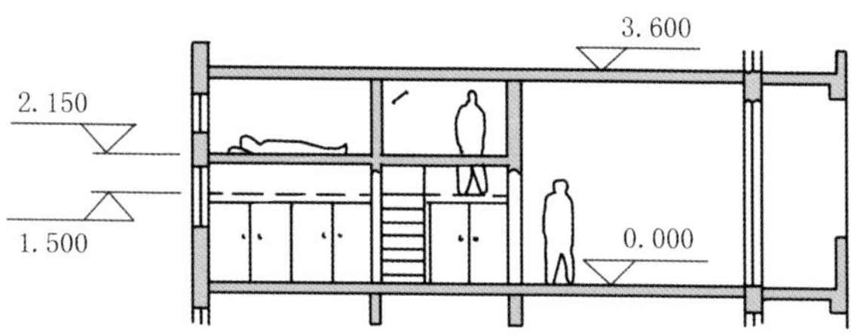

跃层住宅：指住宅占用两层的空间，通过公共楼梯来联系各个功能区。而在一些顶层住宅中，也可以将坡屋顶处处理为跃层，充分利用空间。

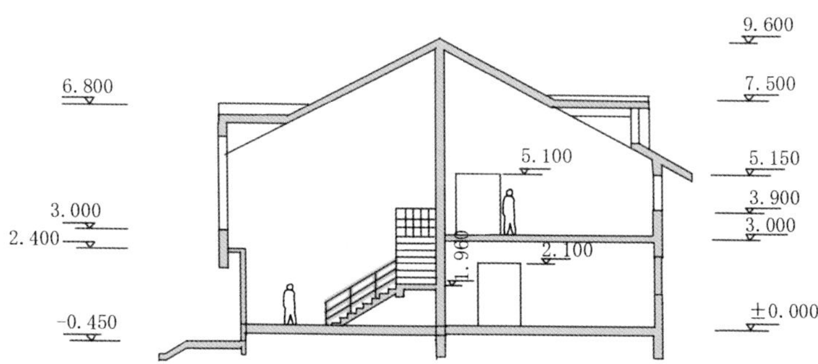

二、室内格局与动线的关系

室内空间动线是指人们在住宅中的活动线路，它根据人的行为习惯和生活方式把空间组织起来。室内动线应符合居住者的日常生活习惯，尽可能简洁，避免费时、低效的活动。

1. 主动线和次动线

所有功能区的行走路线，如客厅到厨房、大门到客厅、客厅到卧室，为空间中常走的路线。

在各功能区内部活动的路线，如在厨房内部、卧室内部、书房内部等。

备注：主动线一般包括家务动线、居住动线、访客动线，代表不同角色的家庭成员在同一空间不同时间下的行动路线，也是室内空间的主要设计对象。

2. 好户型和坏户型的动线分析

动线较好的户型：一般从入户门进客厅、卧室、厨房的三条动线不会交叉；而且做到动静分离，互不干扰。

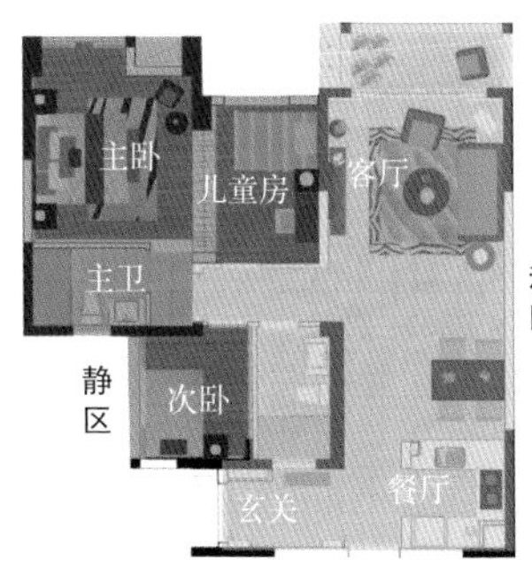

动线较差户型：如果进厨房要穿过客厅，进主卧要穿过客厅，客厅变成公共走廊，非常浪费面积。或厨房布置在户型深区，卫生间距离主卧太远，或正对入口玄关处，让人一进门就会闻到异味。

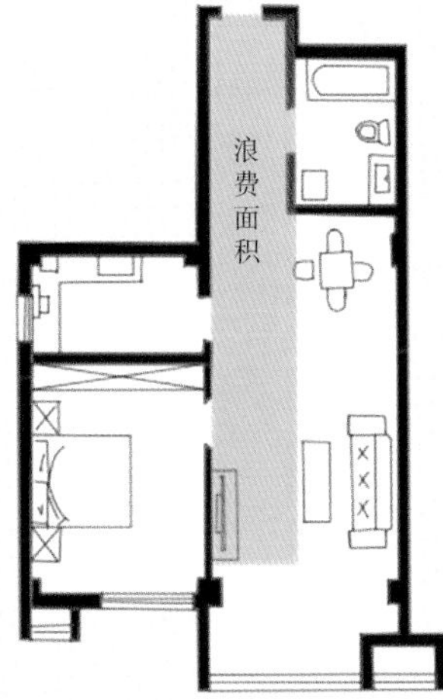

3. 家务动线、居住动线和访客动线

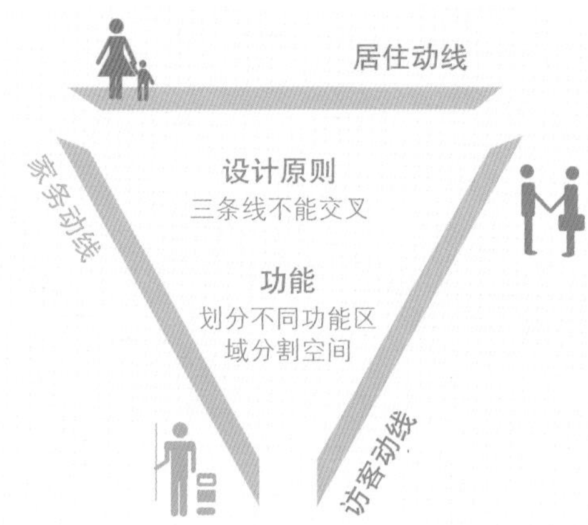

家务动线：在家务劳动中形成的移动路线，一般包括做饭、洗晒衣物和打扫，涉及的空间主要集中在厨房、卫生间和生活阳台。

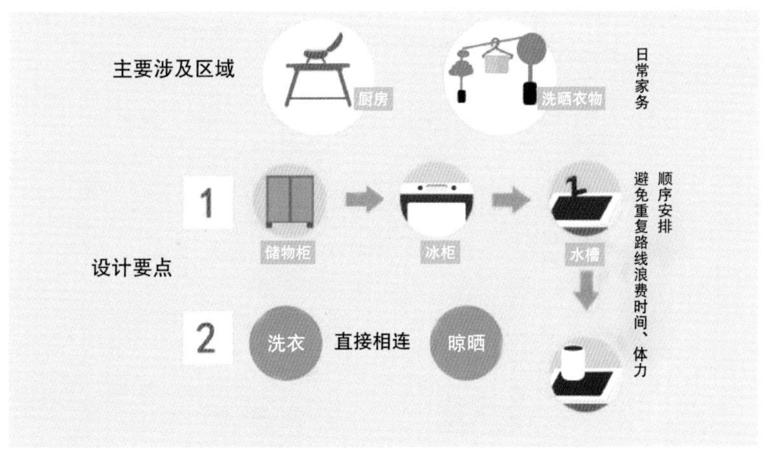

备注：家务动线在三条动线中用得最多，也最繁琐，一定要注意顺序的合理安排，设计要尽量简洁，否则会让家务劳动的过程变得更辛苦。

访客动线：客人的活动路线，主要涉及门厅、客厅、餐厅、公共卫生间等区域，要尽量避免与家庭成员的休息空间相交，影响他人工作或休息。

► 此户型中的访客动线清晰，客人能方便地找到卫生间，在客厅里活动对家庭成员进出卧室都没有影响。

居住动线：家庭成员日常移动的路线，主要涉及书房、衣帽间、卧室、卫生间等，要尽量便利、私密。即使家里有客人在，家庭成员也能很自在地在自己的空间活动。

备注：大多数户型的阳台，需要通过客厅到达，家庭成员在家时也会时常出入客厅，访客来访同样会在客厅形成动线，因此不要把客厅放在空间的主动线轨迹上。

▲ 该户型居住动线基本都在静区，三个卧室连接紧密，完全跟访客区域分隔开，与厨房餐厅家务动线、客厅阳台来客动线三线互不干扰。

三、室内人体工程学的概念与应用

室内人体工程学是要创造人在室内空间中活动的最佳适应区域，创造符合人的生理和心理要求的各种生活用具，创造最佳听觉、视觉、触觉等条件，满足人的生理以及心理的合理性要求，达到舒适的目的。

1. 室内设计中的尺度

室内设计中最基本的问题就是尺度。为进一步合理地确定空间造型尺度，操作者的作业空间、动作姿势等，必须对人体尺度、运动范围、活动轨迹等尺度参数有所了解。

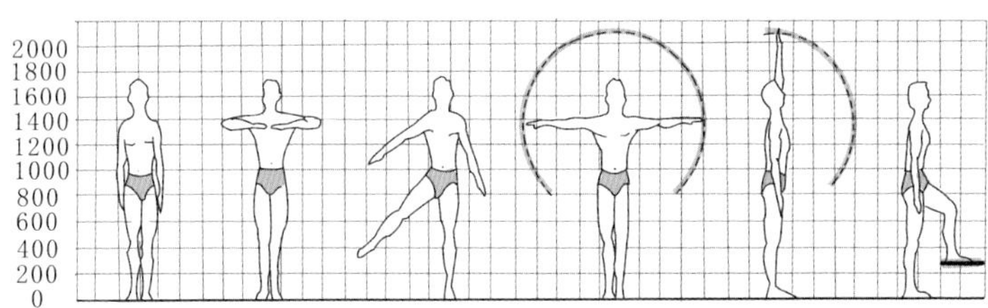

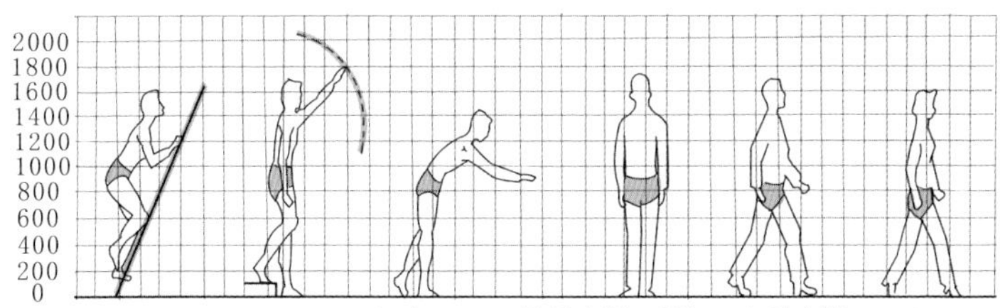

备注：掌握人在不同的室内空间进行各种类型的工作和生活，从中产生的工作和生活活动范围的大小，就是动作范围，是确定室内空间尺度的主要根据之一。

2. 人体工程学在室内设计中的应用

3. 人体尺度

人体在室内完成各种动作时的活动范围。设计师要根据人体尺度来确定门的高宽度、踏步的高宽度、窗台阳台的高度、家具的尺寸及间距、楼梯平台、家内净高等室内尺寸。

① 人体基本尺度

人体基本尺度是人体工程学研究的最基本的数据之一。

依据：主要以人体构造的基本尺寸（又称为人体结构尺寸，主要是指人体的静态尺寸。如身高、坐高、肩宽、臀宽、手臂长度等）为依据。

作用：在于通过研究人体对环境中各种物理、化学因素的反应和适应力，分析环境因素生理、心理以及工作效率的影响程序，确定人在生活、生产和活动中所处各种环境的舒适范围和安全限度所进行的系统数据比较与分析结果的反映。

② 人体基本动作尺度

人体基本动作的尺度，是人体处于运动时的动态尺寸，因其是处于动态中的测量，在此之前，我们可先分析人体的基本动作趋势。

种类	概述
坐椅姿势	依靠、高坐、矮坐、工作姿势、稍息姿势、休息姿势等。
平坐姿势	盘腿坐、蹲、单腿跪立、双膝跪立、直跪坐、爬行、跪端坐等。
躺卧姿势	俯伏撑卧、侧撑卧、仰卧等。

备注：人的工作姿势，按其工作性质和活动规律，可分为站立姿势、坐椅姿势、平坐姿势和躺卧姿势。

我国成年人人体相关尺寸对应表

项目	5百分位	50百分位	95百分位	项目	5百分位	50百分位	95百分位
身高	1583	1678	1775	立姿中指指尖上举高	1970	2120	2270
	1483	1570	1659		1840	1970	2100
眼高	1464	1564	1667	坐高	858	908	958
	1356	1450	1548		809	855	901
肩高	1330	1406	1483	坐姿眼高	737	793	846
	1213	1302	1383		686	740	791
肘高	973	1043	1115	坐姿肘高	228	263	298
	908	967	1026		215	251	284
胫骨点高	392	435	479	坐姿膝高	467	508	549
	357	398	439		456	485	514
肩宽	385	409	409	小腿加足高	383	413	448
	342	388	388		342	382	423
立姿臀宽	313	340	372	坐深	421	457	494
	314	343	380		401	433	469
立姿胸厚	199	230	265	坐姿两肘间宽	371	422	498
	183	213	251		348	404	478
立姿腹厚	175	224	290	坐姿臀宽	295	321	355
	165	217	285		310	344	382

※ 表格上行为男性尺寸，下行为女性尺寸。

备注：第 50 百分位指 50% 的人的适用尺寸，第 95 百分位是指 95% 的人的适用尺寸，可以简单对应成小个子身材，中等个子身材，大个子身材。

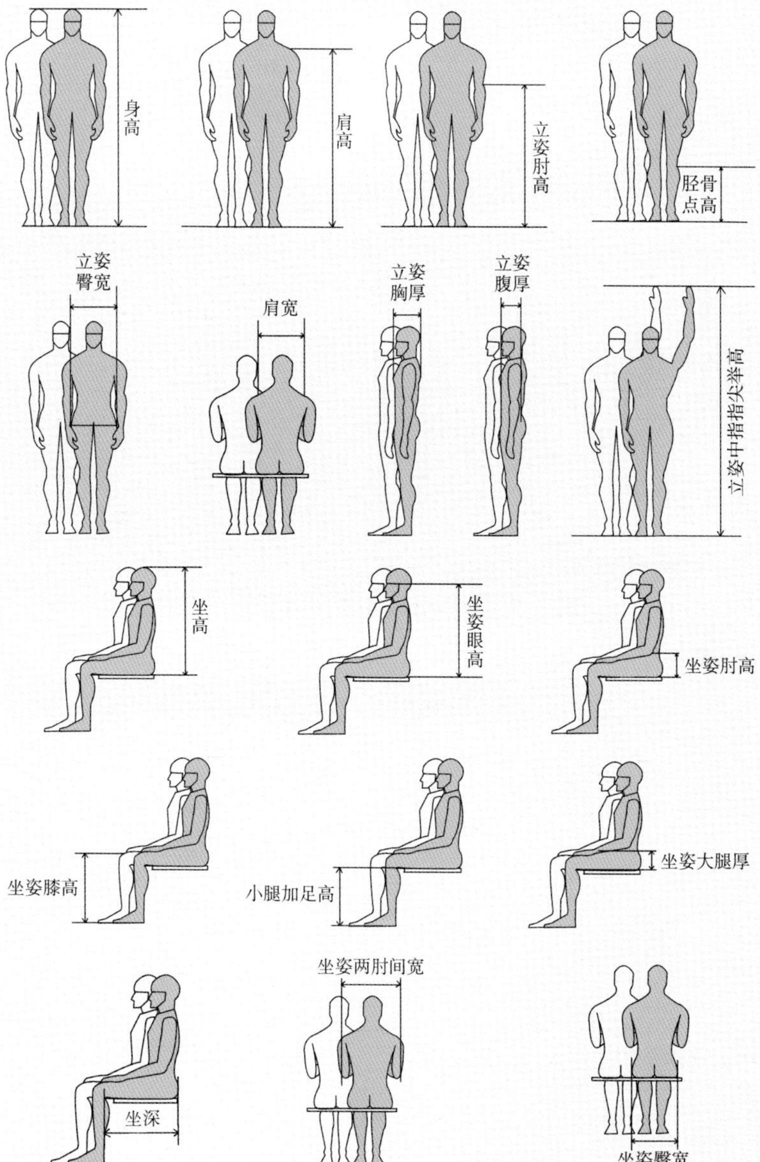
身高
肩高
立姿肘高
胫骨点高
立姿臀宽
肩宽
立姿胸厚
立姿腹厚
立姿中指指尖举高
坐高
坐姿眼高
坐姿肘高
坐姿膝高
小腿加足高
坐姿大腿厚
坐姿两肘间宽
坐深
坐姿臀宽

四、不可拆除工程与可拆除工程

无论是新房还是旧房，如果存在空间格局不合理或不符合居住者需求，则要进行拆除工作。但在家居空间中并不是所有墙体结构均能拆除，施工时一定要分清可拆除项目与不可拆除项目。

1. 可拆除工程

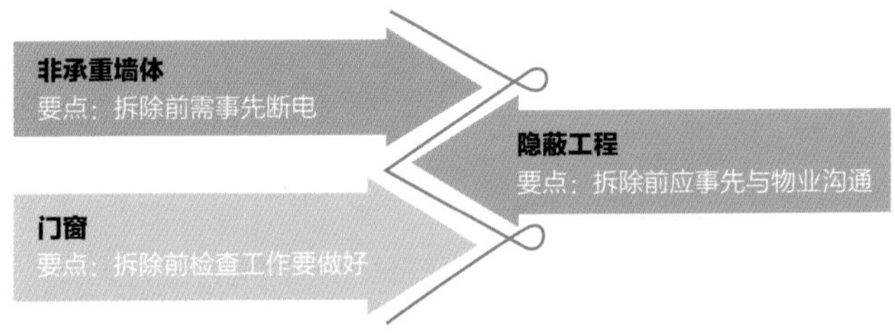

种类	概述
隐蔽工程	◎ 检查吊顶内的供水 ◎ 空调、通风等各种设施的管道、线路、设备是否已做密闭试验 ◎ 电器绝缘、电阻测试，连接是否牢固、接头做法是否符合要求 ◎ 易燃材料是否已做防火阻燃处理等
门窗	◎ 使用年限在 15 年以上的外窗应尽可能全部更换 ◎ 门窗拆改应事先与物业沟通，一些小区由于城市规划需要，不允许私自更换，或要求拆后重新装修门窗要符合相关规定
非承重墙体	◎ 住宅在原始设计和施工时出于造价、结构和工艺等原因，采用轻质墙体作为主体结构外的补充 ◎ 其材质包括加气混凝土墙板、陶粒砌块墙体、轻钢龙骨石膏板墙体、空心水泥预制板、菱镁水泥预制板等 ◎ 根据建筑年代的不同，部分红机砖、轻体砌块等砌筑墙体也可拆改 ◎ 非承重墙一般比较薄，厚度在 10 厘米左右，用手拍一拍，发出空洞的响声 ◎ 即使是可拆除的非承重墙，在改造之前也最好取得物业同意

▲ 图中蓝色标注部分为非承重墙

Tips 拆除墙体时的注意事项

○ 一般墙体中都带有电路管线，要注意不要野蛮施工，弄断电路。

○ 在拆除之前，要认真考虑电路的改造方向。

○ 在拆除时应叮嘱工人，最好不要切断视频线和宽带网络线，以防止装修后信号不通。

2. 不可拆除工程

▲ 不可拆除工程

种类	概述
阳台配重墙	◎ 阳台矮墙虽不是承重墙，但对房屋起着一定的配重作用 ◎ 若阳台宽度不超过 1.2 米，侧面有墙托着，配重墙两侧有超过三分之一的承重墙支撑，这些配重墙大都可拆除
墙体钢筋	◎ 如果在埋设管线时将钢筋破坏，会影响到墙体和楼板的承受力 ◎ 如果遇到地震，这样的墙体和楼板容易坍塌或断裂
防水层	◎ 在更换地面材料时，一定不要破坏防水层 ◎ 如果破坏后重新修建，必须要做“24 小时闭水实验” ◎ 蓄水深度应不小于 20 毫米，蓄水高度一般为 30～40 毫米，蓄水时间不得低于 24 小时 ◎ 蓄水试验前期每小时应到楼下检查一次，后期每 2～3 小时到楼下检查一次 ◎ 若发现漏水情况，应立即停止，重新进行防水层完善处理，处理合格后再进行蓄水试验

续表

种类	概述
通风系统	◎ 室内通风主要靠分室门上方可以启动的玻璃窗，在关闭分室门的情况下，不影响通风 ◎ 有的家庭在装修时，去掉了分室门上方的玻璃窗，则阻碍了室内通风 ◎ 有的业主把北向阳台封闭改作厨房，虽增加了使用面积，但厨房残余油烟则会成为污染室内空气的源头
承重墙	◎ 厚度在24厘米以上的墙最好不要拆，这类墙大多都是承重或配重墙 ◎ 承重墙一般较密实，用手敲击闷实而无声响 ◎ 一般在“砖混”结构建筑物中，凡是预制板墙一律不能拆除或开门开窗

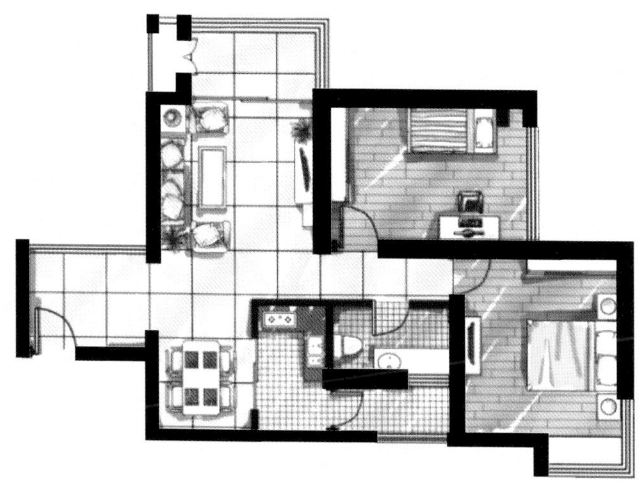

▲ 图中黑色加粗部分为承重墙

3. 拆除顺序

在进行拆除工作时，不要认为只要是无用的物品就可以一股脑全部拆除。实际上，在进行室内空间的拆除时，要按照一定的步骤，逐一进行。只有这样做，才能令施工进程有效并有序的开展。

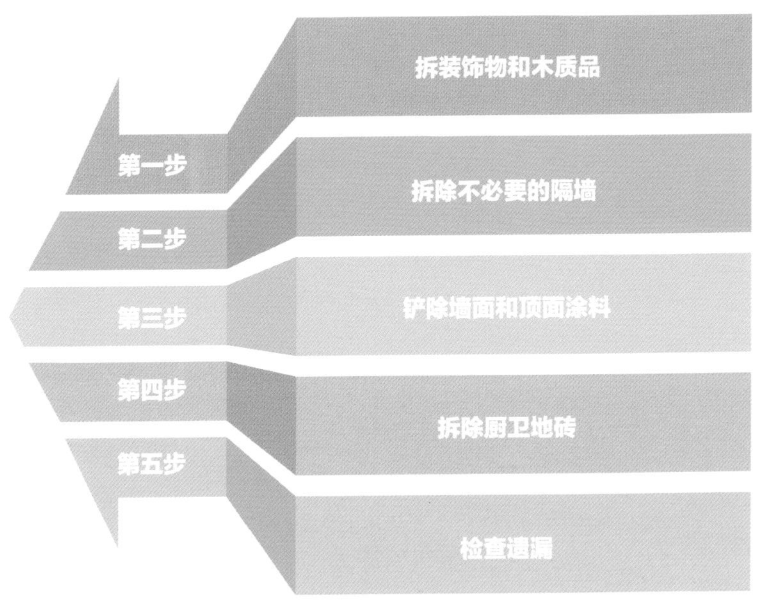

※ 第一步：拆装饰物和木质品

一般先拆除卧室、客厅内所有的装饰物和木制品，拆除这些东西才能露出在装饰物后面的墙体或隐藏的一些东西。

备注：装饰物包括暖气罩、木门、吊柜、吊顶、暗柜、石膏线、踢脚线、灯具等，如果有木地板也要拆。

※ 第二步：拆除不必要的隔墙

将屋内外在物品拆除完毕后，开始对隔墙进行拆除，释放整个空间布局。

备注：在隔墙拆除后，一般来说就不应该对房间结构再做大的改动。

※ 第三步：铲除墙面和顶面涂料

拆除设备与隔墙后，开始对房间的三面进行拆除，主要是铲除墙面和顶面原有涂料层。

铲墙皮的禁忌

○ 铲墙皮要铲到原始面，即水泥墙或毛坯墙面。

○ 一般电路布置都会走墙面，在铲除墙面时一定要注意保护墙面上的电路或者电源。

※ 第四步：拆除厨卫地砖

大多数旧屋的卫生间与和厨房基本都要重新装修。在拆除时，应先拆除卫生间和厨房的吊顶、橱柜、洁具（坐便器要最后拆），拆除洁具时要把下水道堵好。

拆除厨卫地砖的注意事项

○ 拆除墙地砖时，应先拆除墙砖，包括砖和水泥灰口，拆除时要保护好燃气、水表，以及烟道和风道，接着再拆除所有地砖。

○ 将卫生间墙地砖拆除后，再拆除坐便器。

○ 砸墙砖及地面砖时，避免碎片堵塞下水道。

○ 处理好防水，水路尽量少用弯头，避免流水不畅或堵塞。

※ 第五步：检查遗漏

当设备、结构、墙面、卫生间、厨房拆除完毕后，一定要检查遗落部分和清理，尽量做到一次拆除到位。

五、空间常见格局缺陷的破解

格局缺陷可以通过拆除隔墙、打通过道、巧借临近空间面积等手法加以化解，也可以通过运用软装色彩与材质来改善。掌握适合设计手法，就能巧妙规避格局缺陷。

1. 采光不理想，空间过于昏暗

※ 解决方法 1：关联功能区域，动线最近化处理

实例解析：

之前

问题 1　阳台与客厅之间的隔墙，影响客厅采光。

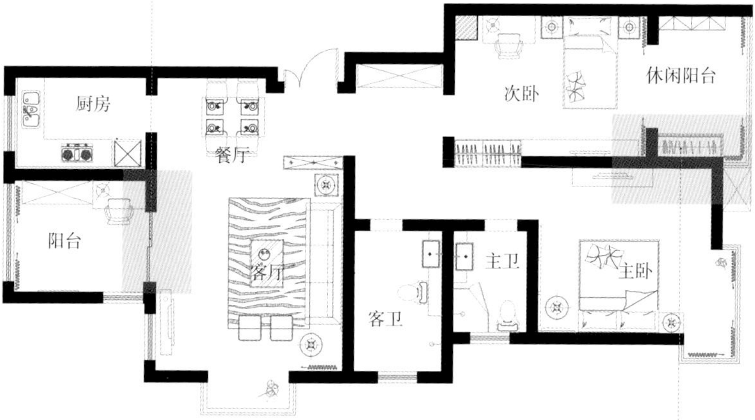

问题 2　主卧室与休闲阳台之间的隔墙降低了空间的通透性。

之后

方法 1　次卧室的休闲阳台面积较大，将主卧室与阳台之间的墙面部分打通，安装一个门，这样主卧也可以直接通向阳台，方便使用。

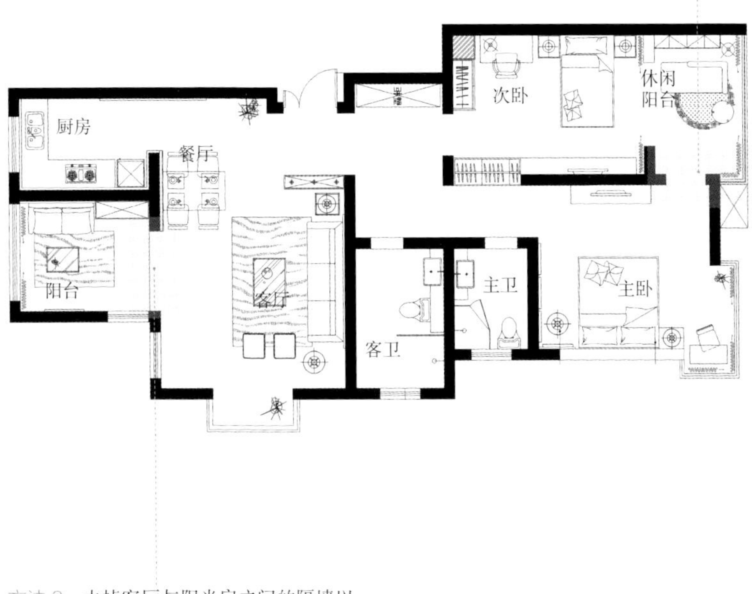

方法 2　去掉客厅与阳光房之间的隔墙以及推拉门，形成敞开式的空间，增加客厅的采光面积，使空间更为通透。

※ 解决方法 2：擅用玻璃推拉门，令室内环境显通透

实例解析：

之前

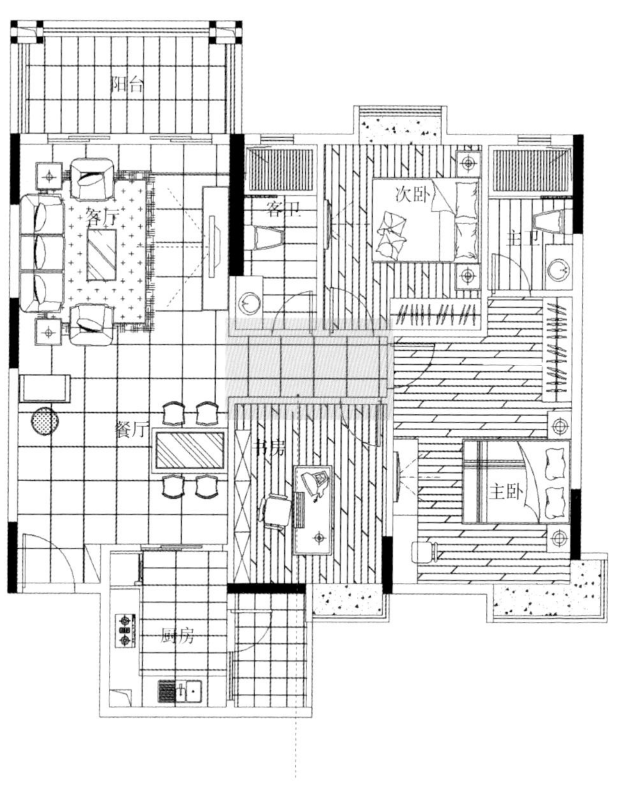

问题　书房中入口的一侧墙面为实墙，影响过道采光，形成阴暗空间。

之后

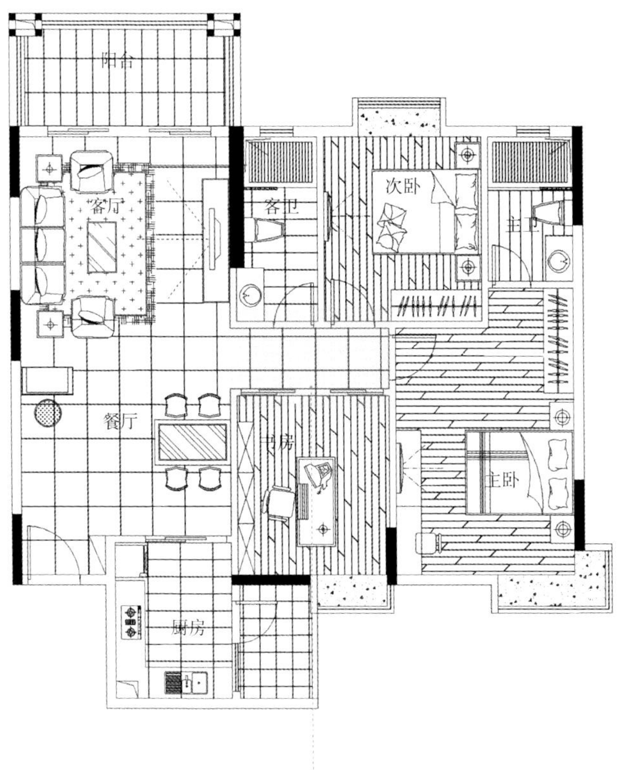

方法　将书房原有的隔墙砸掉，改成玻璃推拉门，使过道空间更为开阔、明亮，还可以根据需要而开合，或让空气流通，或保持安静。

※ 解决方法 3：空间挪移，打造开放式格局

实例解析：

之前

问题　进门即看见卫生间墙面，阻隔了视线。另外，卫生间将厨房与客厅分隔，令居室的采光不通畅。

之后

方法 将原有的卫生间拆除，设置为餐厅区域。厨房、餐厅、客厅三大区域呈现出开放式格局，令厨房与客厅的采光点形成互通。

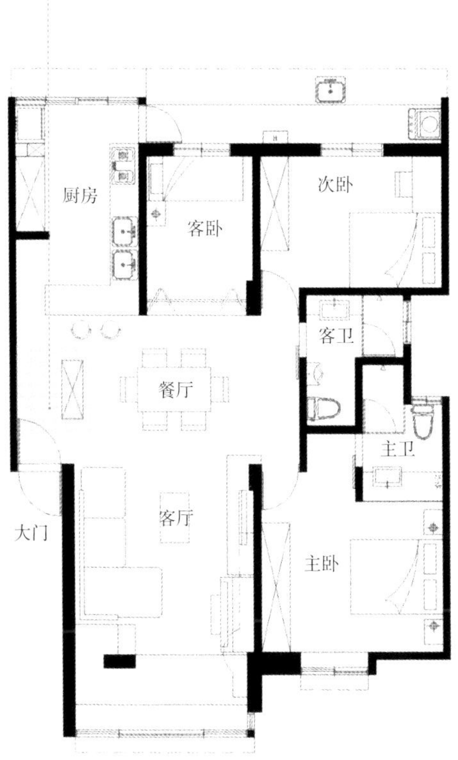

2. 层高过高，家居空间显空旷

※ 解决方法 1：制定错层空间，形成视觉高低差

实例解析：

之前

问题 1　原始房屋层高较高，玄关处设置储物柜并未解决这一格局缺陷。

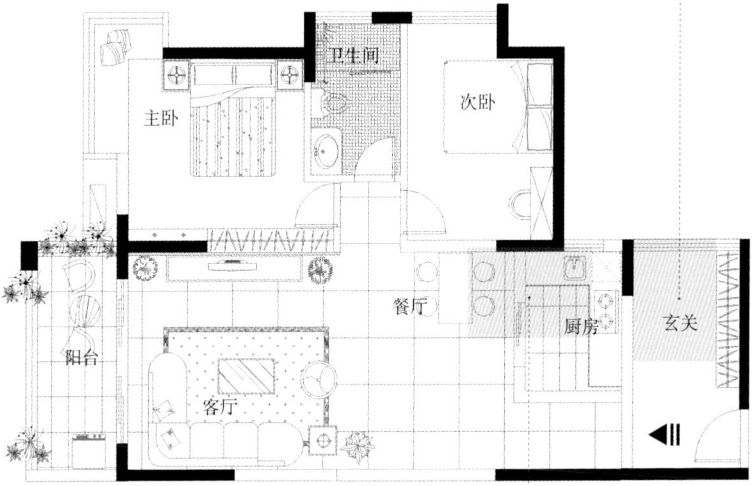

问题 2　原有厨房和餐厅的面积都较为狭小，使用起来不方便。

之后

方法 1　将宽敞的玄关利用起来，把储物柜替换成地台，既没有减少储物空间，又形成了空间高差，化解层高问题。

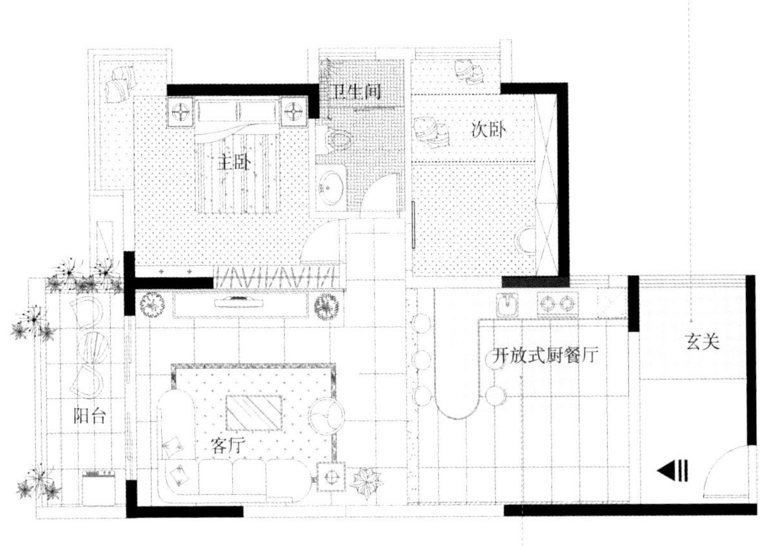

方法 2　将厨房隔墙砸掉，对厨餐厅进行一体化设计，并设置了相匹配的造型吊顶，降低了层高过高所带来的空旷感。

※ 解决方法 2：增设夹层，让一房变两房

实例解析：

之前

问题　原始房屋的面积仅有 30 多平方米，但层高较高，却没有做夹层，形成了空间的资源浪费。

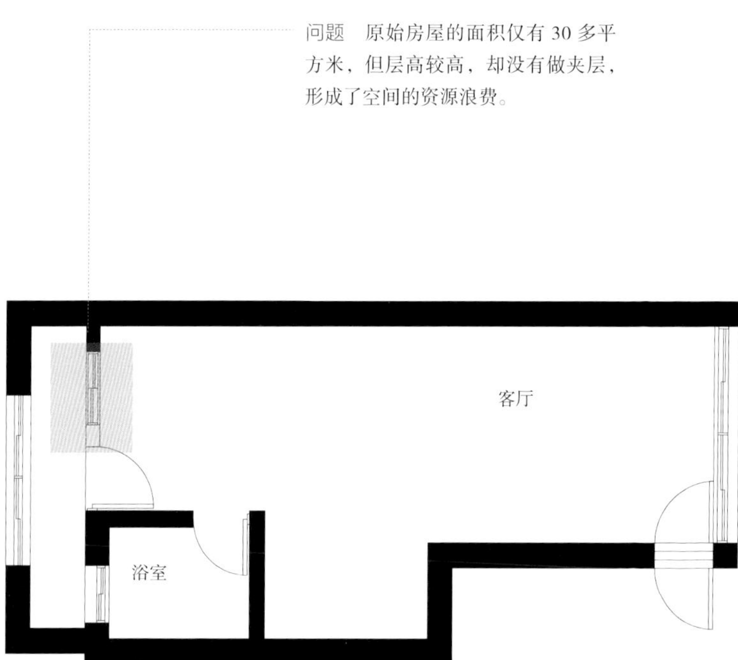

之后

方法 1　利用空间层高较高的优势，做了夹层。夹层上的区域设计为睡眠休憩空间，为家居环境有效分区。

女儿房
次卧
多功能房
阳台
主卧
卫生间

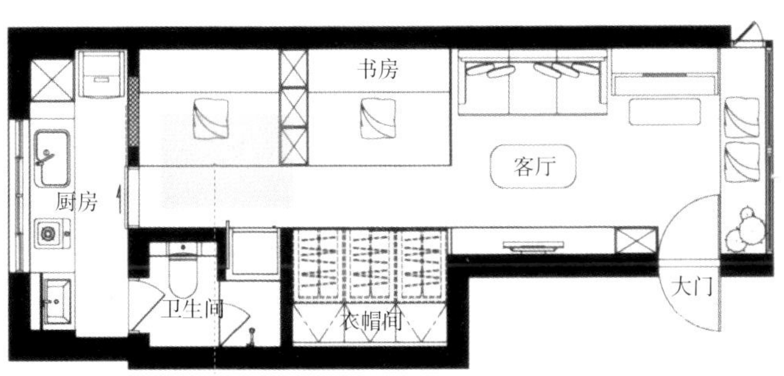

方法 2　下部空间集合了客厅、书房、衣帽间、厨房、卫生间等多种功能，让日常生活更加便捷。

3. 拥有狭长过道，空间面积浪费多

※ 解决方法 1：打通过道，回字形动线带来便利的生活方式

实例解析：

之前

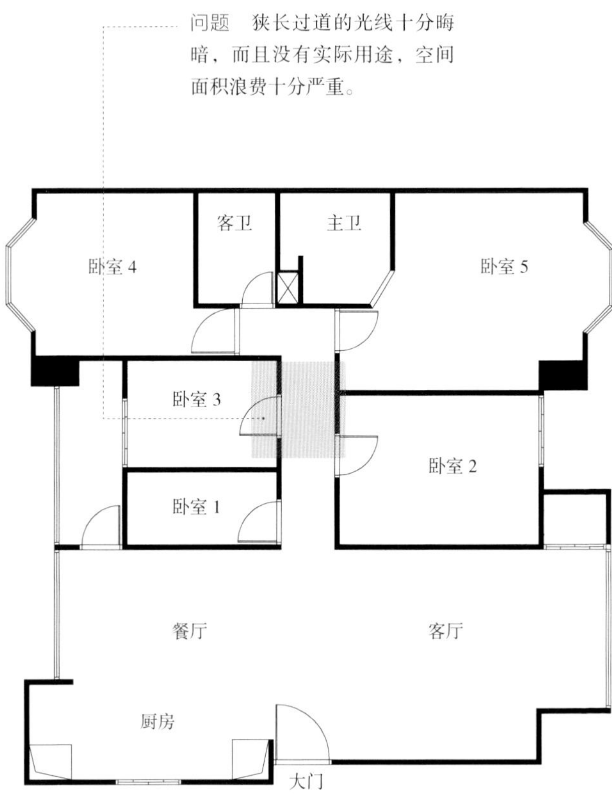

之后

方法　将过道前半段的三个卧室拆除，运用360°环绕动线的设计，重新配置客房和书房。阴暗过道消失后，整个空间的空气对流变好，空间也因此具有延伸放大的效果。

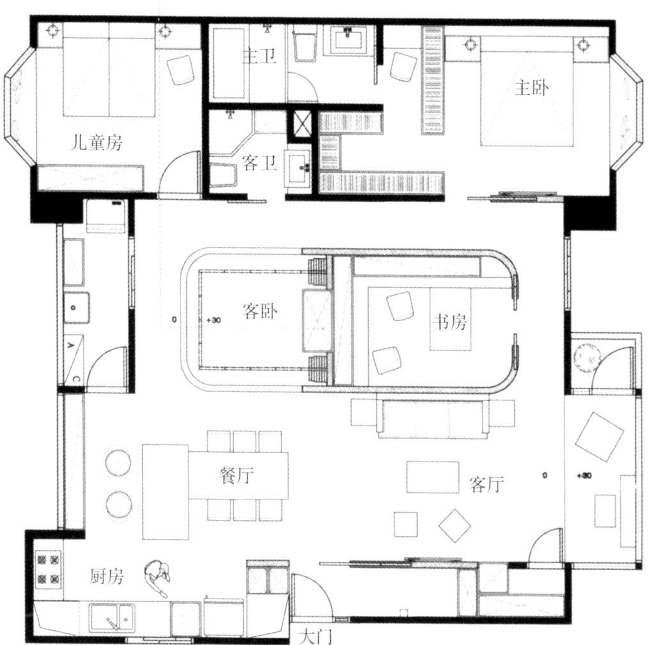

※ 解决方法 2：巧设造型墙，既化解格局问题，又美化空间

实例解析：

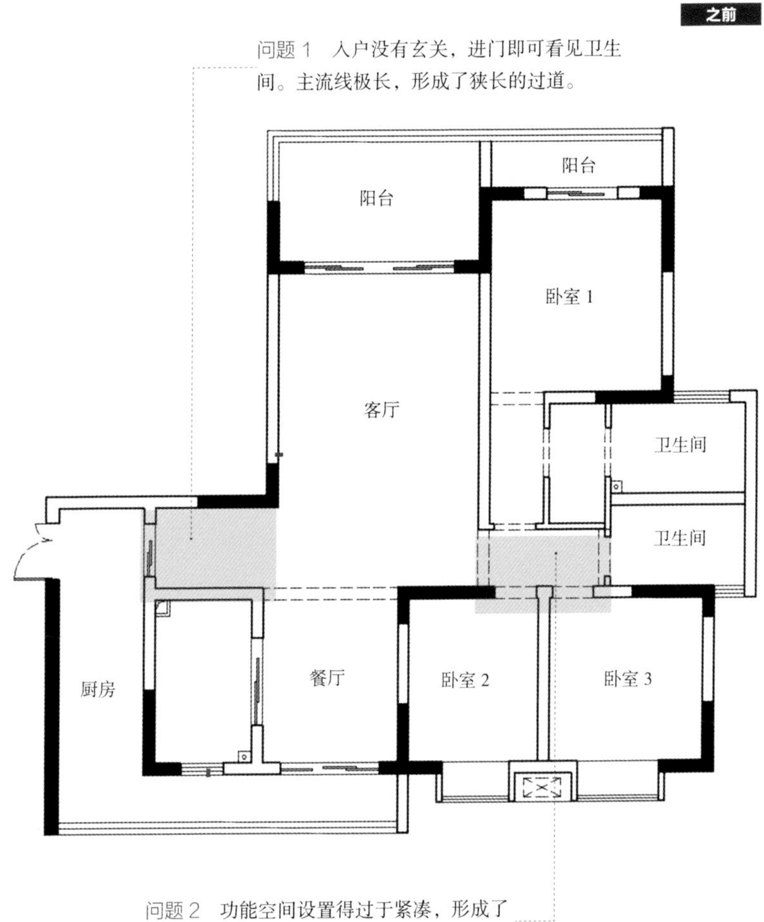

之后

方法 1 设计圆弧形造型隔断，增加了空间面积的使用率，也化解了入户即见卫生间的尴尬。

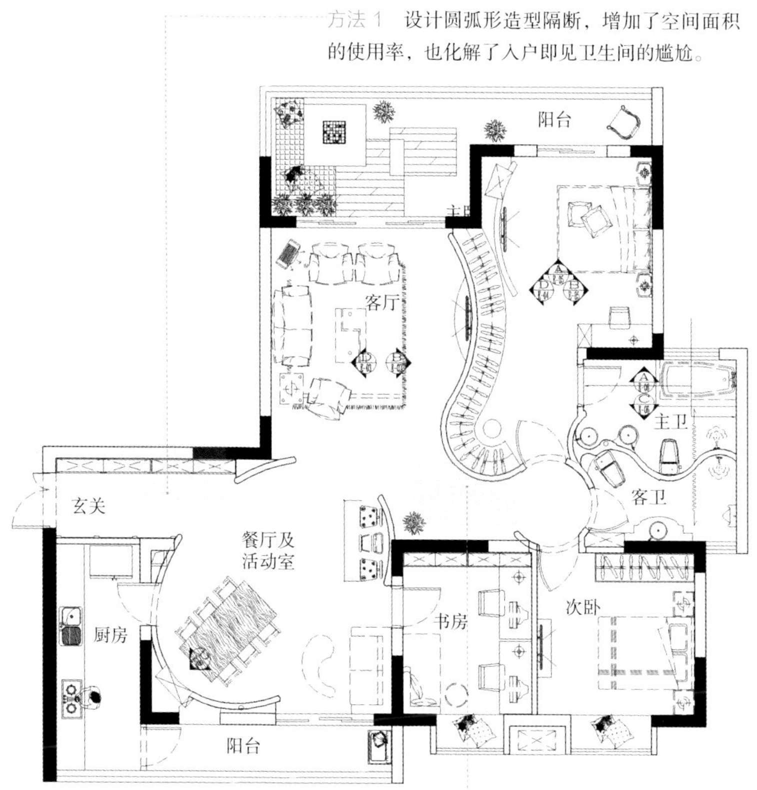

方法 2 将原有生硬的隔墙拆除，设计了与入户弧形隔断相呼应的造型墙，既避免了狭长过道带来的逼仄感，又为空间带来了美观的视觉享受。

4. 格局不方正，畸零空间难利用

※ 解决方法 1：改变门的位置，空间即刻变方正

实例解析：

之前

问题　原户型中的主卧形状为 L 形，形成了众多不好利用的畸零空间，并且导致客厅的格局也显示十分不规整。

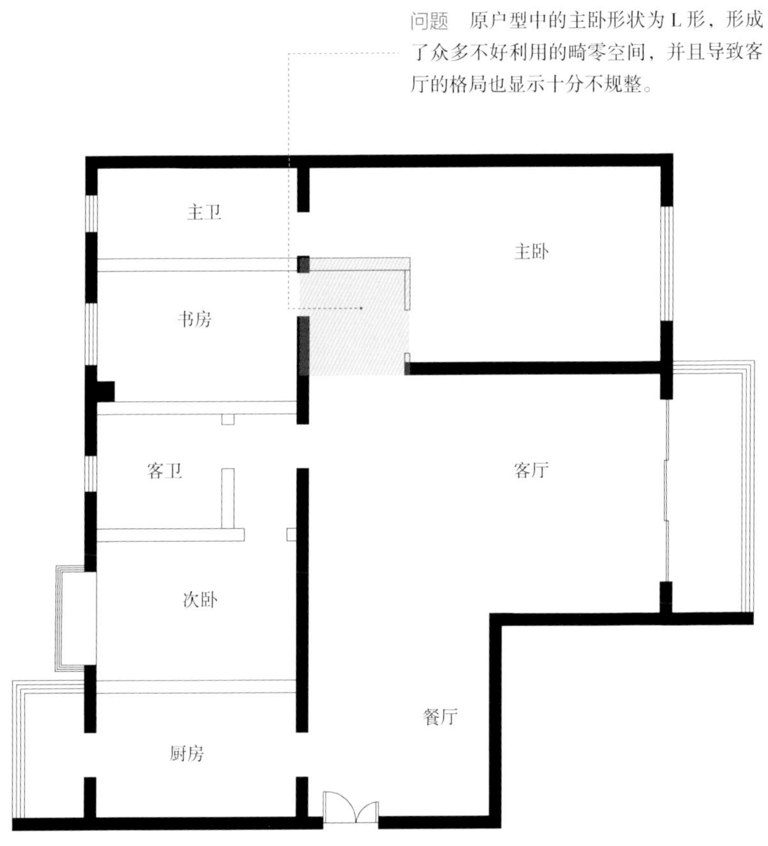

之后

方法 将一道隔墙拆除，改变卧室门的位置，主卧的形状即刻变得方方正正，并且形成一块儿较大的区域，作为书房之用。

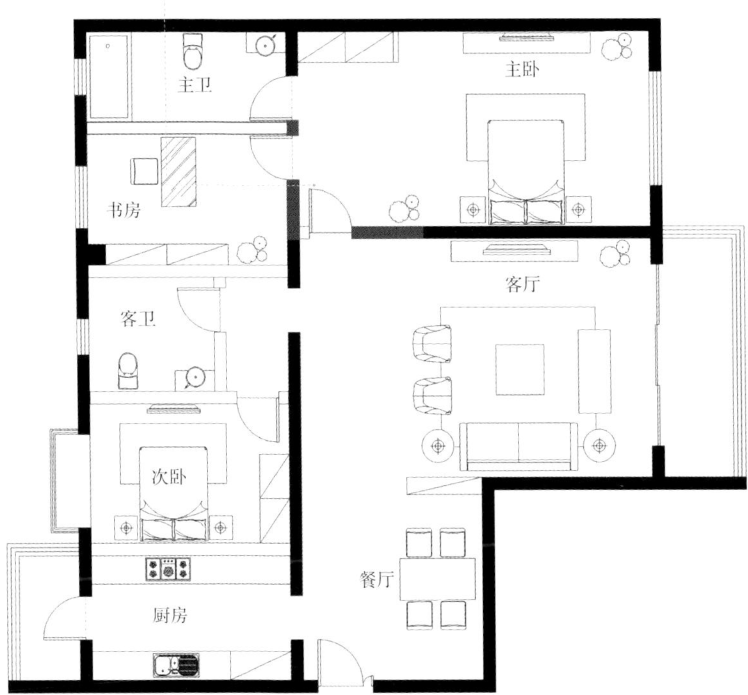

※ 解决方法 2：造型收纳柜转移多边形空间的视觉焦点

实例解析：

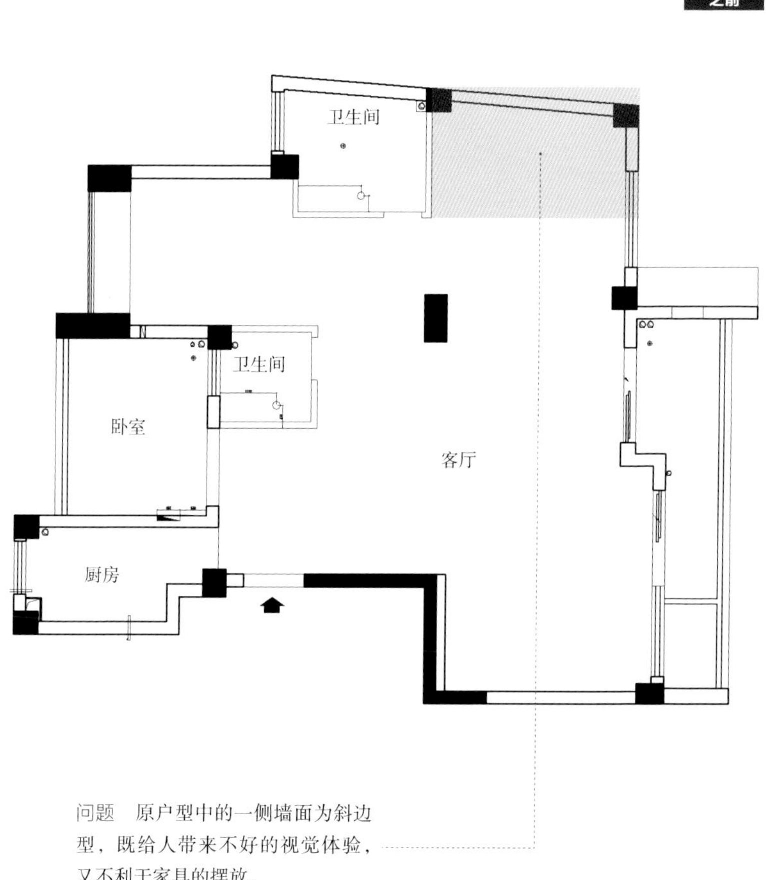

问题　原户型中的一侧墙面为斜边型，既给人带来不好的视觉体验，又不利于家具的摆放。

之后

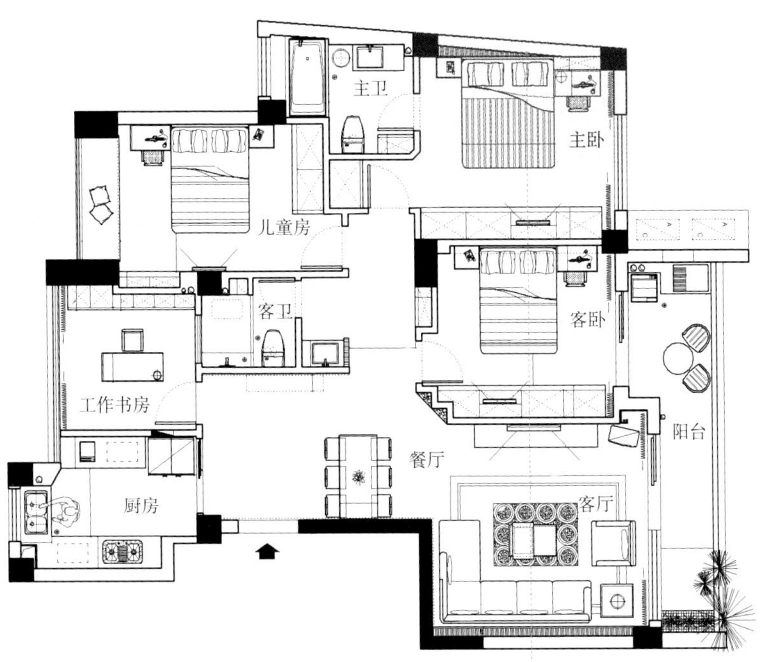

方法　利用造型柜找平墙面，既形成了方正的空间，方便床和床边柜的摆放，又为主卧室增加了一定的储物功能。

※ 解决方法 3：依据空间斜面拉正空间，形成规整格局

实例解析：

之前

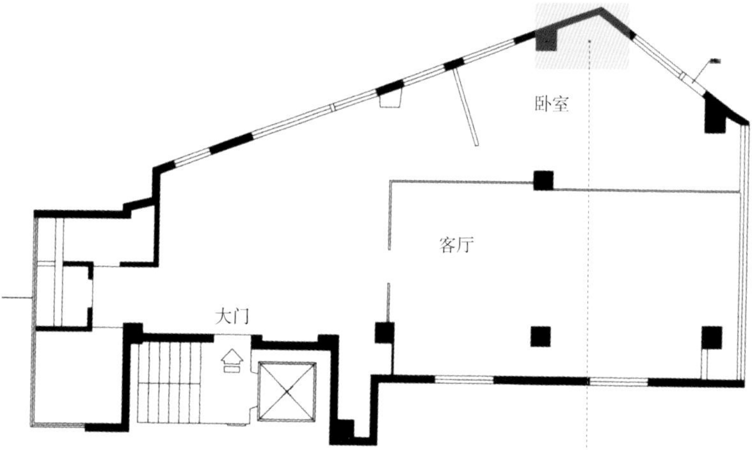

卧室

客厅

大门

问题　原户型呈现出极不方正的五边形格局，导致内部空间格局配置相当棘手。

之后

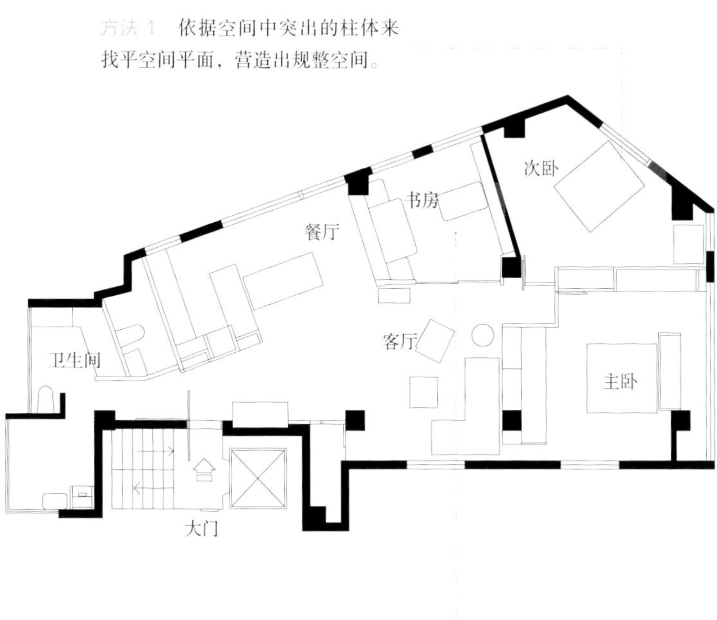

方法 2 通过隔间和家具配置尽可能将空间感拉正。

5. 空间狭长或狭小，使用起来会压抑

※ 解决方法 1：拆除非承重墙，狭长区域即刻消失

实例解析：

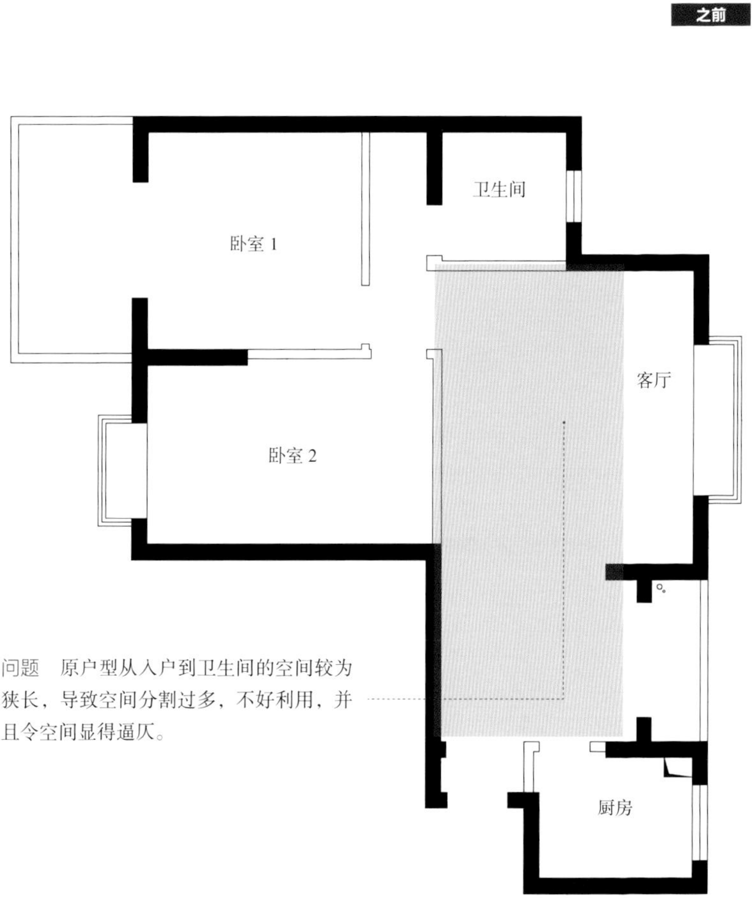

之前

卫生间

卧室 1

客厅

卧室 2

厨房

问题 原户型从入户到卫生间的空间较为狭长，导致空间分割过多，不好利用，并且令空间显得逼仄。

之后

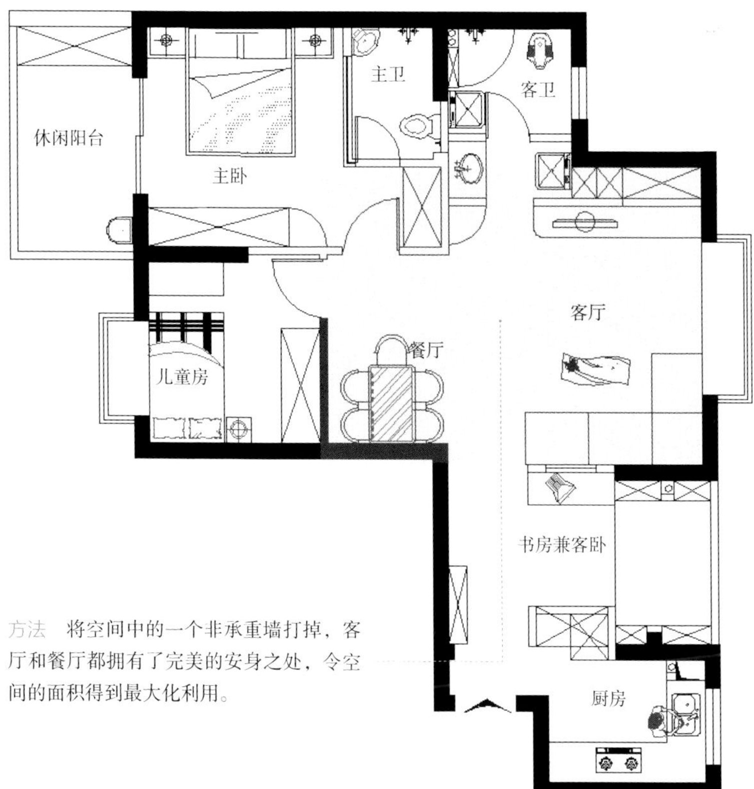

方法　将空间中的一个非承重墙打掉，客厅和餐厅都拥有了完美的安身之处，令空间的面积得到最大化利用。

※ 解决方法 2：合理分区，狭长空间功能更丰富

实例解析：

之前

问题 1 原有客厅面积较大，但为长方形格局，家具怎么放置，都不方便使用。

卧室 1

客厅

厨房

卫生间

卧室 2

大门

问题 2 非承重墙隔出的空间既狭长，又不方便使用，利用率很低。

之后

方法 1 利用家具将客厅合理分区，使单一功能区域变得具备多功能性，同时也化解了狭长格局的尴尬。

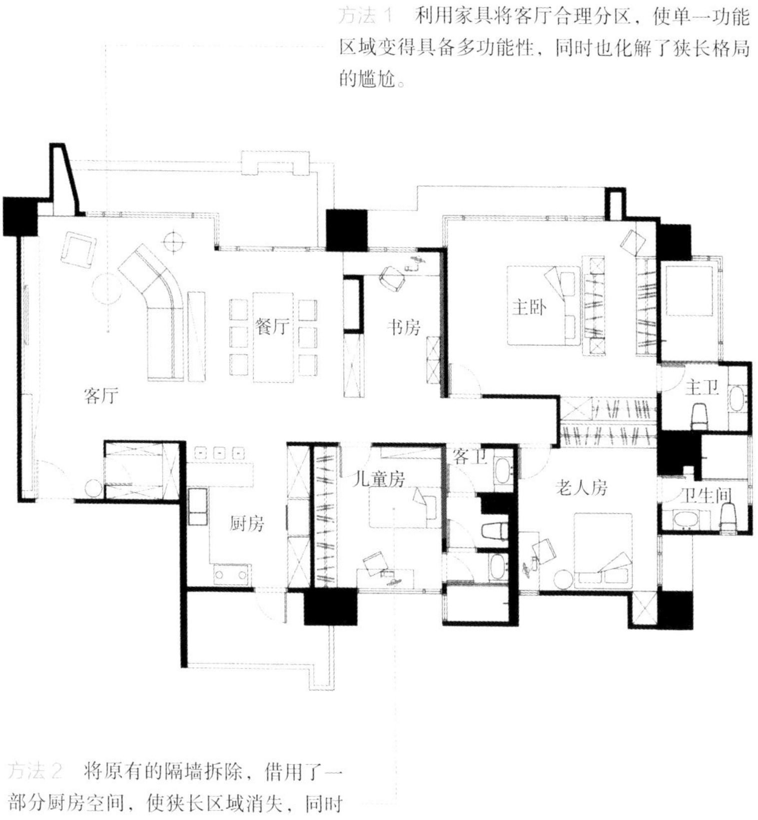

方法 2 将原有的隔墙拆除，借用了一部分厨房空间，使狭长区域消失，同时还多出一间卧室，方便使用。

※ 解决方法 3：巧借临近空间的面积，狭小空间变开阔

实例解析：

之前

问题 1　原有空间的面积狭小，却要同时具备客厅和餐厅的使用功能，致使空间使用起来较为拥挤。

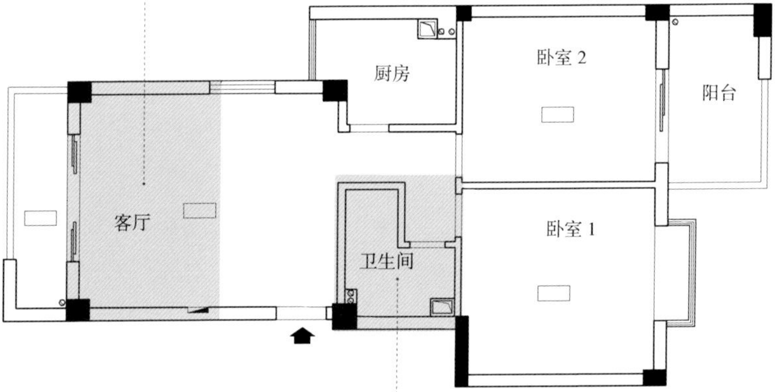

厨房
卧室 2
阳台
客厅
卫生间
卧室 1

问题 2　卫生间的面积狭小，且为 L 形，使用率不高。

之后

方法 1 将阳台与客厅完全打通，最大化使用了空间面积，并且令空间的采光更加充足。

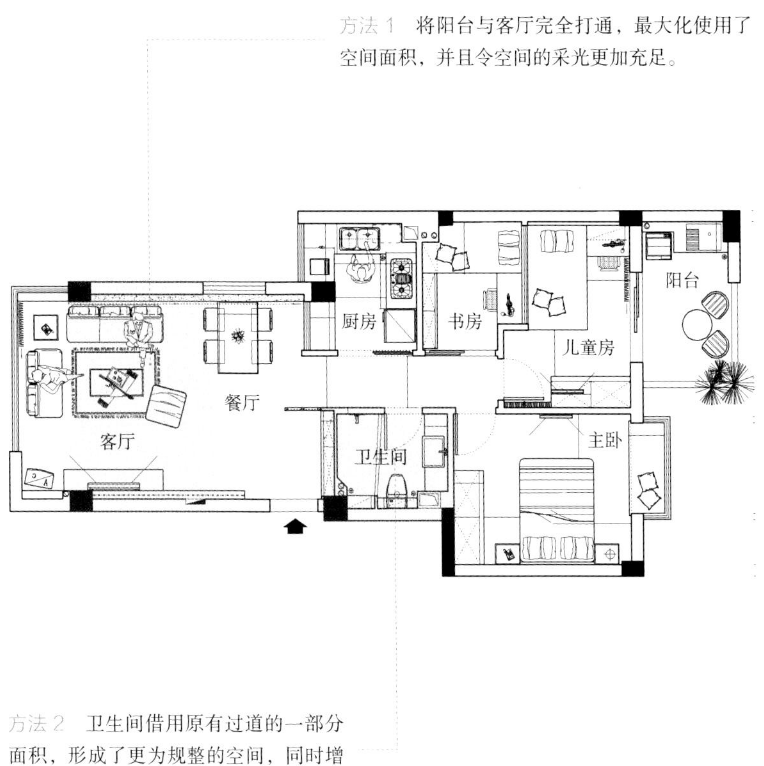

方法 2 卫生间借用原有过道的一部分面积，形成了更为规整的空间，同时增大了使用面积。

※ 解决方法 4：减少隔墙的同时，最大化利用狭小空间

实例解析：

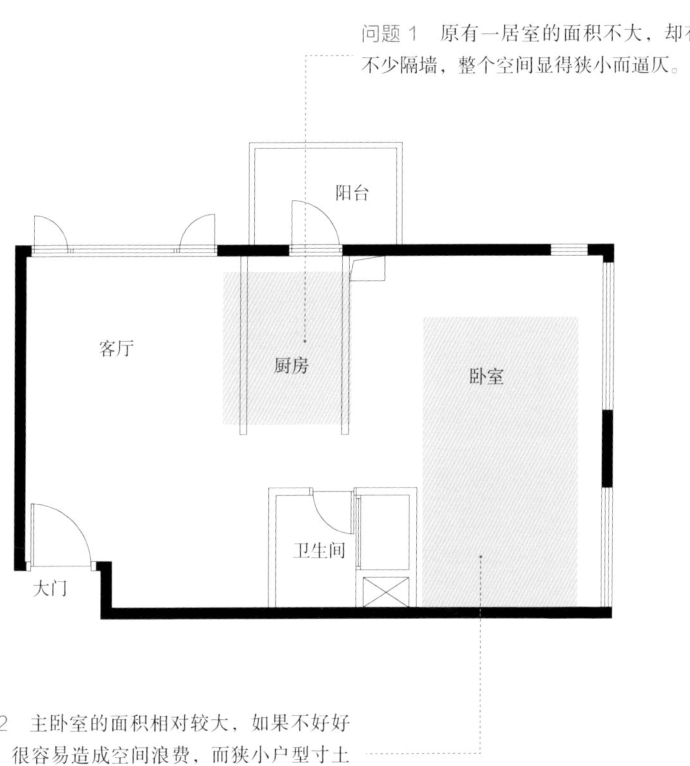

之后

方法 1　拆除厨房一部分隔墙，打造出一个开放式厨房，狭小空间即刻变得通透，不会压抑。

方法 2　利用主卧室的一部分空间打造出一个小书房，令空间使用率最大化。同时，空间也不会显得过于狭长。

6. 功能区域分区不合理，影响日常生活便利性

※ 解决方法 1：拆除非承重墙，狭长区域即刻消失

实例解析：

之前

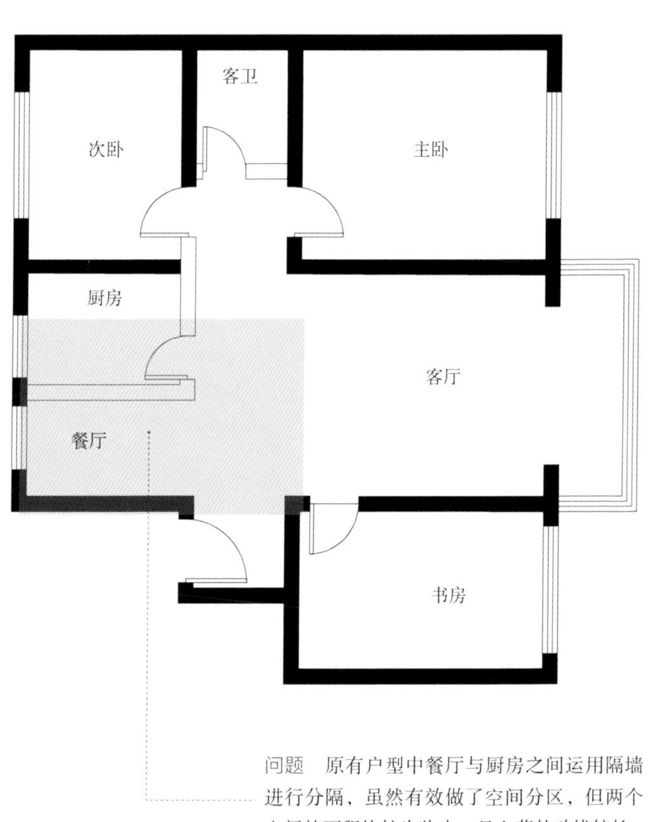

问题　原有户型中餐厅与厨房之间运用隔墙进行分隔，虽然有效做了空间分区，但两个空间的面积均较为狭小，且上菜的动线较长。

之后

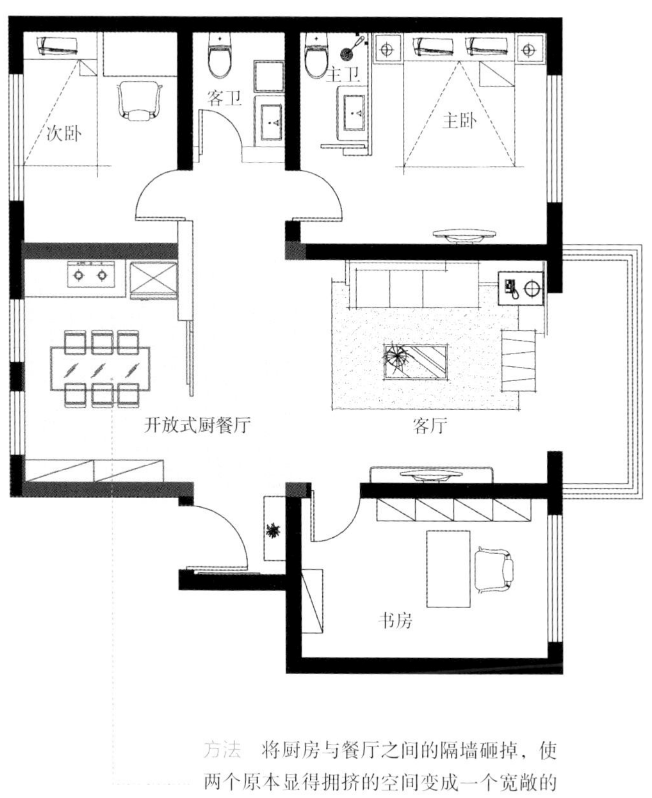

方法　将厨房与餐厅之间的隔墙砸掉，使两个原本显得拥挤的空间变成一个宽敞的空间；同时大大缩减了上菜的动线距离。

※ 解决方法 2：功能空间互换，重新界定使用区域

实例解析：

之后

方法 1　将客厅挪移到原来的主卧室中，同时打掉原来与次卧之间的隔墙，整个空间既规整，又拥有了充分的自然光源。

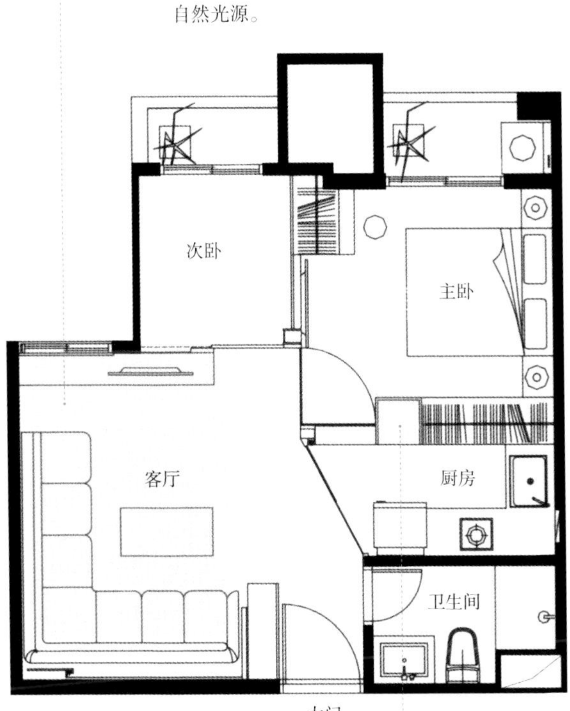

方法 2　原有的客厅与厨房，现在更改为主卧与厨房。同时将厨房与卧室的位置对调，令卧室拥有了良好的采光。

※ 解决方法 3：关联功能区域采取动线最近化的设计

实例解析：

之前

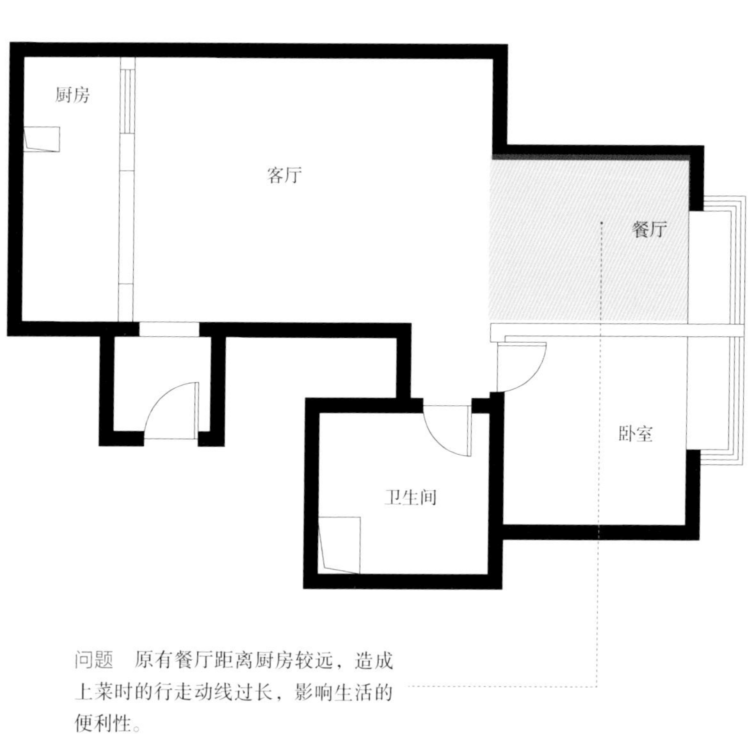

问题　原有餐厅距离厨房较远，造成上菜时的行走动线过长，影响生活的便利性。

之后

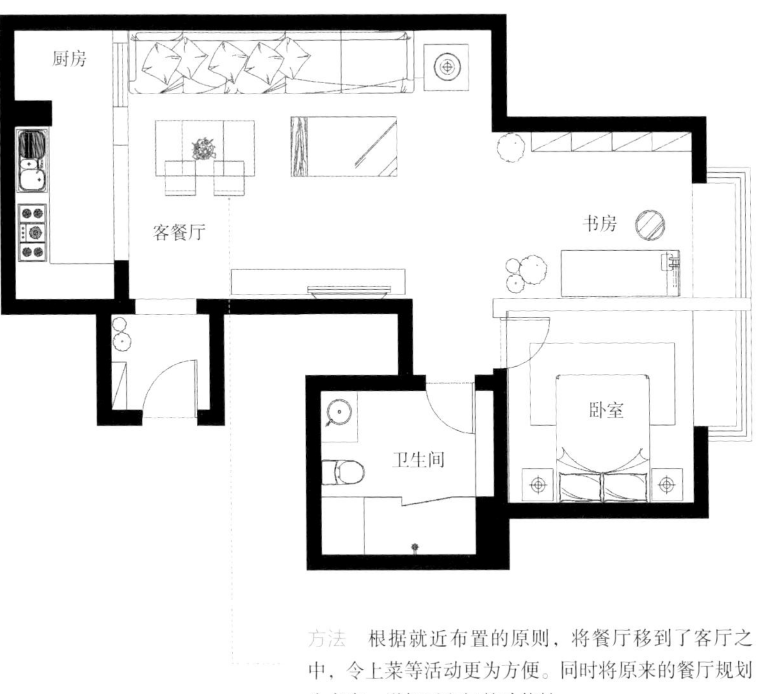

方法　根据就近布置的原则，将餐厅移到了客厅之中，令上菜等活动更为方便。同时将原来的餐厅规划为书房，增加了空间的功能性。

7. 空间缺乏隐私性，尴尬事件常发生

※ 解决方法 1：微调入门动线，进门即见整洁空间

实例解析：

之前

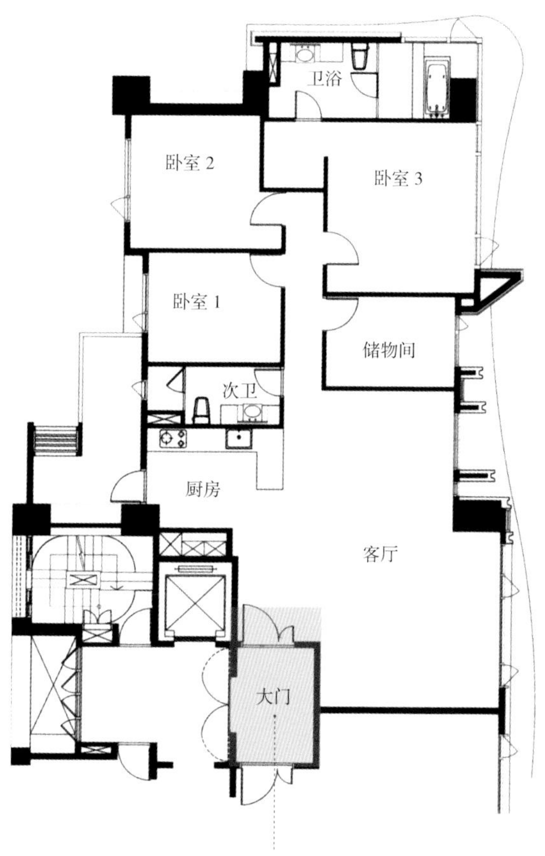

问题　进门即客厅，同时开门见灶，而厨房一般来说是家居中较为杂乱的地方，正对大门有碍观瞻。

之后

方法　利用玄关改变入户方式，不仅引导视线、动线与气流到客厅，也令玄关和厨房都拥有了更多的收纳空间。

※ 解决方法 2：制作端景墙或隔断屏风，美观又实用

实例解析：

之前

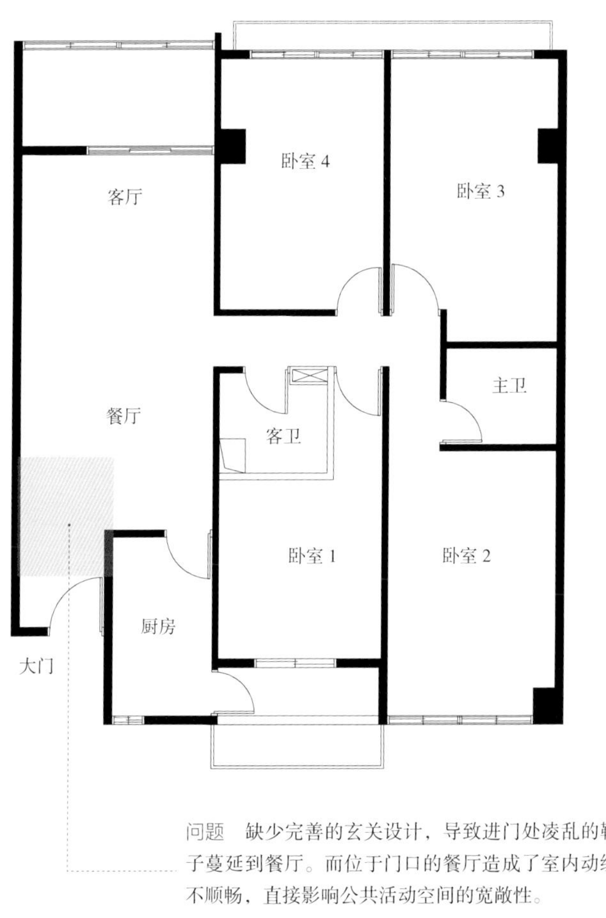

问题　缺少完善的玄关设计，导致进门处凌乱的鞋子蔓延到餐厅。而位于门口的餐厅造成了室内动线不顺畅，直接影响公共活动空间的宽敞性。

之后

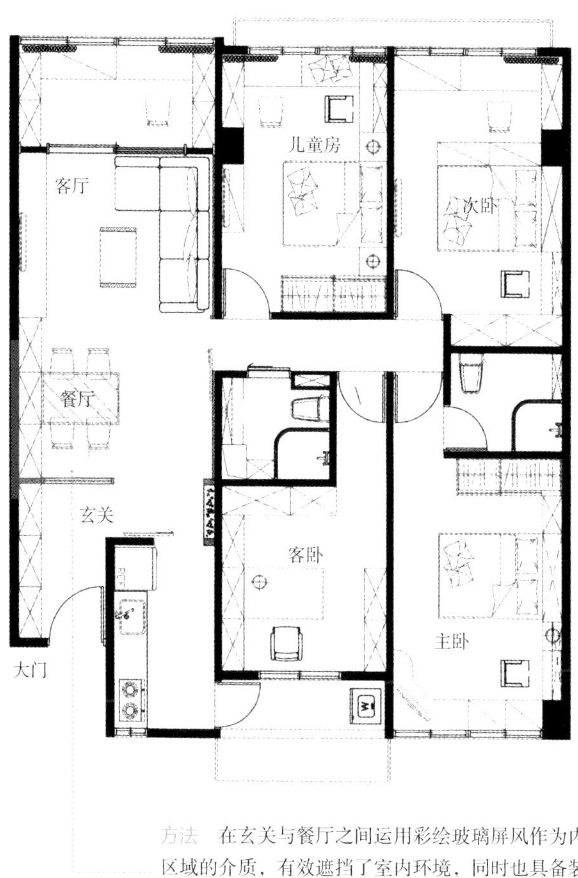

方法　在玄关与餐厅之间运用彩绘玻璃屏风作为内外区域的介质，有效遮挡了室内环境，同时也具备装饰效果。彩绘玻璃屏风同时也可用端景墙来替代。

※ 解决方法 3：改变卫生间门的方向，换个角度困境变佳境

实例解析：

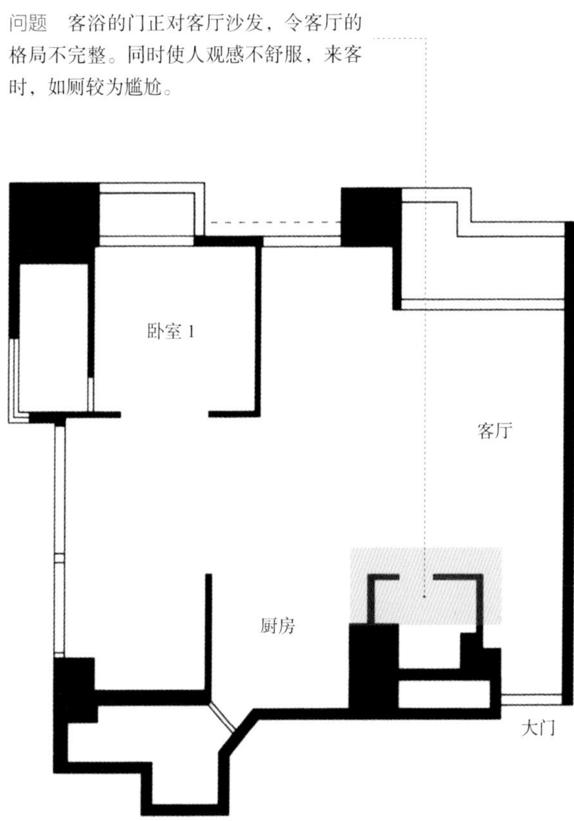

之后

方法 将客浴门变换方向，空间顿时豁然开朗。同时，运用方位借光，使用透光性材质也解决了空间采光不佳的问题。

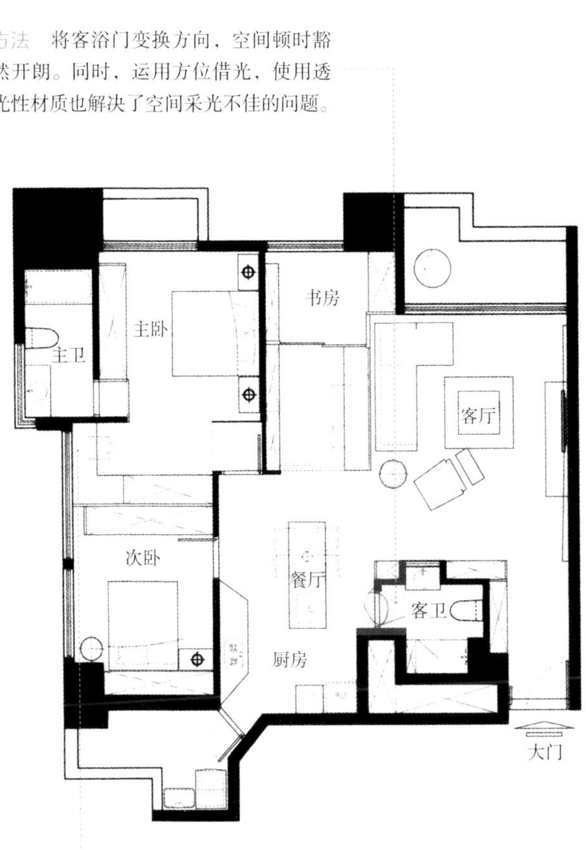

8. 储物空间不足，家居空间显凌乱

※ 解决方法 1：利用飘窗制作储物柜，同时满足收纳与休闲功能

实例解析：

之前

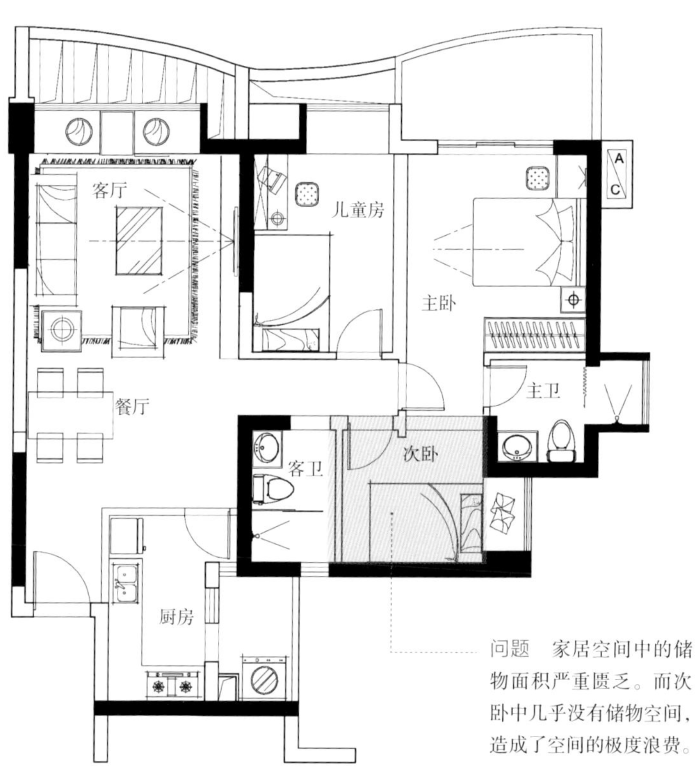

问题　家居空间中的储物面积严重匮乏。而次卧中几乎没有储物空间，造成了空间的极度浪费。

之后

方法　将飘窗的窗台延续出来，做成储物柜的形式，并将门口处的墙壁改成壁柜，提升了空间的储物能力。

※ 解决方法 2：在合适的区域做地台，满足储物与休息双重需求

实例解析：

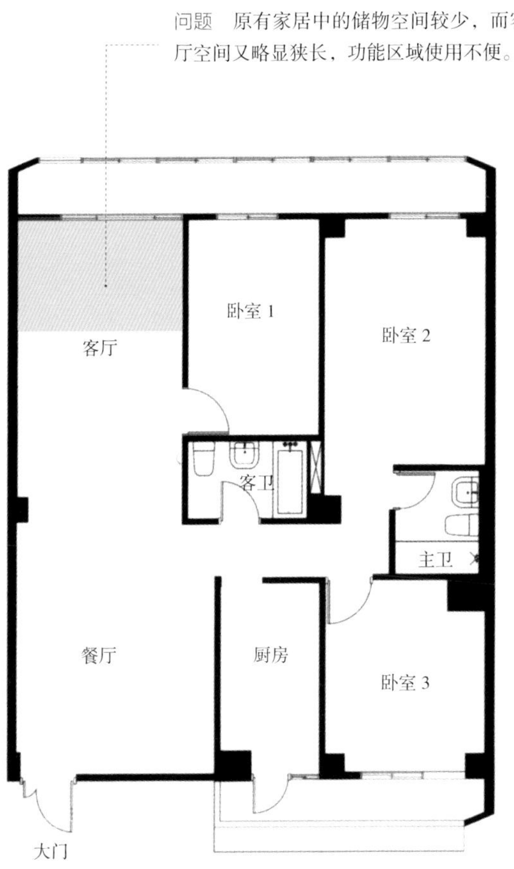

之后

方法　改变卧室门的开启方向，令原有客厅的墙面更加连贯，便于家具的摆放。为了避免狭长空间带来的不便，在客厅的一侧设计了地台，既改善了格局问题，又为居室带来了大量的储物空间。

※ 解决方法 3：增加柜体数量，空间储物量翻倍

实例解析：

之前

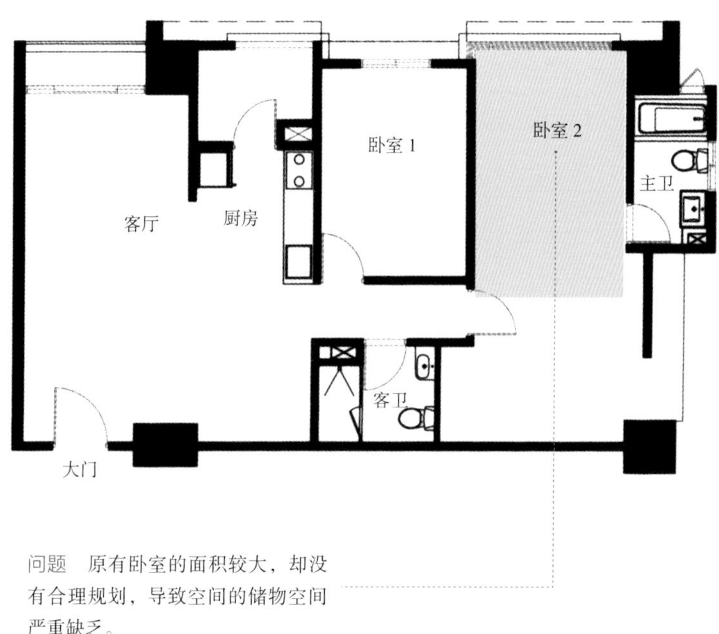

问题　原有卧室的面积较大，却没有合理规划，导致空间的储物空间严重缺乏。

之后

方法 1　在卧室一侧设置整面墙的柜子，大大提升了空间的储物功能。

方法 2　通往卧室的一部分空间与卫生间的墙面齐平，打造出一个衣帽间，增加储物功能的同时，也令空间格局更加规整。

第四章

掌握设计原则，确定空间统筹方向

一、室内界面的规划设计

室内界面是指墙、地、顶，以及空间内部的隔断设计，属于家居装饰的基础设计，往往会起到初步定调家居风格的作用，也是决定装修预算的关键。

1. 墙面造型

作用：家居设计中的重中之重，会占据大部分视线区域。尤其是功能空间中的背景墙，其设计优劣决定了空间品味的呈现，不容忽视。

① 墙面造型常用材料

简单装修常用建材

彩色涂料

◎ 对墙壁最简单也是最普遍的装修方式。

◎ 施工便捷，设计手法有效。

◎ 既可以令房间显得宽敞、明亮，也可以塑造出艺术效果。

壁纸

◎ 墙壁面层处理平整后，铺贴壁纸。

◎ 壁纸种类多，易清洁。

◎ 壁纸用旧，可把表层揭下来，无须再处理，直接贴上新壁纸即可。

手绘墙

◎ 用环保绘画颜料，依照业主爱好、兴趣、迎合家居的整体风格，在墙面上绘出各种图案以达到装饰效果。

◎ 一般作为电视背景墙、沙发墙和儿童房装饰。

墙砖

◎ 大多用于卫生间和厨房。

◎ 色彩、花纹多样，能达到良好的防水和装饰效果。

中档装修材料

石膏板造型

◎ 可用于装饰墙面，做护墙板及踢脚板等。

◎ 代替天然石材和水磨石的理想材料。

◎ 还可与涂料、艺术玻璃、壁纸等多种材料结合使用。

软包

◎ 在室内墙表面用柔性材料加以包装的墙面装饰方法。

◎材料质地柔软，色彩柔和，能够柔化整体空间氛围。

◎适用于卧室背景墙或家里有小孩的空间。

板材

◎ 墙面整体铺上基层板材，外贴装饰面板，效果雍容华贵，但会使房间显得拥挤。

◎ 另一种为利用板材整面铺墙，在其上刷乳胶漆，平整、细致，又避免大量板材带来的拥挤感。

高档装修材料

石材

◎一种为文化石饰墙，如用鹅卵石、板岩、砂岩板等砌成一面墙。装饰性强，主要用于客厅装饰。

◎一种为石膏板贴面，石膏板雕有起伏不平的砖墙缝，凹凸分明，层次感强。还可直接铺贴大理石，作为电视背景墙。

② 墙面软装设计技巧

※ 装饰画

装饰画属于一种装饰艺术，是墙面装饰的点睛之笔，即使是白色墙面，搭配几幅装饰画也能够变得生动。

※ 收纳墙

收纳除了利用独立款式大型家具完成，还可适当选择灵活的小家具和壁柜，向墙面借空间，把能利用的空白墙面加以利用，使之成为好用的收纳空间。

※ 饰品墙

墙面可采用一组小型工艺品、布艺饰品等装饰效果强的饰品，容易出效果，还能节省装修预算。适合简约风格、北欧风格的家居。

※ 植物墙

客厅、餐厅和玄关等室内某些区域需要分割时，采用带攀附植物隔离，或以某种条形或图案花纹的栅栏再附以攀附植物制作成植物墙，可设计出造型各异、高低错落的墙体造型。

2. 地面设计

作用：地面设计相对于墙面，更注重实用性，在选材时应尽量选择耐磨材质，并根据不同的功能空间对材质进行防水性区分。

① 地面设计常用材料

石材

◎ 室内地面常用建材，常见天然大理石、人工大理石。

◎ 天然大理石的质地坚硬，颜色多变，具有多种光泽。

◎ 人造大理石重量比天然大理石轻，具有更高的强度。

◎ 人造大理石在加工性方面具有优势，能够加工成圆形，弧形等不规则的形状，便于地面拼花设计。

砖材

◎ 常用釉面砖、抛光砖、仿古砖等，是家居地面最常用的设计方式。

◎具有耐磨、易清洁、造价相对较低的优势。

◎花色品种繁多，适用各种家居风格，以及任何室内空间。

木质拼花地板（木地板）

◎ 现代居室常见地面装修方法。

◎ 拼花地板一般选用硬木板条拼接而成，通过不同的排列方式来组成各种地板图案。

◎ 具有保温隔热、透气性好、耐磨、隔音、自然美观等特点。

塑料地板

◎ 色彩图案丰富，平整光亮，不易积尘并易于清洗，价格便宜，施工简单。

◎ 具有耐磨、耐水、耐腐蚀和阻燃等特点。

◎ 适用于走廊、休闲区、餐厅和厨房等地面的装修。

马赛克地面

◎ 质地坚硬，经久耐用，色彩丰富，可拼成多种美观图案。

◎ 具有耐酸碱、耐火、耐磨、不渗水、易清洗、抗压力强和受气候、温度变化的影响小等优点。

◎ 适用于装修卫生间、厨房地面和墙面。

水磨石地面

◎ 用不同石粒与彩色水泥混合铺制而成。

◎ 具有丰富多样的色彩、图案和纹理，装饰效果较好。

◎ 具有光亮、耐磨、不渗水、易清洗等诸多优点。

② 地面拼花设计的作用与应用

01 通过造型、颜色变化，丰富室内空间的地面

02 对空间布局产生影响，增加空间的韵律感

03 可进行区域划分，自成一体

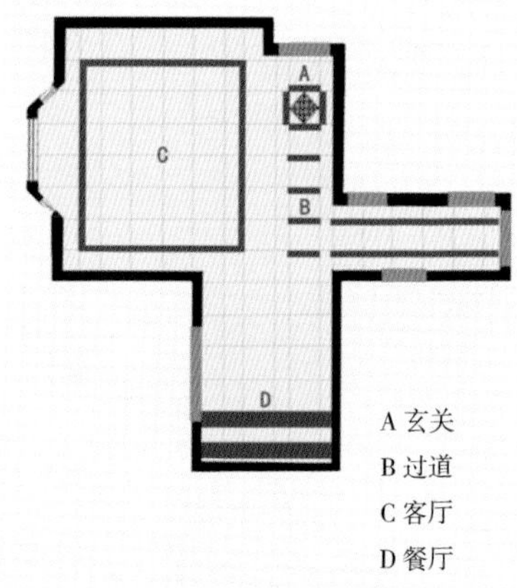

▲ 瓷砖地面的拼花设计一般运用在客厅、餐厅、玄关、过道等开放式空间。以上图为例。

3. 顶面规划

作用： 不同吊顶适用不同的层高和房形，营造的风格也各不相同。由于不同种类的吊顶对房间高度和大小有所限制，因此，需根据家居整体风格及预算确定吊顶种类。

① 吊顶的常见类型

平面式吊顶

◎ 以 PVC 板、玻璃等为材料，照明灯置于顶部平面之内或吸顶上。

◎适用于门厅、客厅、餐厅、卧室等区域。

◎适合简约风格、北欧风格。

格栅式吊顶

◎ 用木材制成框架，光源在玻璃上面，属于平板吊顶的一种。

◎造型要比平板吊顶生动、活泼，装饰效果比较好。

◎ 优点是光线柔和，轻松、自然。

◎ 一般适用于居室的餐厅、门厅。

迭级吊顶

◎ 用平板吊顶的形式把顶部管线遮挡在内部，可嵌入筒灯或内藏日光灯，使装修后顶面形成层次，避免压抑。

◎ 采用云形波浪线或不规则弧线，不超过顶面面积的 ⅓。

◎ 可应用多种风格，中式风格会在顶面添加实木线条，欧式风格、法式风格可与雕花石膏线结合。

藻井式吊顶

◎ 在房间四周进行局部吊顶，可设计一层或两层，增加空间高度的视感，还可改变室内灯光照明效果。

◎ 房间必须有一定的高度（高于 2.9 米），且房间较大。

◎ 一般适用于美式风格、东南亚风格等。

井格式吊顶

◎ 吊顶表面呈井字格，一般会配灯饰和装饰线条。

◎ 比较适用于大户型，用在小户型中会显得拥挤。

◎ 在欧式风格、法式风格中较为常见。

悬吊式吊顶

◎ 将各种板材、金属、玻璃等悬挂在结构层上。

◎ 常通过各种灯光照射产生别致造型，充溢光影和艺术趣味。

◎ 儿童房中也可悬挂星星、月亮等简单卡通图案。

② 吊顶设计注意事项

根据需要装吊顶

现在商品房层高通常为 2.6～2.8 米，若吊顶不合理，会导致空间局促。

吊顶颜色宜轻、宜浅

若吊顶颜色深厚，会有头重脚轻感，在无形中带来压迫感。

避免过多彩色光源

滥用光源易使房间显得浮躁，破坏温馨、和谐氛围。

避免出现凹凸不平或尖角

这类吊顶具有不平衡感，会令人心情浮躁。

隐蔽工程要到位

提前规划隐蔽工程，否则只能走明线，影响美观。

吊顶里设备处要设检修孔要到位

作用为吊顶内管线设备出故障方便检查确定部位、原因，可选择设在隐蔽部位，并对检修孔进行艺术处理，譬如与灯具或装饰物相结合。

4. 隔断运用

作用： 对于隔断设计，必须将功能放在首位，在满足实用功能的基础上，再加入业主的个性爱好和审美趣味，在造型上下功夫，就可以做出一个美观、实用的隔断。

① 隔断在室内空间中的作用

分隔空间

固定式隔断适用于层高较高的宽大空间，可移动隔断，保持空间的良好流动性。

遮挡视线

不同功能区域对可见度要求各异，大空间隔断划分要考虑采光。采光要求较高的阅读区应采用透光性好的低矮隔断。

适当隔音

柔软织物、泡沫墙材、玻璃、家具隔墙具有一定的吸音功能。绿色植物可降低噪音、墙面挂画可适当增加声音反射。

增强私密性

个性化设计中透明玻璃卫生间屡见不鲜。为保证生活私密性，这些区域周围或入口可由帘幕等可移动隔断承担遮挡作用。

增强空间弹性

将屏风、帘幕、家具等根据使用要求随时启闭或移动，空间也随之或分或合、变大变小。

② 常见隔断类型

推拉式隔断

◎ 可灵活按照使用要求把大空间划分为小空间或合并空间。

◎ 设计形式一般为推拉门，常见材质为玻璃。

◎ 广泛应用于厨房、卫生间，增加空间的通透性。

◎ 玻璃与板材设计可用于古典风格，玻璃与铝合金型材则简洁、清爽适合现代风格。

镂空式隔断

◎ 镂空式隔断不会遮挡阳光，也不会阻隔空气流通，还能提高装修档次。

◎ 镂空隔断的花式要与家居整体风格相协调，如冰裂纹花格适合中式家居、大马士革花格适合欧式家居等。

固定式隔断

◎ 多以墙体的形式出现，既有常见的承重墙、到顶的轻质隔墙，也有通透的玻璃隔墙、不到顶的隔板等。

◎ 隔断式吧台、栏杆、罗马柱等，也属于固定式隔断的范畴。

软装式隔断

◎ 常见材料包括珠线帘、布帘、地毯、家具和绿植等。

◎ 较之固定式隔断，具有灵活、易更换的优点，且价格相对比较实惠。

◎ 缺点是两个空间的独立性欠佳，私密性与隔音性也较差。

柜体式隔断

◎ 运用各种形式的柜子进行空间分隔。

◎ 能够把空间分隔和物品贮存两种功能巧妙地结合起来，节省空间面积。

隐性隔断

◎ 将原有整体空间，墙地顶的界面利用不同材质、色彩、花纹、灯光、高低错落等形式来区分相邻的区域空间。

③ 不同户型的分隔设计要点

※ 小户型

小户型空间分隔的材料，一般宜采用通透性强的玻璃、纱帘，或叶片浓密的植物、小型家具；也可以直接利用墙地面的材料不同来做隐形隔断。

▶ 客厅墙面用硬包材质，餐厅墙面为马赛克拼花，具有装饰性的同时，有效划分两个区域。

▶ 空间面积较小，隔断几乎皆采用玻璃材质，具有通透感，可在视觉上放大空间。

※ 中户型

中户型分隔宜选用尺寸较小、材质柔软或通透性较好、有间隙、可移动的类型，如帷帘、家具、屏风等。为保证空间拥有较好的通风与采光，可采用低矮分隔代替到顶分隔设计。

※ 大户型

大户型面积较大，某一空间往往被赋予多重功能。因此可做更多造型设计，增强美感。可将适宜空间地面抬高或降低，墙面进行分隔造型设计等。

▲ 利用沙发作为软隔断分隔客厅、餐厅，不会阻隔视线，且充分利用了空间。

► 空间面积较大，地面采用抬高设计，将客厅、餐厅区分开，且形成了视觉变化。

二、功能空间的设计体现

家居空间主要包括客厅、餐厅、卧室、厨房、卫生间等。每一个空间都有属于自身特定的功能。只有确定了不同空间的设计重点，才能让家居环境达到和谐的氛围。

1. 客厅

① 功能分区

客厅是家庭的核心地带，其主要功能是团聚、娱乐、会客、娱乐休闲。也可以兼具用餐、睡眠、学习，但要有一定的区分。

起居室内主要活动内容

家庭团聚	视听	会客、接待
客厅的主要功能，常通过家具构成一个区域，一般处于中心区域。	应避免逆光和反光，影响观感。	常和家庭聚谈空间合并设置，也会开辟一片小空间单独设置。

兼具功能内容

用餐	睡眠	学习
小户型中，餐室和客厅可合并设置，一般采用虚隔断、屏风、植物等灵活分割。	客厅坐具可用作小憩场所，为人们提供舒适的休息空间。	也可进行学习阅读，由于使用时间短，位置不固定，可灵活处理。

② 格局要点

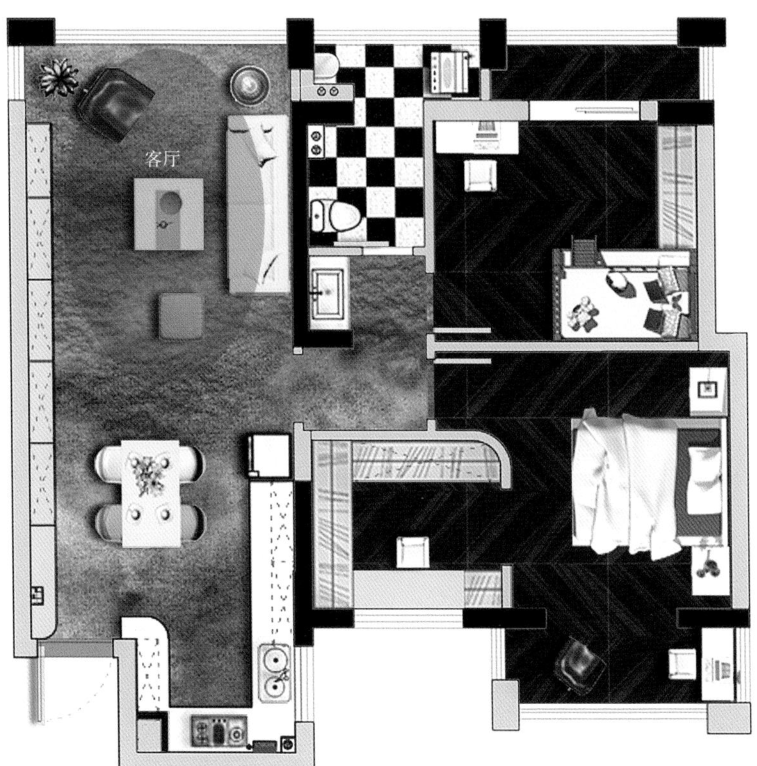

◎ 不宜设置在角落。

◎ 面积宜大不宜小，可与弹性空间开放式地结合。

◎ 处于所有空间的第一顺位。

③ 色彩设计

◎ 颜色最好不要超过三种，不包括黑、白、灰。

◎ 如果觉得三个颜色太少，则可以调节颜色的明度和饱和度。

④ 墙、地、顶的选材与设计

顶面

◎ 与整个居室的风格一致。

◎ 避免造成压抑昏暗的效果。

墙面

◎ 着眼整体，对主题墙重点装饰，以集中视线。

地面

◎ 地面材质要适用于绝大部分或全部家庭成员。

◎ 不宜选择过于光滑的材料。

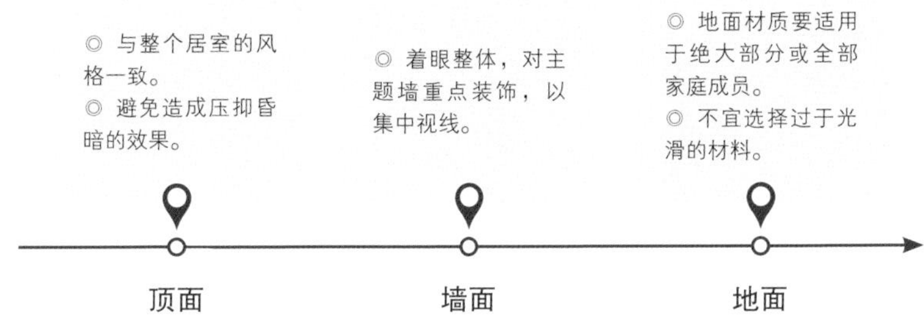

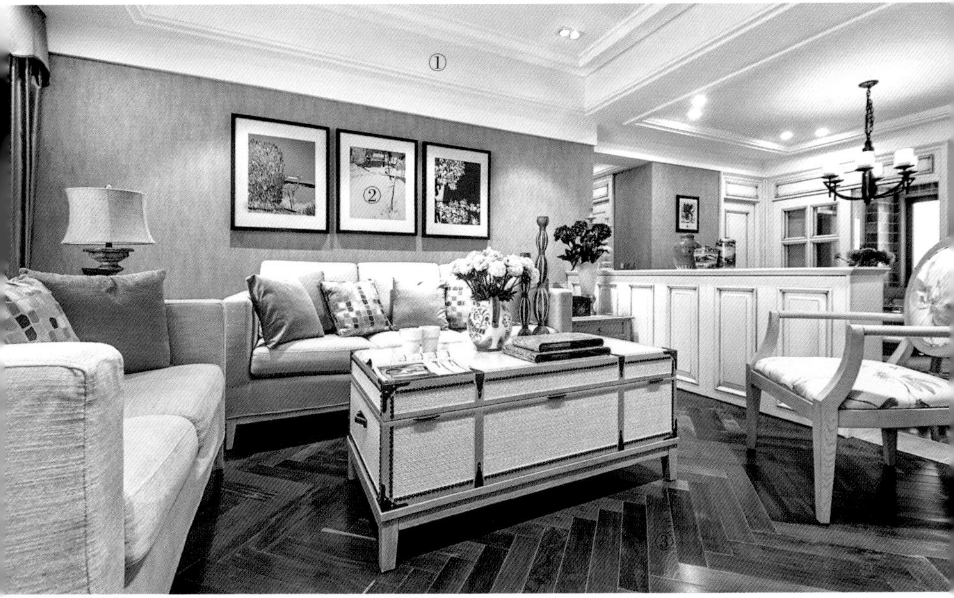

① 白色系的吊顶，不会造成压抑

② 壁纸＋装饰画，形成空间的视觉焦点

③ 强化复合地毯耐磨，且质感质朴

⑤ 照明设计

◎ 最好采用可调控的照明设计方案。

◎ 基本照明可使用顶灯，并按客厅的面积、高度和风格来定。

◎ 重点照明可以利用落地灯、壁灯、射灯等达到使用和装饰的效果。

Tips 阴暗客厅的照明方法

阴面客厅或自然采光不好的客厅容易给人造成压抑感。如果能利用一些合理的照明设计来达到扬长避短的目的，凸显立面空间，就能让阴暗的客厅光亮起来。

方法：

○ 补充入口光源：光源能在立体空间里塑造耐人寻味的层次感。

○ 适当增加辅助光源：可以用日光灯类光源，映射在顶面和墙上，有较好的照明效果。

○ 利用射灯装点：射灯照射在装饰画上，也可起到较好的效果。

灯带做辅助光源

射灯进行装点

⑥ 动线规划

※ 沙发在客厅中合理摆放的尺寸

① 沙发靠墙摆放宽度最好占墙面的 ½ 或 ⅓

② 高度不超过墙面高度的 ½，太高或太低会造成视觉不平衡

③ 沙发深度建议在 85 ~ 95 厘米

④ 沙发两旁最好各留出 50 厘米的宽度来摆放边桌或边柜

※ 电视柜前需要预留的尺寸及合理高度

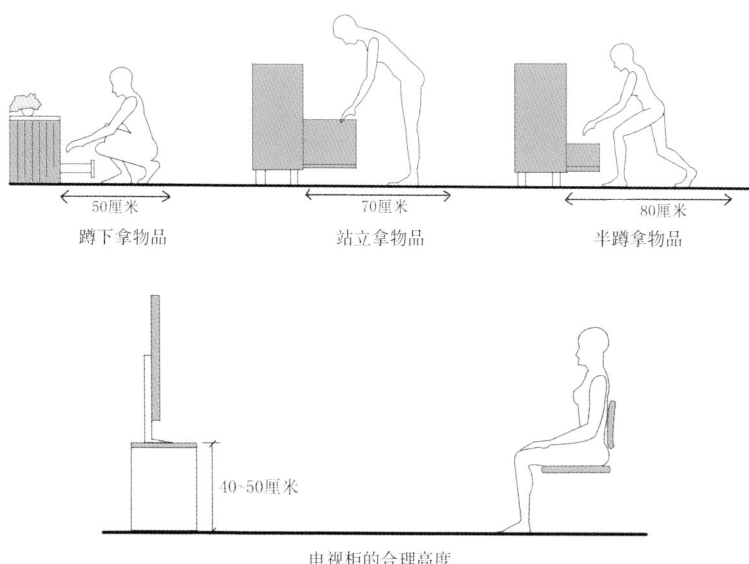

蹲下拿物品　　站立拿物品　　半蹲拿物品

电视柜的合理高度

※ 沙发与茶几的安全距离

当正坐时，沙发与茶几之间的间距可以为30厘米，但通常以40～45厘米为最佳标准。

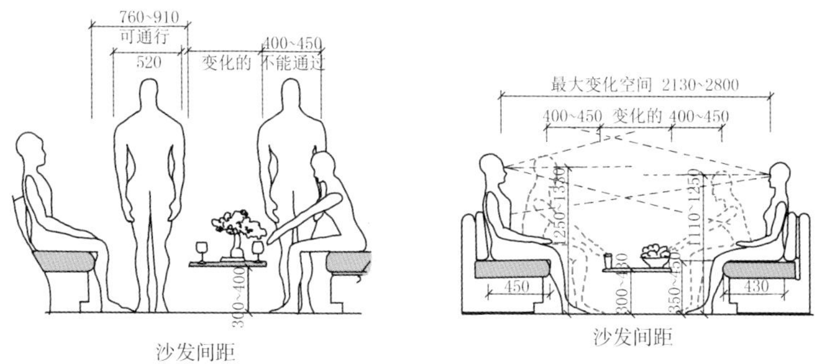

沙发间距　　沙发间距

※ 视听距离尺寸关系

◎ 看电视时，离得太近或太远都容易造成视觉疲劳。为保证良好的视听效果，沙发与电视的间距应根据电视种类和屏幕尺寸来确定。

◎ 通常来说，确定电视尺寸时，可根据客厅大小，按照视听距离通过公式来确定。

最大电视高度 = 观看距离 ÷3
最小电视高度 = 观看距离 ÷6

◎ 由于现在科技快速发展，电视显示技术日新月异，因而这个公式不太准确，720P以内的电视已被淘汰，而进入到 1080P、2K、4K 的高清时代，因此在选择时也要与时俱进，可依靠新的公式计算：

最大电视高度 = 观看距离 ÷1.5
最小电视高度 = 观看距离 ÷3

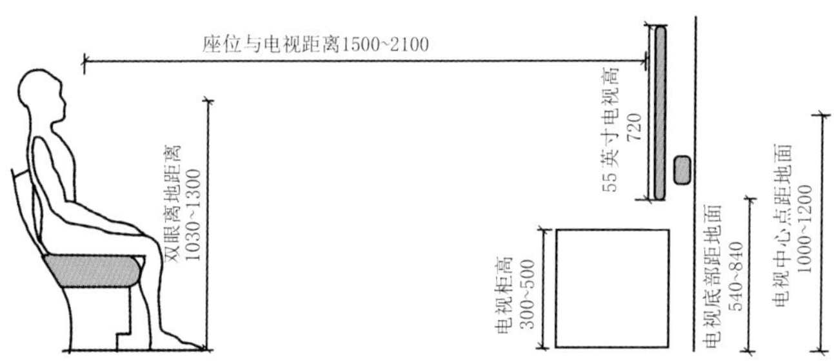

备注：当使用主体为老人时，电视和座位之间的间距要稍微小一些，以保证老人能看清。

※ 沙发和茶几之间的摆放形式

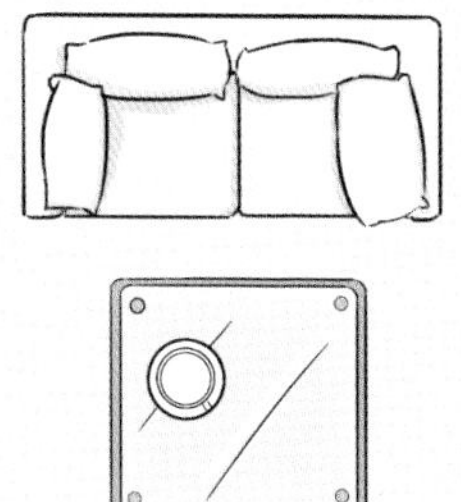

沙发 + 茶几

适用空间：小面积客厅

适用装修档次：经济型装修

适用居住人群：新婚夫妇

要点：家具元素比较简单，可以在款式选择上多花点心思。别致、独特的造型能给小客厅带来视觉变化。

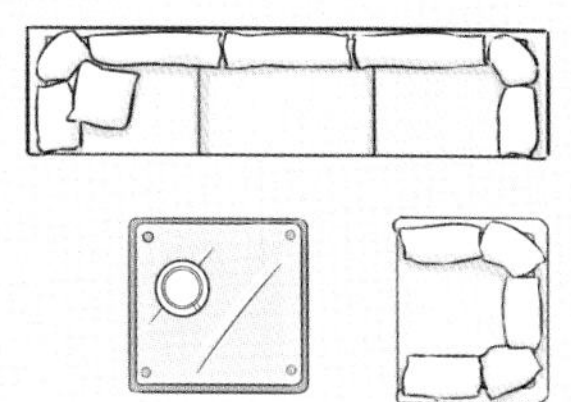

三人沙发 + 茶几 + 单体座椅

适用空间：小面积客厅、大面积客厅均可

适用装修档次：经济型装修、中等装修

适用居住人群：新婚夫妇、三口之家

要点：可以打破空间简单格局，也能满足更多人的使用需要。茶几形状最好为正方形款式。

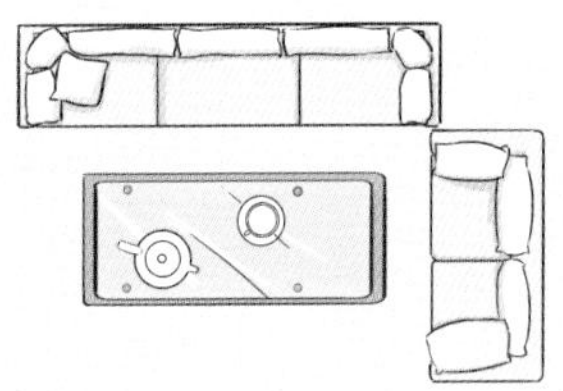

L 形摆法

适用空间：大面积客厅

适用装修档次：经济装修、中等装修、豪华装修

适用居住人群：新婚夫妇、三口之家 / 二胎家庭、三代同堂

要点：最常见客厅家具摆放形式，组合变化多样，可按需选择。

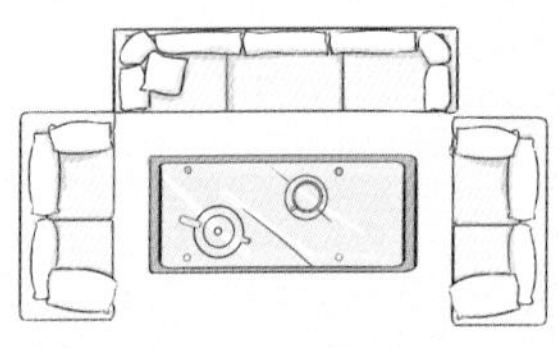

围坐式摆法

适用空间：大面积客厅

适用装修档次：中等装修、豪华装修

适用居住人群：新婚夫妇、三口之家 / 二胎家庭、三代同堂

要点：能形成聚集、围合的感觉。茶几最好选择长方形。

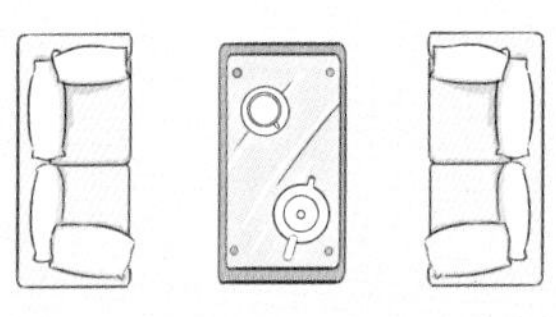

对坐式摆法

适用空间：小面积客厅、大面积客厅均可

适用装修档次：经济装修、中等装修

适用居住人群：新婚夫妇、三口之家 / 二胎家庭

要点：面积大小不同的客厅，只需变化沙发的大小就可以了。

⑦ 软装饰品的应用

※ 地毯可以根据客厅面积的大小选择

小客厅（20 平方米以下）
地毯比茶几略大

大客厅（20~35 平方米）
地毯可以放到沙发和茶几下面，地毯不宜小于 1.7×2.4 米

※ 装饰画和沙发的比例
① 长度不小于沙发的
② 高度以 50～80
①

沙发总长
3.6 米左右

◎ 配 1 幅画，横幅挂画尺寸 1600×800（毫米）；竖幅挂画尺寸 1000×1200（毫米）
◎ 配 2 幅画，挂画尺寸 700×900（毫米）
◎ 配组合画，挂画尺寸应该在 2600×1200（毫米）范围内

沙发总长
2.6 米左右

◎ 配 1 幅画，横幅挂画尺寸 1200×600（毫米）；竖幅挂画尺寸 800×1000（毫米）
◎ 配 2 幅画，挂画尺寸 600×800（毫米）
◎ 配组合画，挂画尺寸应该在 2000×1000（毫米）范围内

沙发总长
1.8 米左右

◎ 配 1 幅挂画，横幅挂画尺寸 1000×500（毫米）；竖幅挂画尺寸 700×900（毫米）
◎ 配 2 幅画，挂画尺寸 600×800（毫米）或 500×600（毫米）

※ 装饰品的摆放形式

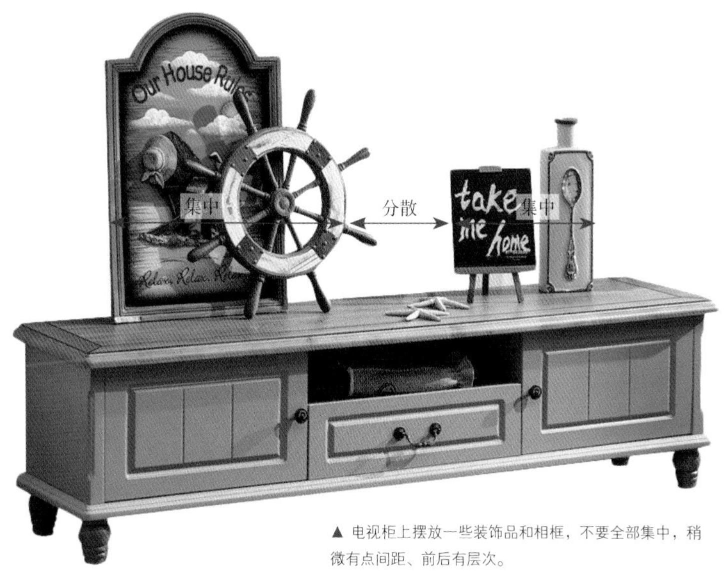

▲ 电视柜上摆放一些装饰品和相框，不要全部集中，稍微有点间距、前后有层次。

2. 餐厅

① 功能分区

餐厅的功能分区相对来说简单，核心功能为就餐。次要功能是家庭成员之间的交谈空间，以及厨具或者食品的储藏空间。

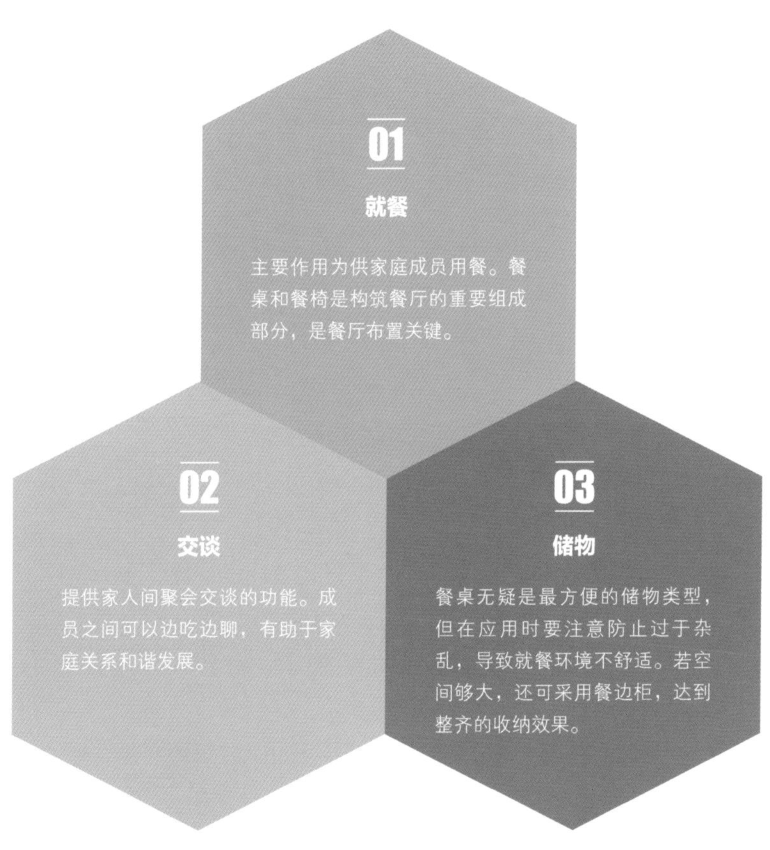

▲ 餐厅的功能

② 格局要点

◎ 餐厅的格局要方正，以长方形或正方形格局最佳。

◎ 餐厅位置最好与厨房相邻。

◎ 若餐厅距离厨房过远，会耗费过多配餐时间。

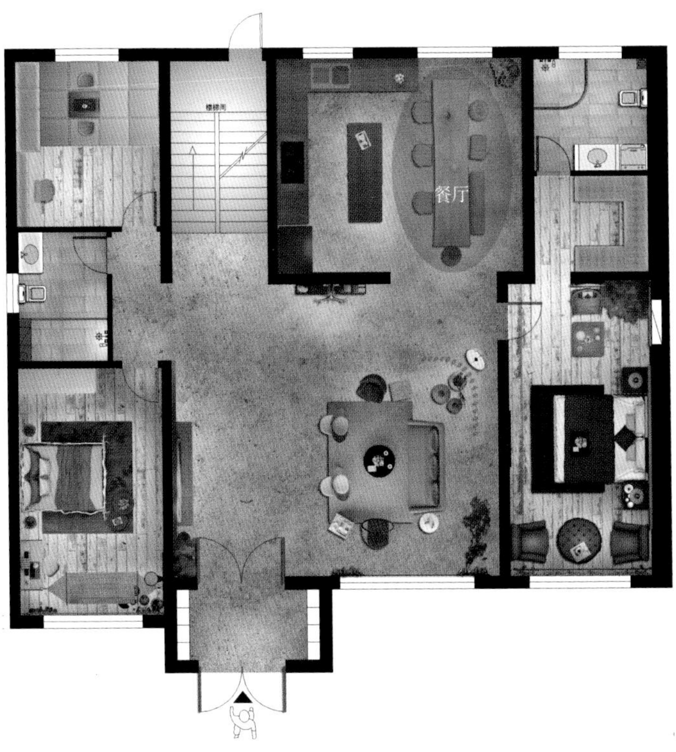

③ 色彩设计要点

◎ 餐厅色彩一般跟随客厅来搭配。

◎ 色彩宜以明朗轻快的色调为主。

◎ 最适合的是橙色以及相同色调的近似色。

◎ 暗沉色用于背景墙面，使餐厅具有压抑感。

◎ 食物摆放在蓝色桌布上，诱人度降低，令人食欲大减。

④ 墙、地、顶的选材与设计

◎ 以素雅、洁净材料做装饰。
◎ 如漆、局部木制、金属，并用灯具作衬托。

◎ 齐腰位置考虑用耐磨材料。
◎ 可以选择木饰、玻璃、镜子做局部护墙处理。

◎ 选用表面光洁、易清洁的材料。
◎ 如大理石、地砖、地板等。

顶面　　墙面　　地面

① 素洁的乳胶漆吊顶　　② 耐磨的木饰面板　　③ 易打理的地砖

⑤ 照明设计要点

◎ 以局部照明为主，并要有相关的辅助灯光。
◎ 采用混合光源，即低色温灯和高色温灯结合起来使用。
◎ 焦点光要设置在餐桌中间（注意不是吊顶中间，设计时应先确认好餐桌的位置）。
◎ 餐厅灯距离桌面要保持 0.65 米的距离。
◎ 适合低色温的白炽灯泡、奶白灯泡或磨砂灯泡，具有漫射光，不刺眼。
◎ 日光灯色温高，会改变菜品色彩，降低食物的诱惑力。

① 辅助照明　② 在餐桌中间的焦点光　③ 低色温的漫射光　④ 灯距离餐桌 0.65 米

⑥ 动线规划

※ 餐桌桌面尺寸

一般来说，用餐时，单独个人占据的餐桌桌面的大小约为 40×60 厘米。根据使用人数而定的桌面尺寸范围（仅做参考）：

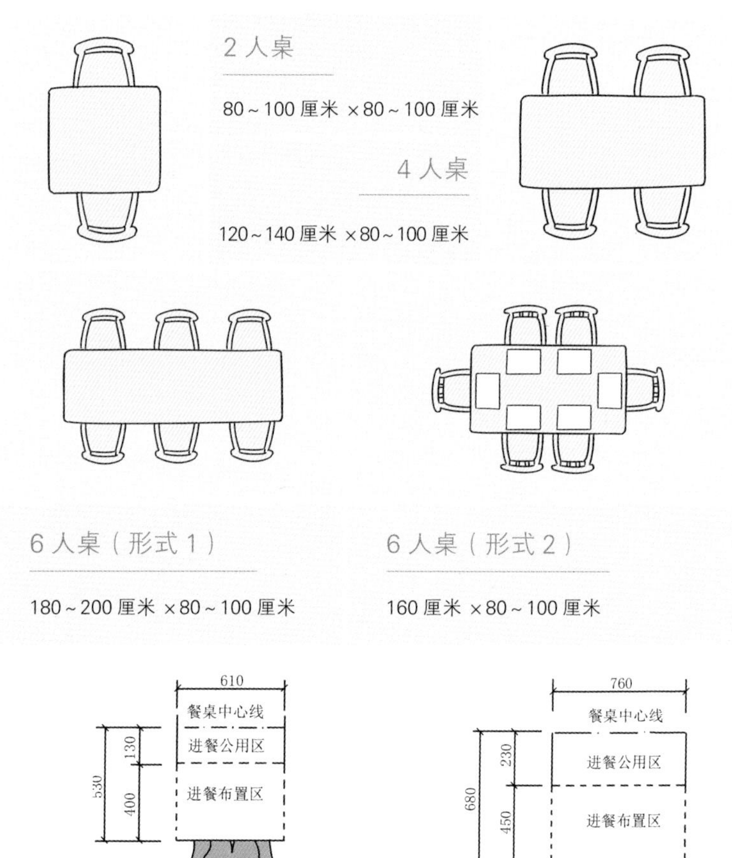

▲最小进餐布置尺寸　　▲最佳进餐布置尺寸

※ 餐桌与餐椅之间的动线距离

人坐在椅子上的的宽度约为 50～60 厘米，将椅子拉开坐下时所需的宽度约为 70～90 厘米，椅子后的最小通行间距约为 60 厘米。

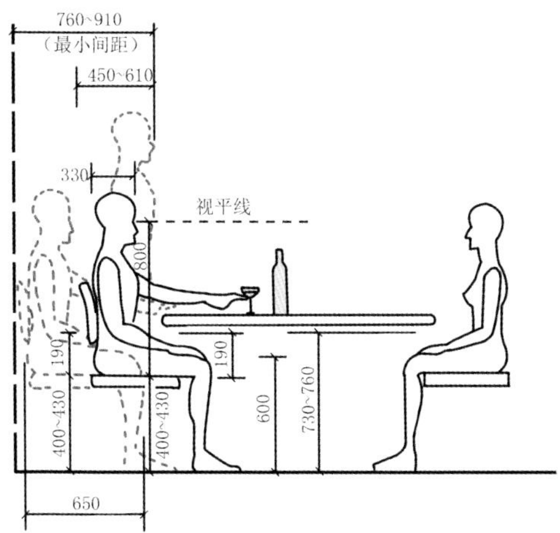

▲ 最小就坐区间距（不能通行）

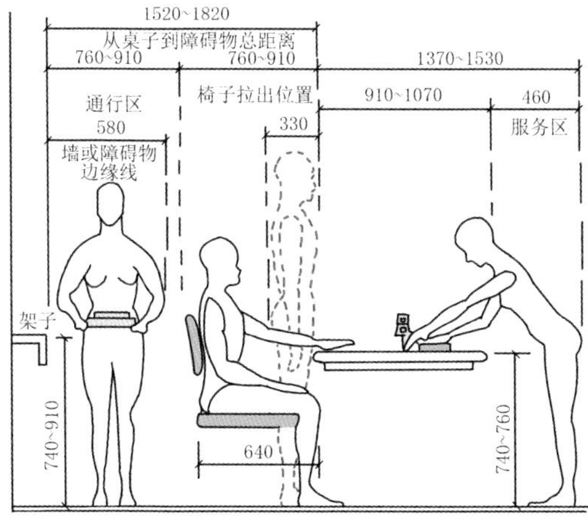

▲ 最小通行间距

⑦ 软装饰品的应用

※ 餐厅装饰画的尺寸

① 挂画时最好画的顶部距空间顶角线的距离为 60 ~ 80 厘米

② 尺寸一般不宜过大，以 60 × 60 厘米、60 × 90 厘米为宜

③ 保证挂画整体居于餐桌的中线位置

※ 适合墙面的装饰

挂盘装饰

灵活、小巧，形式多样，其形态可以和餐盘相互呼应。

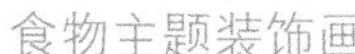

食物主题装饰画

和饮食主题有关的装饰画最适合餐厅。

小体量造型搁架

既具有装饰作用，同时还可以将美观的餐具，收藏的红酒等搁置其上，可作收纳。

※ 其他饰品的选择与布置

布艺

◎桌布与椅套要注意与整体大环境相协调。

◎图案上不要过于繁琐，避免喧宾夺主。

花卉绿植

◎适宜植物：玫瑰、康乃馨、素馨等暖色系花卉。

3. 卧室

① 功能分区

根据居住者和房间大小的不同，卧室内部可以有不同的功能分区，一般可以分为睡眠区、更衣区、化妆区、休闲区、读写区以及卫生区。

睡眠区 以床为核心，为居住者提供舒适的休息区域

更衣区 具有储物功能，可在此进行拿取、更衣活动，要有一定的活动空间

化妆区 为居住者整理仪容而设置的功能空间

休闲区 居住者可在此空间内进行一些娱乐活动，如游戏、欣赏风景等

读写区 居住者在此可开展听、说、读、写、看等学习类活动

卫生区 主要提供方便的舆洗活动空间

② 格局要点

	主卧	次卧
面积大小	面积较大，有的带有阳台、卫生间	面积较小，也会作为儿童房、老人房
空间功能	睡眠、更衣、盥洗	睡眠、学习、待客
设计手法	选取一个风格或主题设计	延续主卧的设计手法，适当做简化

③ 色彩设计

◎ 创造私人空间的同时，表现出休闲、温馨的配色。

◎ 不适合大面积的暗色调，容易造成压抑。

◎ 一般以床上用品为中心色。

④ 墙、地、顶的选材与设计

顶面

◎宜用乳胶漆、墙纸（布）或者局部吊顶。

◎不应过于复杂。

墙面

◎宜用墙纸、壁布或乳胶漆装饰。

◎颜色花纹应根基住户的年龄、个人喜好来选择。

地面

◎宜用木地板、地毯或者陶瓷地砖等材料。

① 局部吊顶，增加层次，又不显繁杂

② 乳胶漆墙面增加通透感

③ 脚感舒适的羊毛地毯

④ 拼花地板配色沉稳，增加稳定感

⑤ 照明设计要点

◎ 以间接或漫射为宜。

◎ 室内用间接照明，顶面颜色要淡，反射光效果最好。

◎ 可不设主灯，若有主灯，应在床尾，避免人躺卧时光源直射。

◎ 可利用灯带作为轮廓光，照亮床头背后的墙壁。

◎ 要尽量避免耀眼的灯光和造型复杂奇特的灯具。

① 主灯在床尾处，且造型简洁　　② 利用台灯做间接照明

⑥ 动线规划

※ 睡床周边需要预留的尺寸

主卧、客卧、老人房

睡床两侧预留出40～50厘米的距离，方便行走。

儿童房

可只在一侧预留出40～50厘米的距离，节省空间面积。

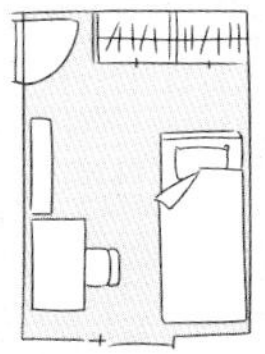

二孩儿房

两张睡床之间至少要留出50厘米的距离，方便两人行走。

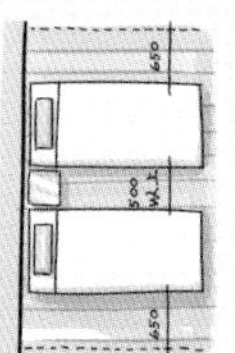

※ 床与其他家具的尺寸关系

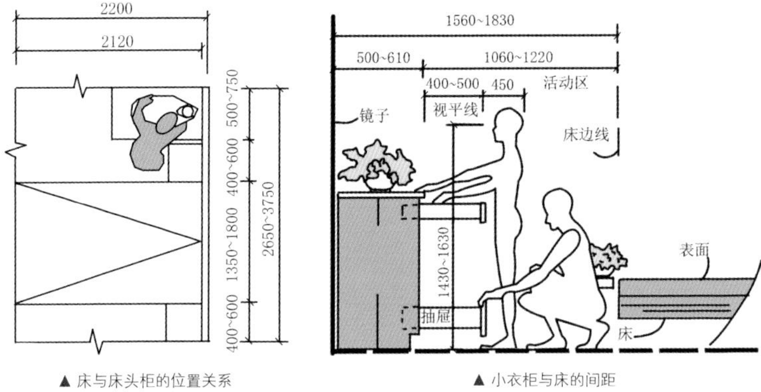

▲ 床与床头柜的位置关系　　▲ 小衣柜与床的间距

※ 人在卧室中进行家务劳动时的动线距离

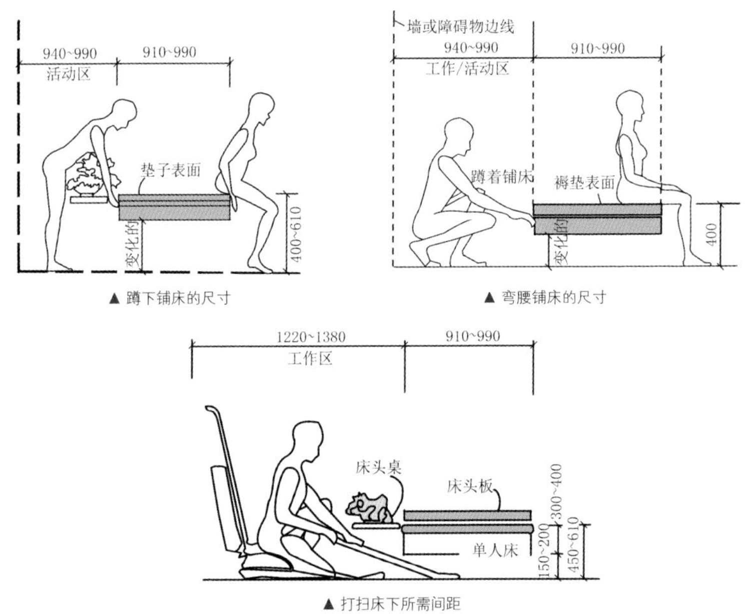

▲ 蹲下铺床的尺寸　　▲ 弯腰铺床的尺寸

▲ 打扫床下所需间距

⑦ 软装饰品的应用

※ 布艺

◎ 窗帘要注意隔音、遮光性能，以窗纱配布帘的双层面料组合为多。
◎ 百叶帘和拉帘通风、透光、透气，开合自由，也比较适合卧室。
◎ 地毯一般放在卧室门口或是床底下，以小尺寸的地毯或脚垫为佳。
◎ 地毯可选择天然材质的地毯，脚感好，不产生静电。

① 厚实的隔帘　② 开合方便的百叶帘　③ 天然材质的地毯

※ 装饰画

① 高度在 50 ~ 80 厘米

② 长度不宜小于床长度的 ⅔

③ 适宜选择色彩比较温和淡雅的画作

※ 工艺品

◎ 选择柔软、体量小的工艺品。

◎ 不适合摆放刀剑等利器装饰物。

◎ 不适合在墙面上悬挂鹿头、牛头等兽类装饰。

◎ 不要直接对着床悬挂镜子。

※ 花卉绿植

◎ 宽敞卧室可选用站立式大型盆栽。

◎ 小卧室可选择吊挂式盆栽，或将植物摆放在窗台或化妆台。

◎ 适宜植物：君子兰、绿萝、文竹等，具有柔软感，能松弛神经。

① 小卧室绿植小巧　　② 大卧室绿植茂盛

4. 书房

① 功能分区

书房一般需保持相对的独立性，应以最大程度方便进行工作为出发点。常作为阅读、书写以及业余学习、研究、工作的空间。有些面积较大的书房也具有会客和睡眠的功能。

工作区 一般由书桌、座椅组成，书房的主要功能区

储藏区 即书柜或书架，可以存放书籍杂物，也可以作为展示区

会客区 可以摆放小型沙发，搭配边几，作为会客、交谈之用

睡眠区 常摆放单人床或制成榻榻米，可以当成临时的客房

② 格局要点

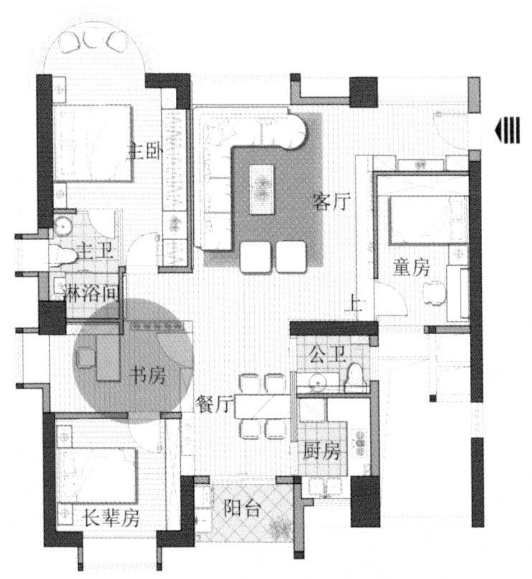

独立书房

受其他房间影响较小，适合藏书、工作和学习。

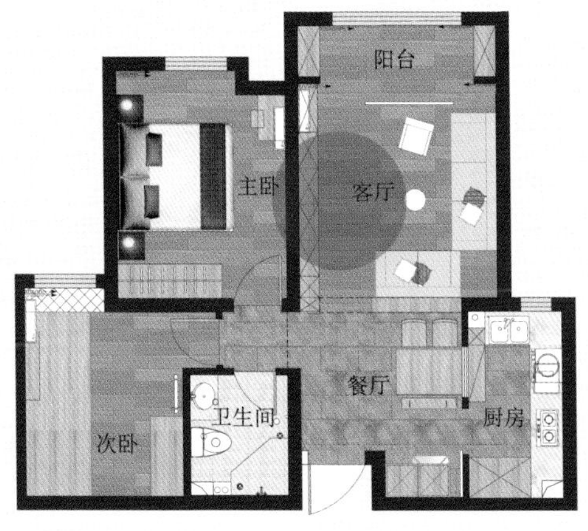

半开放式书房

◎ 可设置在客厅的角落，或餐厅与厨房的转角。

◎ 在卧室靠落地窗的墙面放置书架与书桌，自成一隅。

③ 色彩设计要点

◎ 书房色彩应柔和而不杂乱。
◎ 配色要有主次色调之分，或冷或暖。
◎ 不适合大面积采用艳丽的颜色。
◎ 配色尽量不要平均对待。

④ 墙、地、顶的选材与设计

顶面

◎ 不宜过于复杂，令空间产生压抑感。
◎ 以平顶为佳。

墙面

◎ 适合亚光涂料、壁纸、壁布，增加静音效果、避免眩光。

地面

◎ 最好铺设地毯，降低噪声的产生。

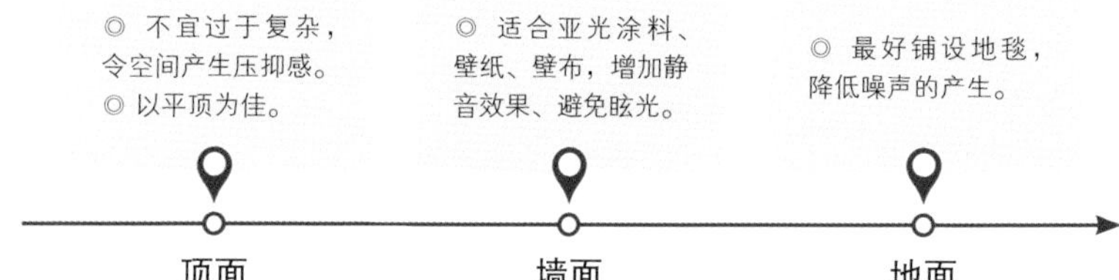

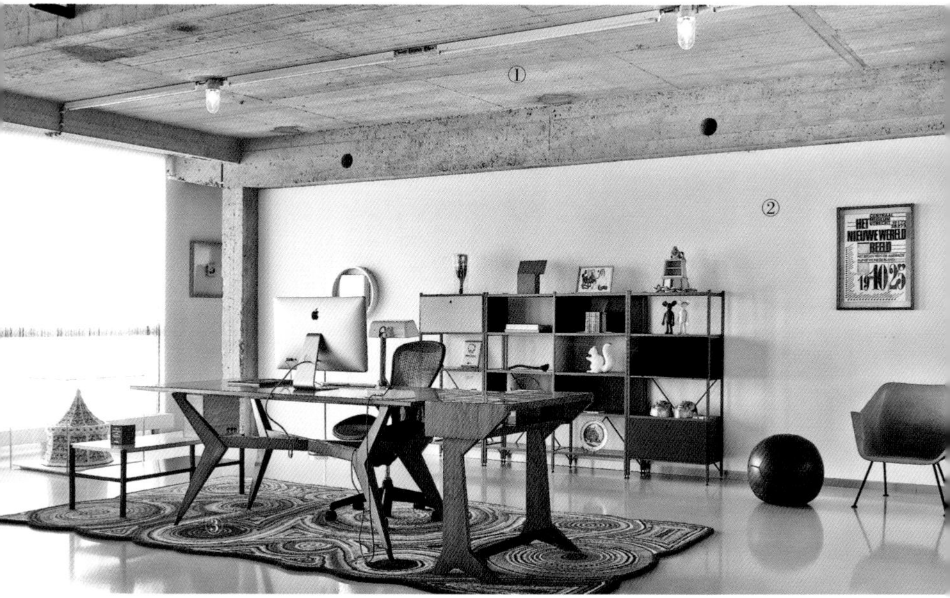

① 简洁的平顶设计　② 带有灰度的涂料，不会造成视觉污染
③ 地毯有装饰作用，也能降噪

⑤ 照明设计要点

◎ 采用直接照明或半直接照明方式，光线最好从左肩上端照射。

◎ 在书桌前方放置高度较高又不刺眼的台灯。

◎ 宜用旋臂式台灯或调光的艺术台灯，使光线直接照射在书桌上。

⑥ 动线规划

※ 影响动线的家具摆放要点

◎应摆放在光线充足、空气清新的地方。

◎应放置在屋角，创造出宽阔空间。

◎摆放位置要避开门，不可与门相对，不利于居住者工作时集中注意力。

◎与之匹配的座椅尽量选择带靠背的，或靠墙摆放。既有安全感，又不易受打扰。

◎不要摆放在阳光直射的地方。

◎不应与房门正对，应该置于内侧。

◎宜摆放在书桌左边，便于存取书籍，且有利于使用者安心工作、学习。

※ 常规书桌使用的范围尺度

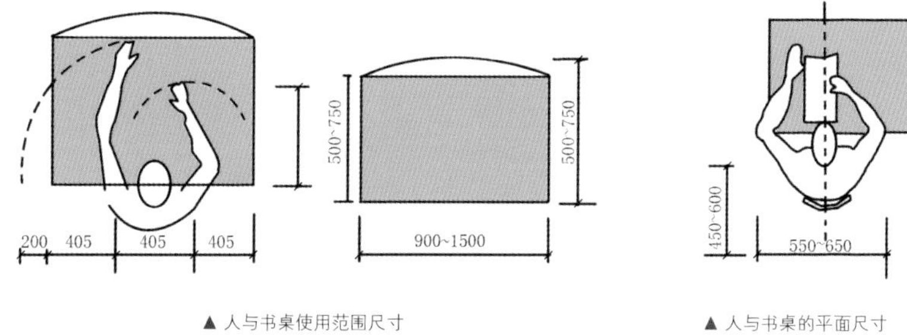

▲ 人与书桌使用范围尺寸　　▲ 人与书桌的平面尺寸

※ 含电脑的书桌使用尺度

◎ 正确的桌椅高度应能使人在坐时保持两个基本垂直。

◎ 一是当两脚平放在地面时，大腿与小腿能够基本垂直。这时座面前沿不能对大腿下平面形成压迫。

◎ 二是当两臂自然下垂时，上臂与小臂基本垂直，这时桌面高度应刚好与小臂下平面接触，这样能使人保持舒适的坐姿。

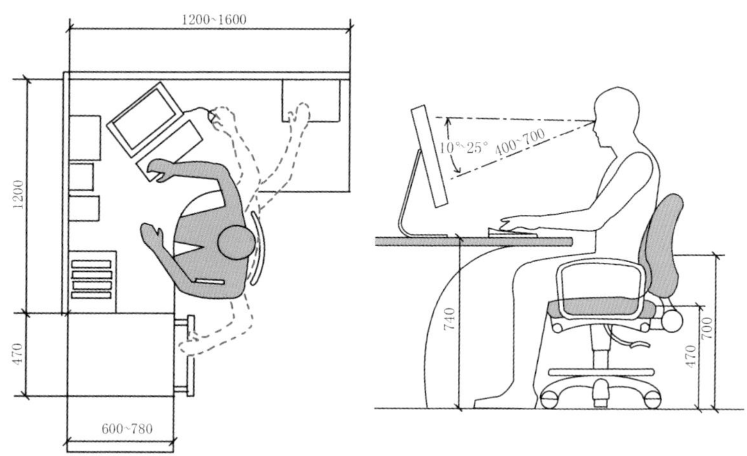

※ 设有吊柜的书桌使用尺度

◎ 在行学习活动时，面对日常工作所需要的文件架、笔筒等摆放的距离应接近手臂长度，大约 50～60 厘米，高度应为 38～40 厘米。

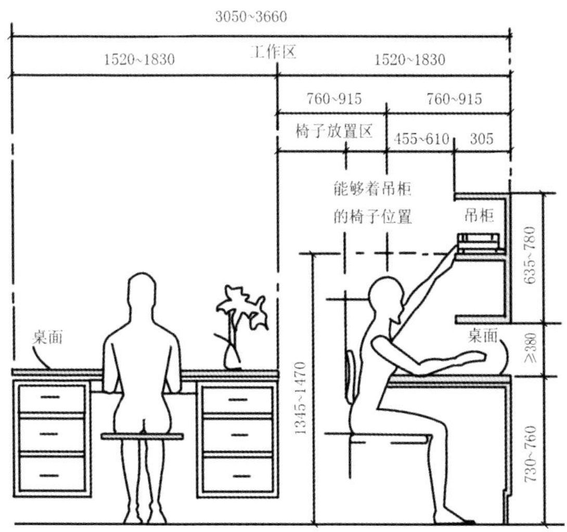

※ 靠墙布置书柜与书桌的使用尺度

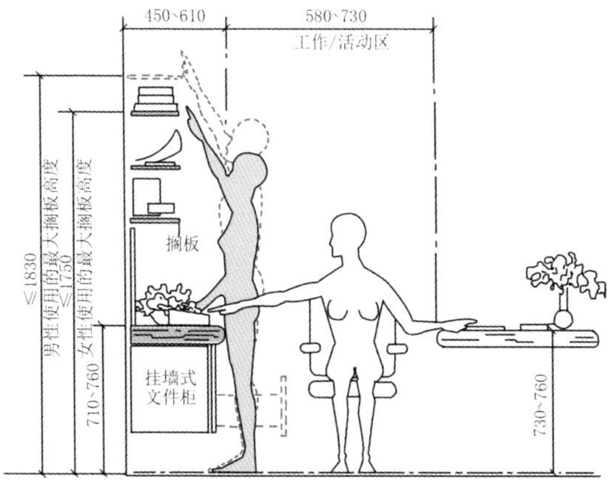

⑦ 软装饰品的应用

※ 布艺

◎ 宜用能够遮挡光线，又具有通透性的浅色窗帘。

◎ 强烈的光照透过百叶帘可变得温暖、舒适。

◎ 地毯适宜选择亮度较低、彩度较高的色彩。

◎ 在书桌和座椅下铺设地毯，可有效防止推拉桌椅时伤到地板。

※ 装饰画

◎色彩应以清雅宁静为主。

◎避免太过鲜艳、跳跃的色彩，以免分散学习工作的注意力。

◎要与书房的文化氛围相吻合，可选择书画作品。

※ 工艺品

◎ 应体现端丽、清雅的文化气质和风格。
◎ 文房四宝和古玩能够很好地凸显书房韵味。

※ 花卉绿植

◎ 若书房较狭窄，不宜选体积过大的品种，以免产生拥挤、压抑感。
◎ 适宜植物：山竹花、文竹、富贵竹、常青藤等，可提高人的思维反应能力。
◎ 书桌上可放盆叶草菖蒲，有凝神通窍，防止失眠的作用。

5. 厨房

① 功能分区

厨房是住房中使用最频繁、家务劳动最集中的地方。除了传统的烹饪食物，现代厨房还具有强大的收纳功能，它是家庭成员交流、互动的场所。

※ 储存空间

◎ 一般家庭厨房都尽量采用组合式吊柜、吊架，合理利用一切可贮存物品的空间。

◎ 组合柜橱常用下面部分贮存较重较大的瓶、罐、米、菜等物品，操作台前可延伸设置存放油、酱、糖等调味品及餐具的柜、架、煤气灶、水槽的下面都是可利用的存物场所。

吊柜：位于橱柜最上层，使厨房上层空间得到完美利用。一般可将重量相对较轻的碗碟或易碎物品放在此处。另外，由于吊柜较高，拿取物品相对不便，因此也可将一些使用频率较低的物品放在此处。

地柜：位于橱柜底层，对于较重的锅具或厨具，不便放于吊柜里，地柜便可轻而易举地解决。

台面：厨房中最容易显乱的地方，日常烹饪中所用刀具、调味料、微波炉、电水壶等，为了拿取方便，都会放置在此。

※ 操作空间

◎ 厨房里，要洗涤和配切食品，要有搁置餐具、食物的空处，要有存放烹饪器具和佐料的地方，以保证基本的操作空间。

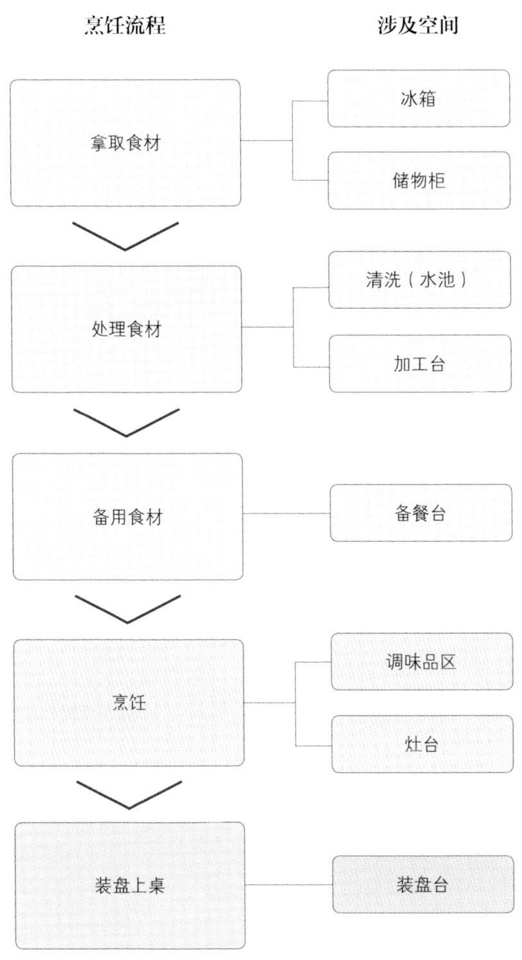

※ 活动空间

◎ 厨房里布局是顺着食品的贮存和准备、清洗和烹调这一操作过程安排的，应沿着三项主要设备，即炉灶、冰箱和洗涤池组成一个三角形。

◎ 这三个功能通常要互相配合，所以要安置在最合宜的距离，以节省时间人力。这三边之和以 3.6～6 米为宜，过长和过小都会影响操作。

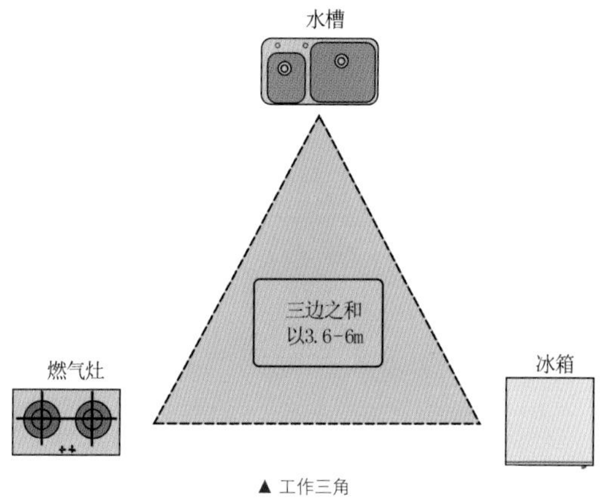

▲ 工作三角

◎ 三角形工作空间又可根据其具体功能的不同进行更细致的划分，如：餐具储藏区、食品储藏区、洗涤区、准备区、烹饪区。

◎ 按照功能安排橱柜、台面的位置，可合理安排动线，提高效率，使厨房更加整洁。

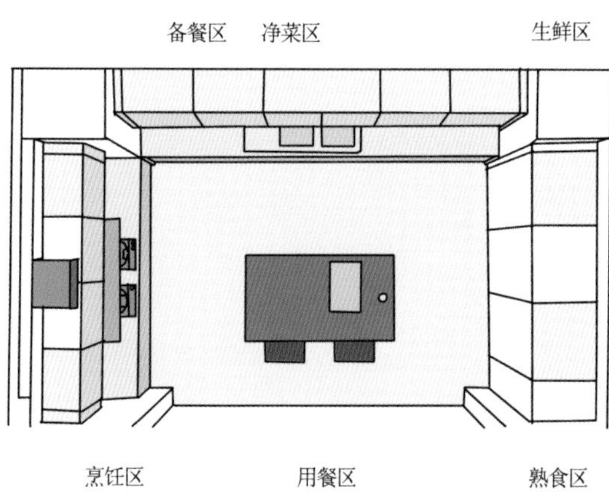

◎ 通过图示分析操作步骤，可以发现，厨房在操作时，洗涤区和烹饪区的往复最频繁，应把这一距离调整到 1.22 ~ 1.83 米较为合理。

◎ 为了有效利用空间、减少浪费，建议把存放蔬菜的箱子、刀具、清洁剂等以洗涤池为中心存放，在炉灶旁两侧应留出足够的空间，以便于放置锅、铲、碟、盘、碗等器具。

◎ 厨房布置会受到住宅原有设定的燃气管道、排烟管井、给排水管道以及地面的预先沉降的限制，无法进行大刀阔斧的改造。但其整体面积可增减，对空间和平面布局适当调整，更满足使用者的操作习惯，合理利用空间，使人感到更加舒适。

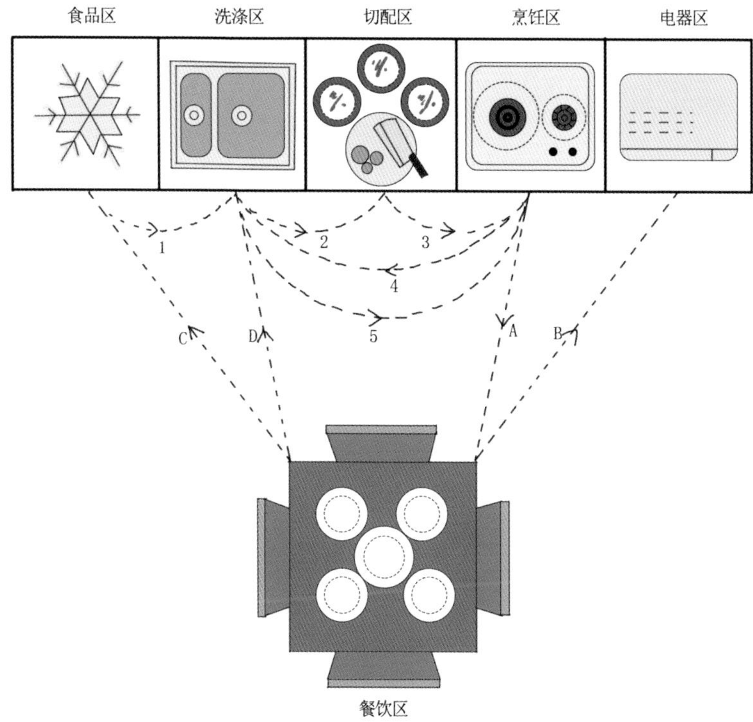

▲ 数字为厨房内部动线，字母为用餐区和厨房之间的动线。

② 格局要点

一字形厨房

水槽、切菜区、烹饪区按顺序为一条直线

✓ 结构一目了然

✓ 适合小户型家庭

✗ 局限性：空间面积 7 平方米以上，长度 2 米以上

L 形厨房

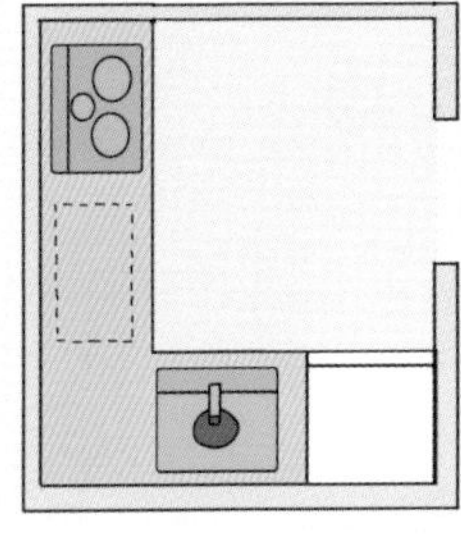

✓ 节省空间面积

✓ 实用便捷

✗ 局限性：两面墙长度适宜，且至少需要 1.5 米的长度

将各项配备依据烹调顺序置于 L 形的两条轴线上

U 形厨房

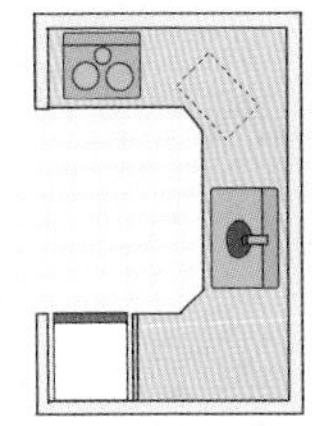

✓ 可形成良好的正三角形厨房动线

✓ 节省空间面积

✗ 局限性：空间面积需≥ 4.6 平方米，两侧墙壁之间净空宽度在 2.2 米以上

水槽区放在U形底部。将配料区和烹饪区分设在水槽区两旁

走廊形厨房

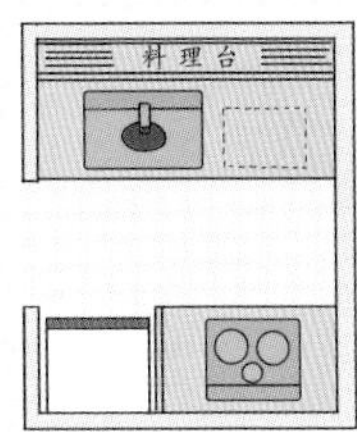

✓ 烹饪分工明确

✗ 局限性：一般在狭长型空间中出现，使用率较低

清洁区、配菜区在一侧，烹调区安排在另一侧

中岛形厨房

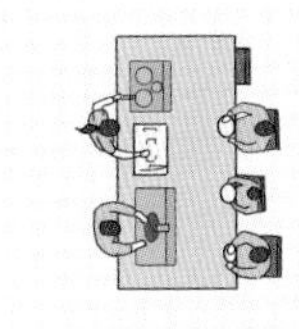

✓ 空间开阔

✓ 中间设置的岛台具备更多使用功能

✗ 局限性：需要的空间面积较大

可将洗菜、切菜的功能统一放在岛台处

③ 色彩设计要点

◎ 选择浅色调为主要配色，可以有效为厨房“降温”。

◎ 大面积浅色可用于顶面、墙面，也可用于橱柜，保证用色比例在 60%以上。

◎ 厨房中存在大量金属厨具，缺乏温暖感，橱柜色彩可温馨，原木色最适合。

◎ 不宜使用明暗对比强烈的颜色装饰墙面或顶面，会使厨房面积在视觉上变小。

④ 墙、地、顶的选材与设计

◎ 材质要防火、抗热。
◎ 以塑胶壁材和化石棉为主。
◎ 须配合通风设备及隔音效果。

◎ 不易受污、耐水、耐火、抗热、表面柔软的材料为佳。
◎ 如 PVC 壁纸、陶瓷墙面砖、有光泽的木板等。

◎ 宜用防滑、易于清洗的陶瓷地砖。
◎ 也可用具有防水性且价格便宜的人造石材。

① 顶面带有通风设备　② 墙面材质防火、易清洁　③ 地面砖防滑

⑤ 照明设计要点

◎ 主灯光可选择日光灯，局部照明可用壁灯，工作面照明可用高低可调的吊灯。

◎ 光线宜亮不宜暗，亮度较高的光线可以对眼睛起到保护作用。

◎ 不适宜过暖或过冷的光线，会影响对食材的判断。

◎ 选择防水、易清洁的灯具，并且密封性能要好，最好选择吸顶灯。

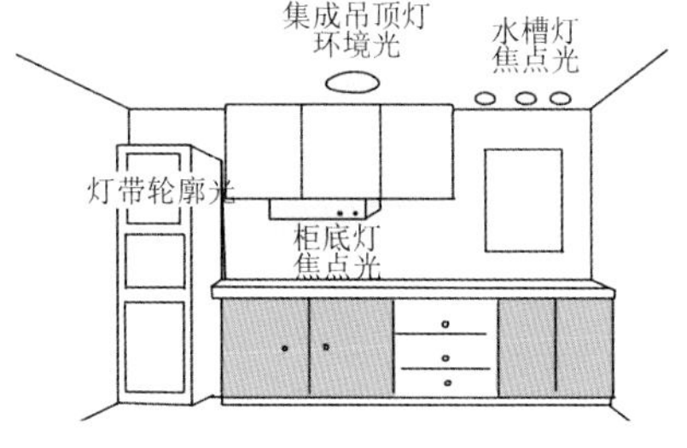

▲ 由于烹饪者操作时低头背对光线，容易产生阴影，因此要在料理台和水槽上方增加焦点光补充照明

⑥ 动线规划

※ 炉灶操作的人体尺度关系

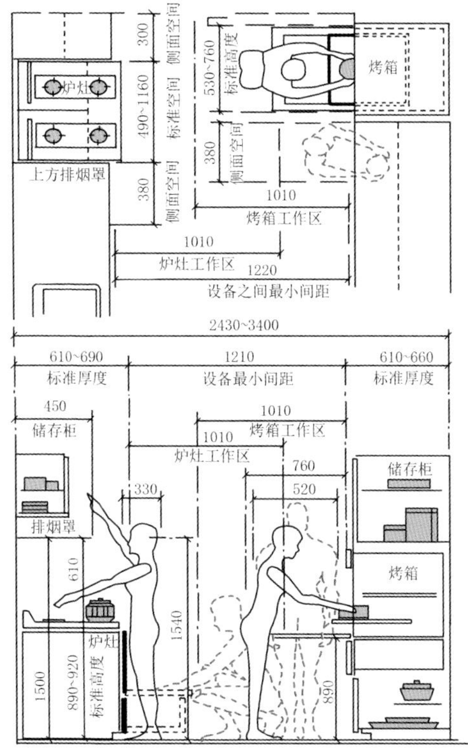

※ 案台操作的人体尺寸关系

◎ 通常来说，若厨房面积较大，台面宽度≥ 600 毫米，这样的宽度一般的水槽和灶具的安装尺寸均可满足，挑选余地比较大。若厨房面积小，宽度≥ 500 毫米即可。

◎ 深度方面，一般来说，台面应为 65 厘米。

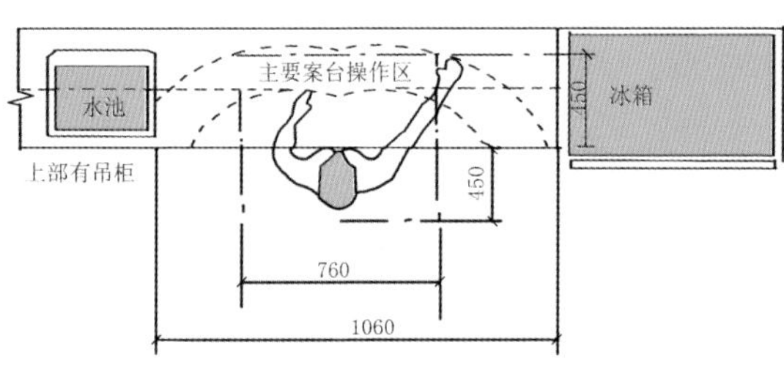

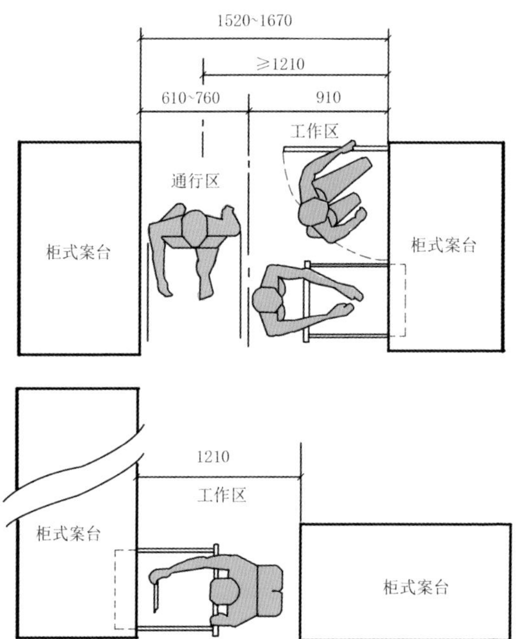

※ 橱柜操作的人体尺寸关系

◎ 通常台面高度尺寸为 80 ~ 85 厘米，工作台面与吊柜底最好相距 45 ~ 60 厘米。

◎ 案台操作面尺寸应根据使用者及其就餐习惯来确定，如：操作者前臂平抬，从手肘向下 10 ~ 15 厘米的高度为厨房台面的最佳高度。

◎ 若使得下面的柜子容纳大，就选择 10 ~ 15 厘米的台面厚度，如果考虑到承重方面，可选择 25 厘米厚的台面。

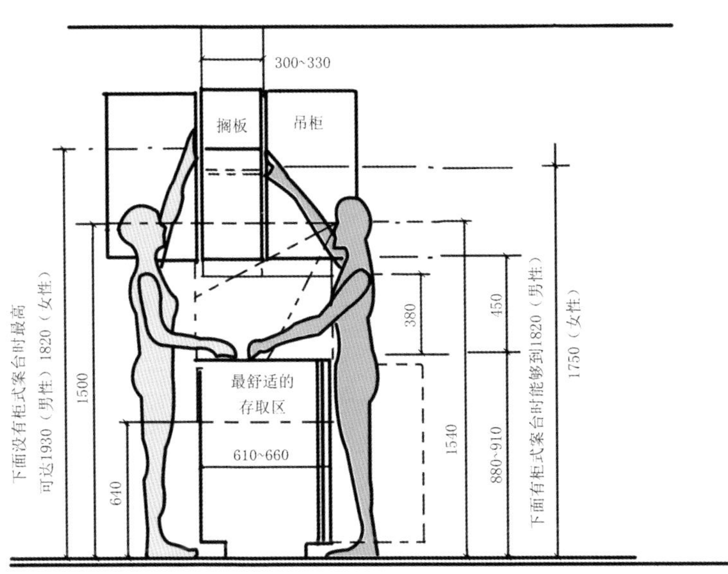

※ 水池操作的人体尺寸关系

◎ 根据人体工程学原理及厨房操作行为特点，在条件允许的情况下可将橱柜工作区台面划分为不等高的两个区域。水槽、操作台为高区，燃气灶为低区。

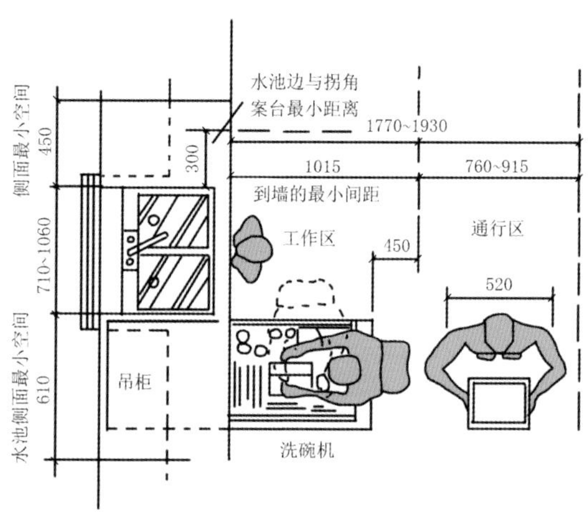

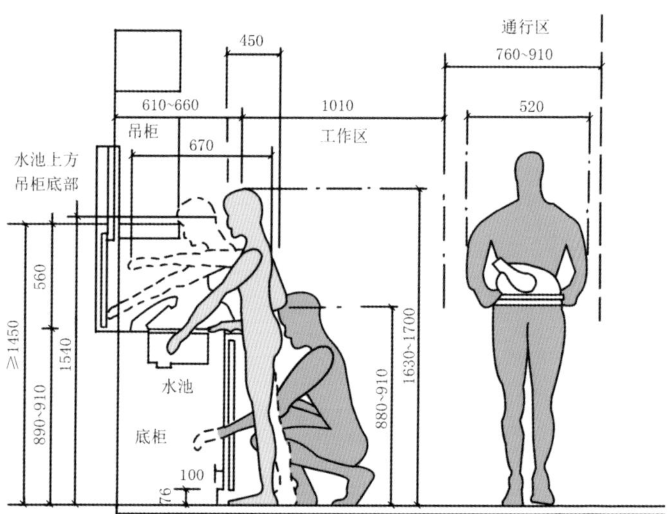

※ 冰箱操作的人体尺寸关系

◎ 在摆放冰箱时，要把握好工作区的尺寸，以防止转身时太窄，整个空间显得局促。

◎ 冰箱如果是后面散热的，两边要各留 50 毫米，顶部留 250 毫米，这样冰箱的散热性能才好，从而不影响正常运作。

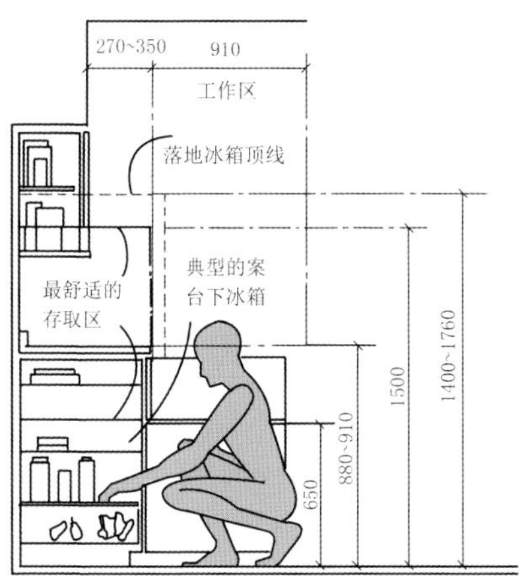

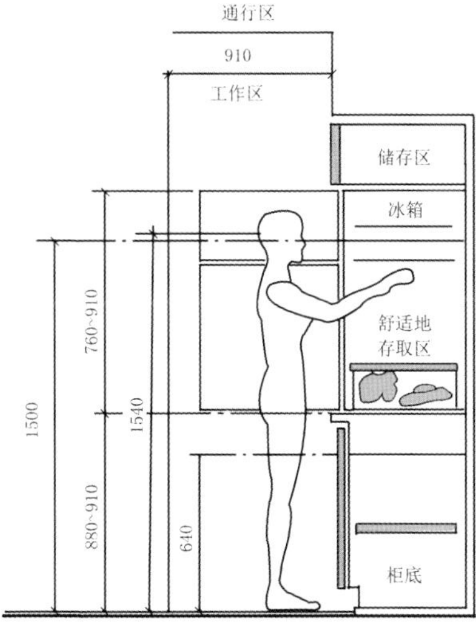

⑦ 软装饰品的应用

※ 窗帘

◎ 选用易清洗的材质。

◎ 卷帘具有收缩功能，加强了实用性与便捷性。

◎ 系带纱帘安装方便，拆洗较容易，美观实用。

※ 装饰画

◎ 宜选用防潮、防湿、防油烟的材质，如瓷砖画。

◎ 最好为冷色调，可以让原本狭小的间显得宽敞。

◎ 不宜选择玻璃画，反射能力较强，容易感到头晕脑涨。

※ 工艺品

◎ 采用装饰性的盘子、碟子，增添厨房里宜人氛围。

◎ 选择同色系的饰品搭配。

◎ 可用小红辣椒、葱、蒜等食用植物挂在墙上作装饰。

※ 花卉绿植

◎ 适应性强的小型盆花。

◎ 小杜鹃、小松树、小型龙血树、蕨类植物，可放置在食物柜上面或窗边。

◎ 将紫露草、吊兰，悬挂在靠灶较远的墙壁上。

◎不宜选用花粉太多的花，以免开花时花粉散入食物中。

6. 卫生间

① 功能分区

卫生间在家庭生活中是使用频率较高的场所之一，不仅是人解决基本生理需求的地方，而且还具有私密性，因而要时刻体现人文关怀，布置时合理组织功能和布局。

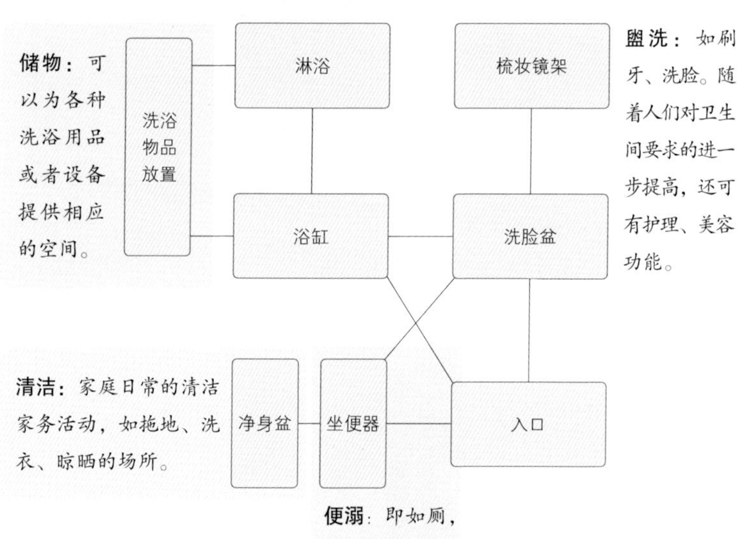

② 格局要点

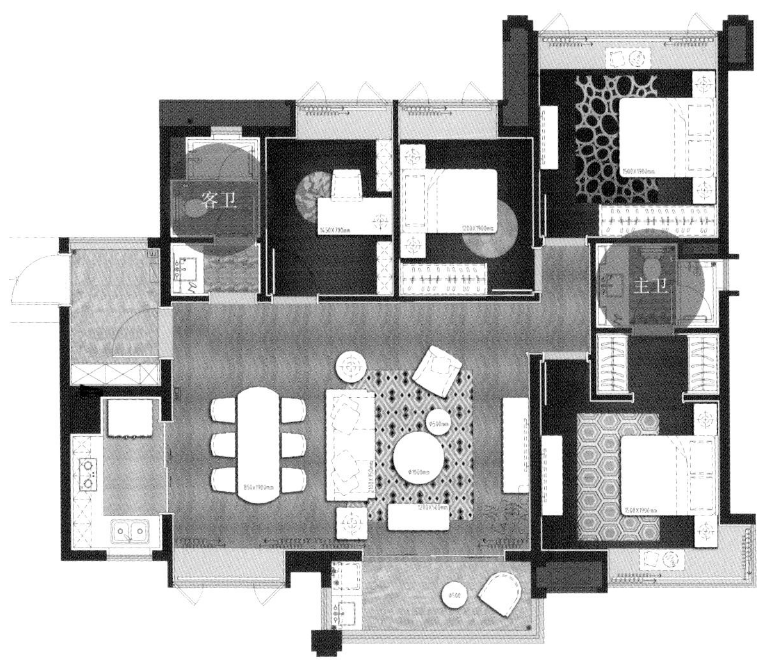

	主卫	客卫
分布	在面积最大的卧室旁边	在客厅旁
设计	着重体现家庭的温馨感，重视私密性	重视与整套住宅的装修风格相协调
材料	可选择档次较高的卫生洁具等	以耐磨、易清洗的材料为主
布置	放置具有家庭特色的个人卫生用品和装饰	不要有太多杂物

③ 色彩设计要点

◎ 应选择干净、明快的色彩为主要背景色。

◎ 对缺乏透明度与纯净感的色彩要敬而远之。

◎ 冷色调（蓝、绿色系）和白色适合卫生间大面积使用。

◎ 灰色和黑色不要大量使用，最好作为点缀出现。

④ 墙、地、顶的选材与设计

◎ 卫生间水蒸气和湿地容易导致吊顶变质、腐烂，要选择透气耐湿的材料。
◎ 多为 PVC 塑料、金属网板
◎ 木格栅玻璃、原木板条吊顶也较常见。

◎ 可为艺术瓷砖、墙砖、天然石材或人造石材。

◎ 材料要防滑、易清洁、防水。
◎ 地砖、人造石材或天然石材居多。
◎ 花纹突起的地砖最适用。

① 透气、耐湿的顶面建材　② 易清洁的大理石壁砖　③ 防滑、耐磨的地砖

⑤ 照明设计要点

◎ 应以具有可靠防水性与安全性的玻璃或塑料密封灯具为主。

◎ 灯具和开关最好带有安全防护功能，接头和插销也不能暴露在外。

◎ 灯具安装不宜过多，位置不可太低。

◎ 卫浴镜两侧应避免采用顶灯对脸部造成阴影，最好有灯带。

◎ 镜前灯灯光颜色以白色光为主，光源最好是三基色灯管，最能还原色彩真实效果。

◎ 浴缸应避免中央光源对眼睛的影响，可采用灯带，营造均匀的光线。

◎ 卫生间内仅有短暂的行为活动，如小便、洗手等，50～75lx 照度比较适宜。

◎ 当有洗浴、大便等行为时，照度以 100～150lx 为宜。

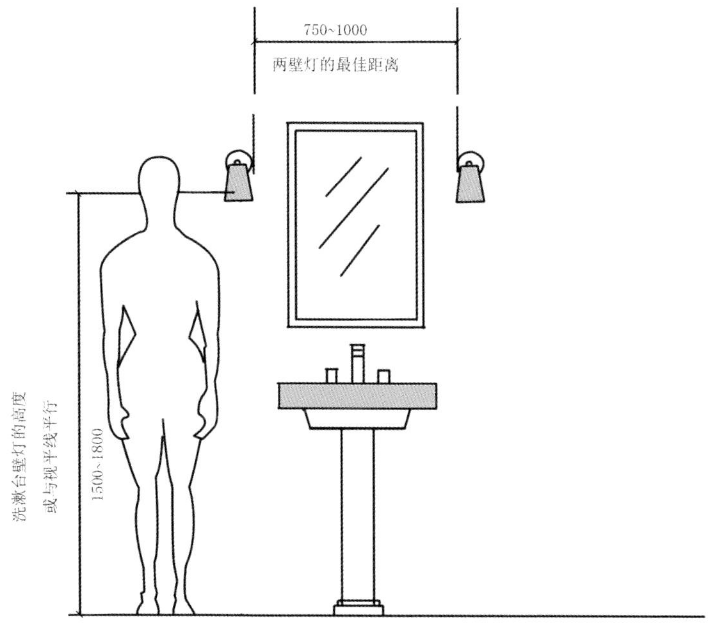

⑥ 动线规划

※ 卫生间三大区域的尺寸要求

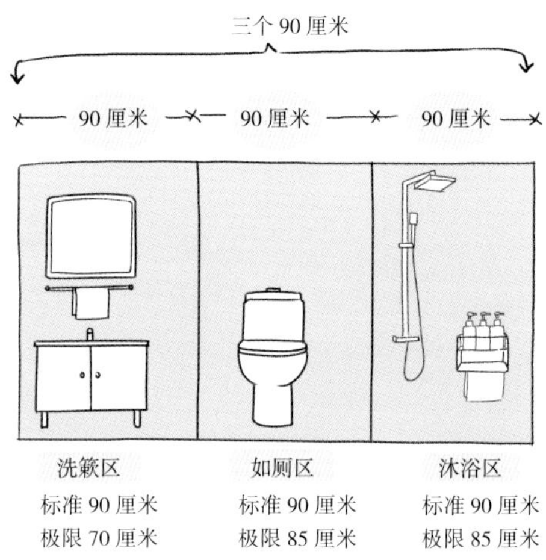

备注： 这里的尺寸指的是贴完瓷砖后的净尺寸，如果为毛坯房每边需增加 5 厘米。

※ 坐便器的尺寸

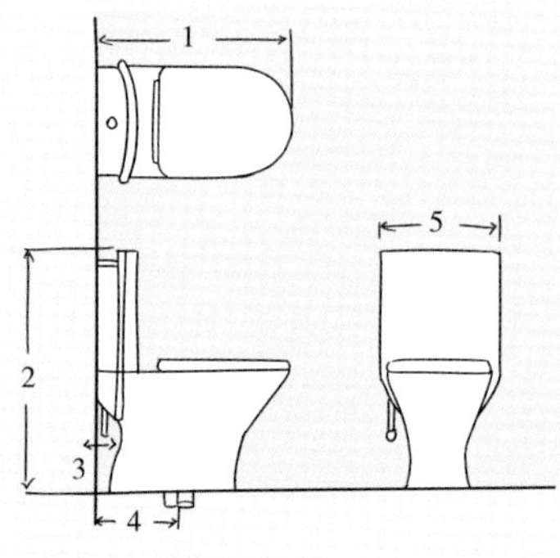

1. 坐便器长大概 70 厘米左右
2. 坐便器宽通常为 30～50 厘米
3. 坐便器高通常为 70 厘米左右，最小为 62 厘米
4. 坐便器排污口径有 30 厘米、35 厘米、40 厘米
5. 坐便器与后墙距离一般为 15 厘米的距离
6. 坐便器前方有墙体或其他设备，空间不宜小于 50 厘米
7. 坐便器两边距墙或距洗手台应预留出至少 20 厘米

※ 洗漱台的尺寸

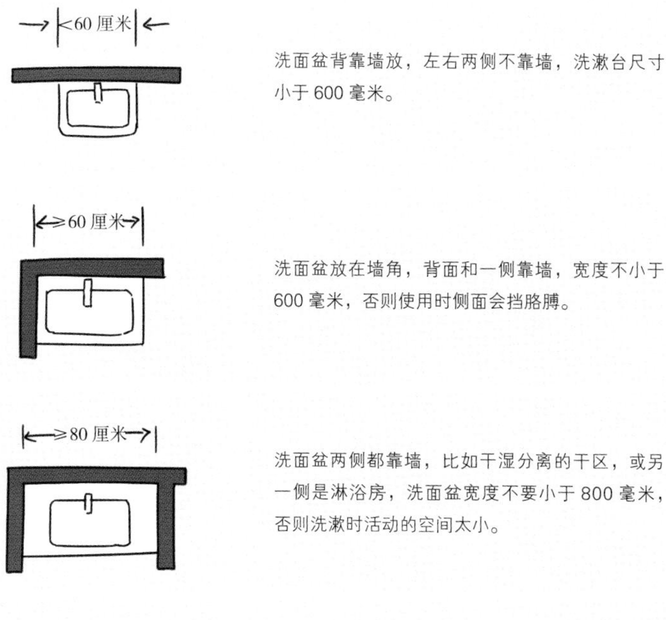

洗面盆背靠墙放，左右两侧不靠墙，洗漱台尺寸小于 600 毫米。

洗面盆放在墙角，背面和一侧靠墙，宽度不小于 600 毫米，否则使用时侧面会挡胳膊。

洗面盆两侧都靠墙，比如干湿分离的干区，或另一侧是淋浴房，洗面盆宽度不要小于 800 毫米，否则洗漱时活动的空间太小。

≥130 厘米

大户型中用到的双面盆，宽度不宜小于 1300 毫米。

备注：

◎ 洗面盆的深度不宜小于 45 厘米。

◎ 洗面盆前的站立空间不能小于 50 厘米。

◎ 在安装梳妆镜时，如果想要与人脸正对，则 135 厘米这个高度刚刚好。

※ 沐浴区的尺寸

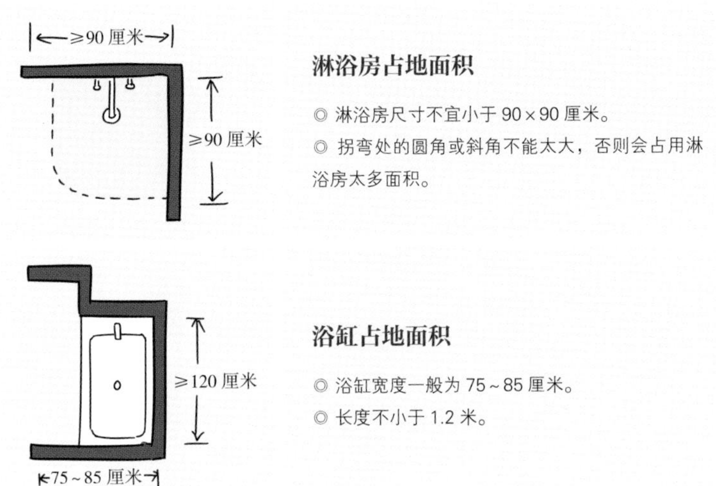

淋浴房占地面积

◎ 淋浴房尺寸不宜小于 90×90 厘米。

◎ 拐弯处的圆角或斜角不能太大，否则会占用淋浴房太多面积。

浴缸占地面积

◎ 浴缸宽度一般为 75～85 厘米。

◎ 长度不小于 1.2 米。

※ 4 种常见淋浴房舒适度排序（短边皆为 90 厘米）

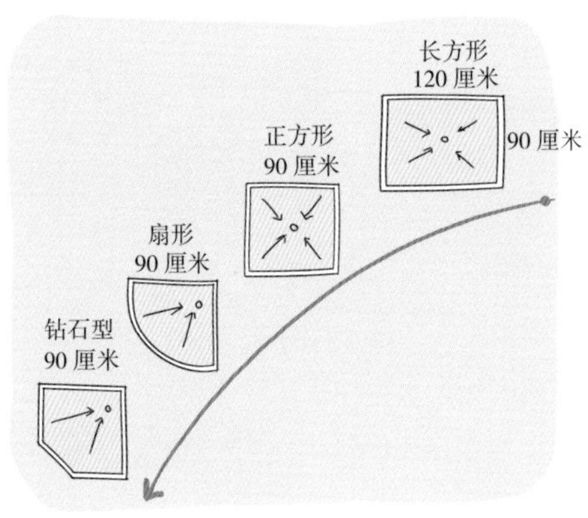

※ 不同面积的卫生间选择干湿分离的形式

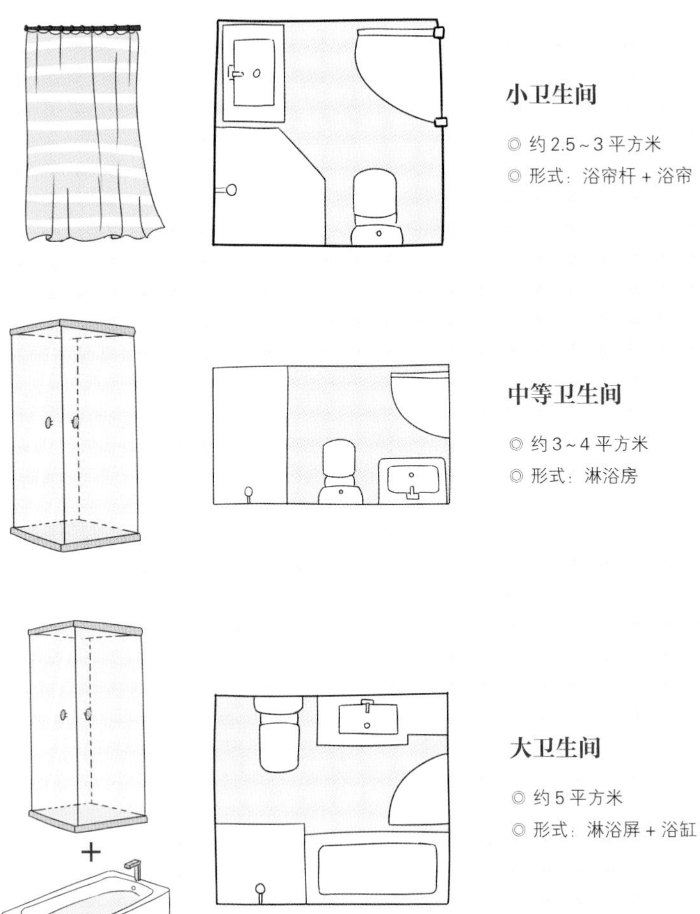

小卫生间

◎ 约 2.5～3 平方米

◎ 形式：浴帘杆 + 浴帘

中等卫生间

◎ 约 3～4 平方米

◎ 形式：淋浴房

大卫生间

◎ 约 5 平方米

◎ 形式：淋浴屏 + 浴缸

⑦ 软装饰品的应用

※ 布艺

◎ 选择防水、环保、防腐性强的材质。

◎ 易于清洗，且能充分保障空间的私密性。

◎ PVC（聚氯乙烯）百叶帘、铝百叶帘，放卷方便，兼具隔热、透气功能。

◎ 带有花纹图案的纱帘，可以增添卫生间的唯美意境。

◎ 可放置防滑垫，兼具防滑与装饰、点缀效果。

※ 工艺品

◎ 陶瓷、塑料制品色彩艳丽，且不容易受潮，清洁方便。

◎ 使用同一色系的产品，会让空间更有整体感。

※ 花卉绿植

◎ 适合耐湿性观赏绿植，如蕨类植物、垂榕、黄金葛等。

◎ 若卫生间既宽敞、明亮，且有空调，则培植观叶凤梨、竹芋、蕙兰等较艳丽的植物。

7. 玄关

① 功能分区

室内与室外之间的一个过渡空间，也是进入室内换鞋、更衣或从室内去室外的缓冲空间。在住宅中虽然面积不大，但使用频率较高。

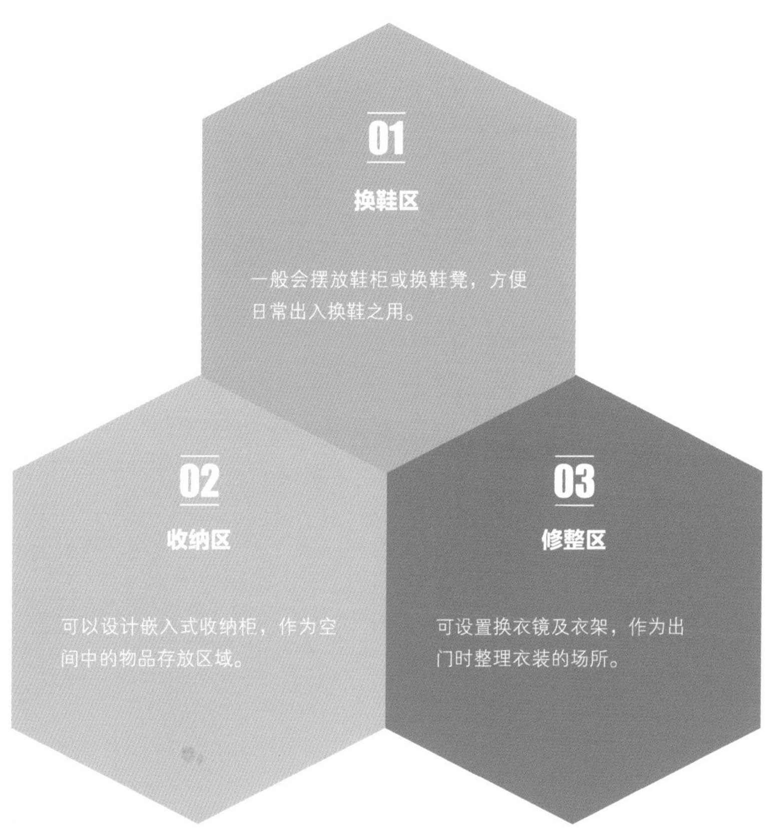

▲ 玄关功能

② 格局要点

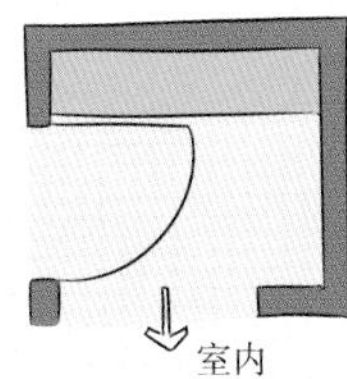

独立式玄关

◎自成一体，面积较大。

◎可利用一整面墙体，设置鞋柜或装饰柜，增加家居的收纳功能。

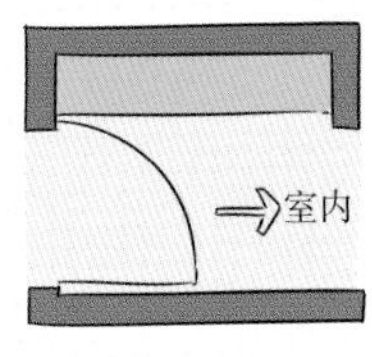

邻接式玄关

◎ 一般与客厅或餐厅相连，没有较明显的独立区域。

◎ 设计形式上较为多样，但要考虑与整体家居的风格保持统一。

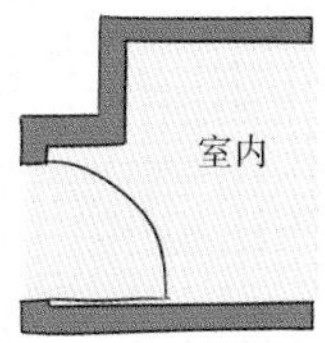

包含式玄关

◎ 直接包含于客厅之中。

◎ 只需稍加修饰即可，不宜过于复杂、花哨。

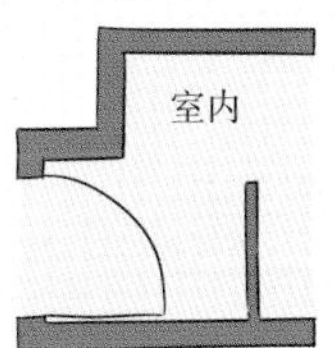

隔断式玄关

◎ 区分玄关和其他空间。

◎ 利用镂空木格栅、珠线帘等作为隔断，装饰效果较强。

③ 色彩设计要点

◎ 以清爽的中性偏暖色调为主。

◎ 与客厅一体的玄关，可保持和客厅相同的配色，但依然以白色或浅色为主。

◎ 最理想的颜色组合为吊顶颜色最浅，地板颜色最深，墙壁颜色阶于两者之间做过渡。

◎ 避免过于暗沉的色彩大面积运用。

◎ 避免色彩过多，导致眼花缭乱的视觉观感。

④ 墙、地、顶的选材与设计

① 与客厅吊顶结合设计　② 白色乳胶漆可以提亮小空间　③ 拼花木地板装饰性强，且耐磨

⑤ 照明设计要点

◎ 玄关需要均匀的环境光。

◎ 可在空白墙壁上安装壁灯，既有装饰作用，又可照明。

◎ 暖色和冷色的灯光都可在玄关内使用。暖色制造温情，冷色会显得更加清爽。

◎ 利用重点照明，突出玄关装饰重点，达到吸引眼球的目的。

◎ 避免只依靠一个光源提供照明，要有层次。

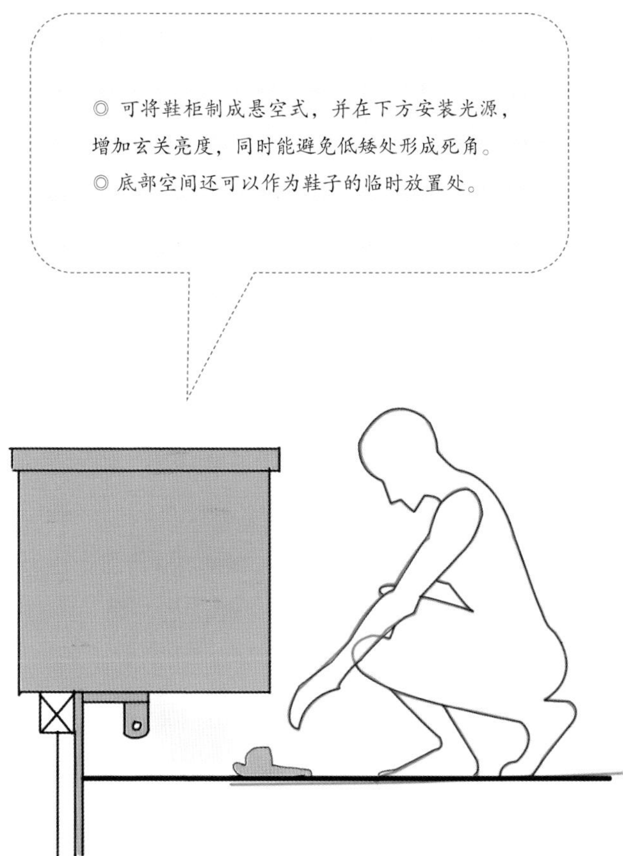

⑥ 动线规划

※ 常见的玄关尺寸

玄关最小尺寸

（1515 毫米）

玄关即使再小，也要保证两人可以并行通过。

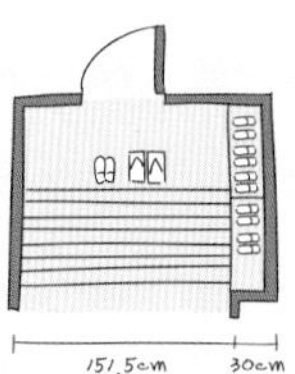

增加一个鞋柜

（1515+300 毫米）

多了 300 毫米等于多了一个鞋柜，实用功能增加。

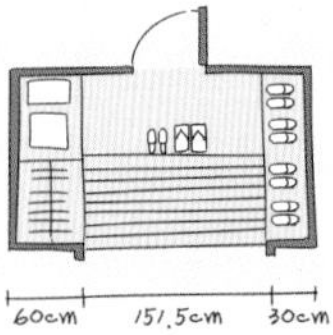

增加一个收纳柜

（1515+300+600 毫米）

增加 600 毫米就可以设计收纳柜了，小玄关也拥有了强大的收纳功能。

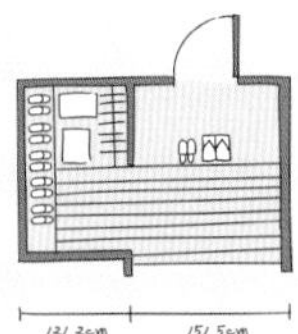

换一种形式的表现

（1515+1212 毫米）

将鞋柜和收纳柜结合起来设计，仿佛在玄关处多出了一处衣帽间。

※ 鞋柜 / 鞋架常见尺寸

① 宽度可根据所利用的空间宽度合理划分 ② 层板间高度通常设定在 150 毫米之间

③ 深度可根据家里最大码的鞋子长度，通常尺寸在 300 ~ 400 毫米

④ 高度不要超过 800 毫米

备注：如果想在鞋柜里摆放其他一些物品，深度需在 400 毫米以上。

⑦ 软装饰品的应用

※ 花卉绿植

◎ 以小型或中小型的花艺或盆栽为宜。

◎ 色彩上除了个人喜好，最好选红色系和黄色系，给人热情好客的第一印象。

◎ 可选用中型或大型盆栽放置在玄关门一侧，具有较强的渲染力。

◎ 枝叶、花朵不能太繁茂，要给人精致的感觉。

三、业主情况与空间需求

进行家居设计时，尽量满足居住者需求可谓是首要任务。而不同居住者对于空间中的色彩、材质，以及软装，均有不同喜好，这就需要设计师根据实际情况进行设计、调整。

1. 单身男性

单身男性的居所一般软装布置不宜过多，色彩也比较单一化，可以通过具有现代感的材质来凸显男性的理智、利落。

类别	概述
家居色彩	□ 冷峻的色彩 □冷色系 □ 黑、灰等无色系 □ 低明度、低纯度的色彩 □ 厚重的色彩 □ 暗色调及浊色调为主
家居材质	□ 玻璃 □ 金属 □ 冷调质感的材质
适用家具	□ 粗犷木家具 □ 对比材质的家具 □ 收纳性质明晰的家具
家居装饰	□ 雕塑 □ 金属装饰品 □ 个性艺术画 □ 机械造型工艺
形状图案	□ 几何造型 □ 简练的直线条
布置重点	□ 简洁、顺畅的空间格局 □ 少而精的装饰

① 个性艺术画　　② 简洁、顺畅的空间格局　　③ 冷峻的家居配色

① 创意金属灯具　　② 对比材质的家具　　③ 低纯度的绒面餐椅

④ 金属创意墙饰　　⑤ 机械造型工艺品　　⑥ 浊色与灰色搭配的床品

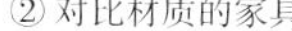

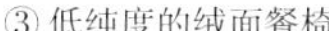

2. 单身女性

单身女性的居所无论色彩还是软装，在选择范围上均十分广泛。可根据居住者的职业、性格进行定位分析。但需注意，无论何种类型的居住者，在设计时均要适量加入女性元素。

类别	概述	
家居色彩	□ 温暖、柔和的色彩 □ 高明度或高纯度的的色彩	□ 弱对比且过渡平稳的配色 □ 红色、粉色、黄色、橙色等暖色为主
家居材质	□ 布艺织物 □ 纱帘	□ 帷幔 □ 带有螺旋、花纹的铁艺
适用家具	□ 碎花布艺家具 □ 艺术化特征家具 □ 公主床	□ 手绘家具 □ 梳妆台 □ 雕刻家具
家居装饰	□ 花卉绿植 □ 布绒玩偶	□ 花器
形状图案	□ 花草图案 □ 曲线 □ 圆润的线条	□ 花边 □ 弧线
布置重点	□ 温馨、浪漫的基调为主 □ 注重色彩和元素的搭配	□ 营造系列化空间

① 曼妙的纱帘　　② 靓丽的黄色点缀　　③ 具有艺术化特征的家具

① 具有系列化视觉冲击的组合装饰画　　② 精巧的花艺装饰　　③ 高明度的红色座椅

④ 柔和配色的布艺窗帘　　⑤ 精美的雕刻睡床　　⑥ 玩偶形态的抱枕

3. 男孩房

在设计男孩房时，要充分考虑其成长需求，在一开始就不宜使用过于花哨的色彩，以及繁琐的图案。可在软装或墙面适当加入一些体现男孩儿特征的元素，如篮球、汽车等。

类别	概述	
家居色彩	□ 高明度和高纯度的色彩	□ 蓝、绿色
家居材质	□ 环保材质 □ 藤艺	□ 实木 □ 天然材质
适用家具	□ 小型组合家具 □ 安全性强的家具	□ 边缘圆滑家具 □ 攀爬类家具
家居装饰	□ 变形金刚 □ 足球	□汽车
形状图案	□ 卡通 □ 几何图形	□ 涂鸦 □ 线条平直的图案
布置重点	□ 注重性别上的心理特征，如英雄情结 □ 体现活泼、动感的设计理念	

① 横平竖直的空间形态　② 三角板造型墙饰　③ 高明度的布艺床品

① 蓝色系星星图案窗帘　② 活泼、动感的设计理念　③ 汽车造型的睡床

4. 女孩房

女孩房的设计要以体现梦幻、唯美为主，可以利用粉色调、马卡龙色以及多样的布艺织物来营造空间的童话氛围。

类别	概述	
家居色彩	□ 温柔、淡雅的色调 □ 肤色、粉红色、黄色	□ 淡色调
家居材质	□ 环保材质 □ 藤艺 □ 布艺	□ 实木 □ 天然材质 □ 柔软材质
适用家具	□ 小型组合家具 □ 公主床 □ 卡通家具	□ 边缘圆滑家具 □ 童话色彩家具
家居装饰	□ 洋娃娃	□ 布绒玩具
形状图案	□ 七色花 □ 梦幻图案 □ 美少女	□ 麋鹿 □ 花仙子 □ 卡通图案
布置重点	□ 温馨、甜美为设计理念	□ 体现童话般气息

① 花朵造型吊灯　② 小型组合家具　③ 淡雅的地毯配色

① 卡通图案的墙纸　② 带有花边的梦幻窗帘　③ 温馨、甜美的设计理念

5. 老人房

在设计老人房时，色彩选择尤为重要，既不可过于鲜艳，也不能太晦暗，可用米色为主色，浊调的暖色或冷色作点缀。家具应尽量选择线条圆润的低矮家具，防止磕碰。

类别	概述	
家居色彩	□ 宁静、安逸的色彩 □ 整体颜色不宜太暗	□ 温暖、高雅的色
家居材质	□ 隔音性良好 □ 柔软材质	□ 防滑材质 □ 避免硬朗、脆弱的材质
适用家具	□ 低矮家具 □ 古朴、厚重的中式家具	□ 固定式家具
家居装饰	□ 旺盛生命力的绿植	
形状图案	□ 时代特征图案	□ 简洁线条
布置重点	□ 空间流畅 □ 注重细节	□ 家具尽量靠墙而立 □ 门把手、抽屉把手采用圆弧形

① 宁静、安逸的配色　② 线条圆润的睡床　③ 靠墙摆放的低矮型家具

① 低调而不失雅致的布艺窗帘　② 具有旺盛生命力的装饰花艺　③ 圆润的床头设计

6. 新婚夫妇

新婚房的设计可以充分迎合居住者的喜好，只需在软装方面适量运用可以体现爱意的双人家具，或成对出现的装饰品来体现新婚气息即可。

类别	概述	
家居色彩	□ 红色为主的搭配	□ 个性化配色
家居材质	□ 珠线帘 □ 飘渺的隔断材质 □ 通透明亮的材质	□ 纱帘 □ 玻璃
适用家具	□ 双人沙发 □ 两人共用的家具	□ 双人摇椅
家居装饰	□ 成双成对出现的装饰品 □ 婚纱照	□ 带有两人共同记忆的纪念品
形状图案	□ 浪漫基调的图案 □ 玫瑰花	□ 心形 □ love 字样
布置重点	□ 遵循“喜结连理”“百年好合”的理念	

① 红色的墙面背景

② 红色装饰花艺

③ 浪漫基调的花纹座椅

① 成对出现的吧台椅

② 精致的金属吊线灯

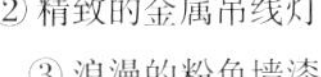

③ 浪漫的粉色墙漆

① 唯美、浪漫的帐幔

② 优雅、精致的双人睡床

7. 三口之家

三口之家中若儿童的年龄较小，在设计时一定要留出充足的玩耍空间。另外，由于儿童有随手涂画的习惯，一面黑板墙也十分必要。此外，三口之家的收纳空间一定要做足。

类别	概述	
家居色彩	□ 背景墙可用靓丽色彩	□ 主色宜淡雅
家居材质	□ 环保材质 □ 强化复合地板	□ 木材 □ 软木地板
适用家具	□ 环保家具 □ 收纳功能强大的家具	□ 圆角家具
家居装饰	□ 黑板墙	□ 照片墙
形状图案	□ 几何图案	□ 大面积纯色色块
布置重点	□ 儿童房色彩可延续主空间	□ 充分考虑儿童特点选择家具

① 可随意图画的黑板墙　② 环保的饰面板材　③ 造型圆润的小体量家具

① 淡雅的空间主色　② 环保材质的茶几　③ 大量柔和的布艺

8. 三代同堂

三代人一同居住，大多数家庭中都有老人和孩子，客厅、餐厅等公共空间（其他空间的配色一般参考客厅）的设计，应兼顾所有成员的喜好。

类别	概述
家居色彩	□ 温馨、舒适的背景色　□ 厚重的主角色 □ 亮色做点缀
家居材质	□ 天然材质　□ 棉麻布艺 □ 强化复合地板
适用家具	□ L 形转角沙发　□ 六人位餐桌 □ 榻榻米　□ 圆角家具
家居装饰	□ 具有纪念意义的照片墙
形状图案	□ 简洁、利落的线条　□ 圆弧造型
布置重点	□ 设计应兼顾所有成员的喜好

① 充分利用畸零空间　② 适合老年人居住的布艺色彩

① 温馨、舒适的背景色　② 装饰画中带有靓丽的点缀色　③ 简洁、利落的装饰线条

第五章

巧用设计元素，为业主打造个性化居室

一、色彩与家居空间

二、光环境与家居空间

三、图案与家居空间

四、材质肌理与家居空间

一、色彩与家居空间

要想对家居空间进行合理的配色设计，首先应该认识色彩，了解其形成、属性等基本常识。只有充分认知色彩的特性，才能够在家居配色时不出错，从而设计出观感精美的空间。

1. 色彩的分类

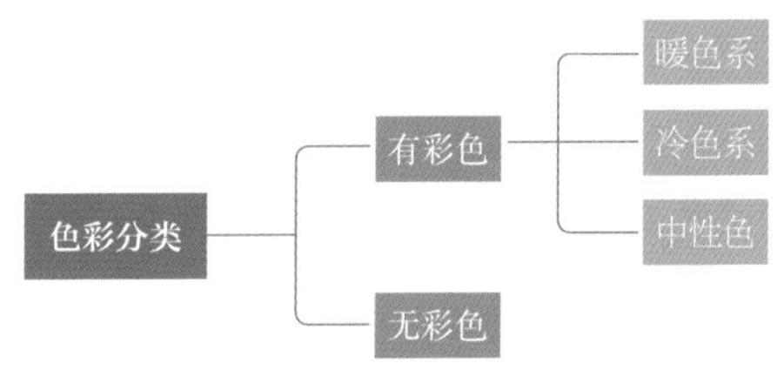

分类	概述
暖色系	◎ 给人温暖感觉的颜色，色彩印象柔和、柔软 ◎ 包括紫红、红、红橙、橙、黄橙、黄、黄绿等 ◎ 居室大面积使用高纯度暖色容易使人感觉刺激，可调和使用
冷色系	◎ 给人清凉感觉的颜色，色彩印象坚实、强硬 ◎ 包括蓝绿、蓝、蓝紫等 ◎ 将大面积暗沉的冷色放在顶面和墙面，容易使人感觉压抑
中性色	◎ 紫色和绿色没有明确的冷暖偏向，为中性色 ◎ 中性色是冷色和暖色之间的过渡色 ◎ 绿色在家居空间中作为主色时，能够营造惬意、舒适的自然感 ◎ 紫色高雅且具有女性特点
无彩色系	◎ 黑色、白色、灰色、银色、金色没有彩度的变化，称为无彩色系 ◎ 在家居中，单独一种无彩色没有过于强烈的个性，多作为背景使用 ◎ 如果将两种或多种无彩色搭配使用，能够营造出强烈、个性的氛围

2. 色彩的属性

分类	概述
色相	◎ 色彩所呈现出的相貌，是色彩首要特征，也是区别不同色彩的最准确标准 ◎ 由三原色（红、黄、蓝）演化而来 ◎ 将其两两组合，得出三间色（紫、绿、橙） ◎ 除了黑、白、灰，所有色彩都有色相属性
明度	◎ 色彩的明亮程度，明度越高的色彩越明亮，反之则越暗淡 ◎ 白色是明度最高的色彩，黑色是明度最低的色彩 ◎ 同一色相的色彩，添加白色越多明度越高，添加黑色越多明度越低
纯度	◎ 色彩的鲜艳程度，也叫饱和度、彩度或鲜度 ◎ 纯色纯度最高，无彩色纯度最低 ◎ 纯度越高的色彩给人感觉越活泼 ◎ 加入白色调和的低纯度使人感觉柔和 ◎ 加入黑色调和的低纯度使人感觉沉稳

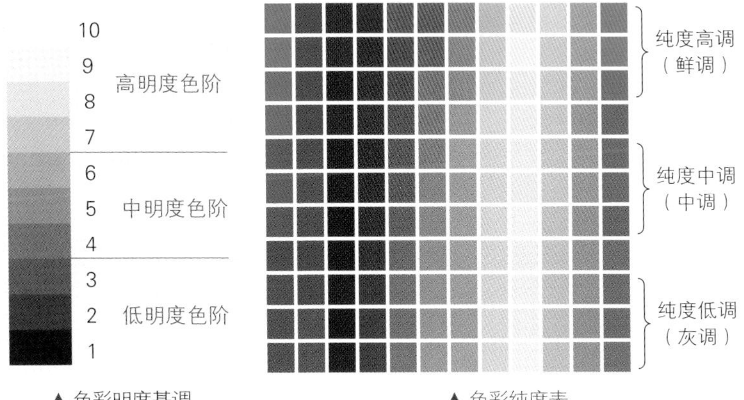

▲ 色彩明度基调

▲ 色彩纯度表

3. 常见的色彩意义

① 红色

红色是原色之一，它象征活力、健康、热情、朝气、欢乐，使用红色能给人一种迫近感，使人体温升高，引发兴奋、激动的情绪。纯色的红色最适合用来表现活泼感。

空间配色宜忌

✔ 适合用在客厅、活动室或儿童房中，增加空间的活泼感。

✘ 鲜艳的红色不适合大面积使用，以免让人感觉刺激。

② 粉色

粉色是个时尚的颜色，有很多不同的分支和色调，从淡粉色到橙粉红色，再到深粉色等，通常给人浪漫、天真的感觉，让人第一时间联想到女性特征。

空间配色宜忌

✔ 粉色可以使激动的情绪稳定下来，有助于缓解精神压力，适用于女儿房、新婚房等。

✘ 粉色一般不会用在男性为主导的空间中，会显得过于甜腻。

③ 黄色

黄色是原色之一，能够给人轻快、充满希望、活力的感觉，能够让人联想到太阳，用在家居中能使空间具有明亮感。它还有能够促进食欲和刺激灵感的作用。

空间配色宜忌

✔ 具有促进食欲和刺激灵感的作用，可尝试用在餐厅和书房，也特别适用采光不佳的房间。

✘ 艳色调的黄色应避免大面积使用，容易给人苦闷、压抑的感觉。

④ 橙色

橙色融合了红色和黄色的特点，比红色的刺激度有所降低，比黄色热烈，是最温暖的色相，具有明亮、轻快、欢欣、华丽、富足的感觉。

空间配色宜忌

✔ 较为适用于餐厅、工作区、儿童房，用在采光差的空间能够弥补光照的不足。

✘ 若空间不大，避免大面积使用高纯度橙色，容易使人兴奋。

⑤ 蓝色

蓝色给人博大、静谧的感觉，是永恒的象征，纯净的蓝色文静、理智、安详、洁净，能够使人的情绪迅速地镇定下来。

空间配色宜忌

✔ 作为卫生间装饰能强化神秘感与隐私感。

✘ 采光不佳的空间避免大面积使用明度和纯度较低的蓝色，容易使人感觉压抑、沉重。

⑥ 绿色

绿色是蓝色和黄色的复合色，能够让人联想到森林和自然，代表着希望、安全、平静、舒适、和平、自然、生机，是一种非常平和的色相，能够使人感到轻松、安宁。

空间配色宜忌

✔ 大面积使用绿色时，可以采用一些具有对比色或补色的点缀品，来丰富空间的层次感。

✘ 一般来说绿色没有使用禁忌，但若不仅喜欢空间过于冷调，应尽量少和蓝色搭配使用。

⑦ 青色

青色是绿色和蓝色的复合色，可以理解成偏蓝的绿色或偏绿的蓝色，清爽而不单调。具有坚强、希望、古朴、庄重、亲切、朴实、乐观、柔和、沉静、优雅等象征意义。

空间配色宜忌

✔ 较为百搭的色彩，无论与什么色彩放在一起，都会别有一番风情。

✘ 采光不佳的房间内，忌使用明度过低的青色，易显得压抑。

⑧ 紫色

紫色象征神秘、热情、温和、浪漫及端庄幽雅，明亮或柔和的紫色具有女性特点。紫色能够提高人的自信，使人精神高涨。

空间配色宜忌

✔ 紫色适合小面积使用，若大面积使用，建议搭配具有对比感的色相，效果更自然。

✘ 紫色不太适合体现欢乐氛围的居室，如儿童房；另外，男性空间也应避免艳色调、明色调和柔色调的紫色。

⑨ 褐色

褐色又称棕色、赭色、咖啡色、啡色、茶色等，由混合少量红色及绿色，橙色及蓝色，或黄色及紫色颜料构成的颜色。褐色属于大地色系，可使人联想到土地，使人心情平和。

空间配色宜忌

✔ 常用于乡村、欧式古典家居，也适合老人房，可带来沉稳感觉；可以较大面积使用。

✘ 若体现空间活力和时尚感，则不宜大面积使用褐色。

⑩ 白色

白色是明度最高的色彩，能给人带来洁白、明快、纯真、洁净的感受，用来装饰空间，能营造出优雅、简约、安静的氛围。同时，白色还具有扩大空间面积的作用。

空间配色宜忌

✔ 设计时可搭配温和的木色或用鲜艳色彩点缀，可以让空间显得干净、通透。

✘ 大面积使用白色，容易使空间显得寂寥。

⑪ 灰色

灰色给人温和、谦让、中立、高雅的感受，具有沉稳、考究的装饰效果，是一种在时尚界不会过时的颜色。灰色用在居室中，能够营造出具有都市感的氛围。

空间配色宜忌

✔ 高明度灰色可以大量使用，大面积纯色可体现出高级感，若搭配明度同样较高的图案，则可以增添空间的灵动感。

✘ 使用低明度的灰色，应避免压抑感，最好不要用于墙面。

⑫ 黑色

黑色是明度最低的色彩，能给人带来深沉、神秘、寂静、悲哀、压抑的感受。黑色用在居室中，带来稳定、庄重的感觉。同时黑色非常百搭，可以容纳任何色彩，怎样搭配都非常协调。

空间配色宜忌

✔ 可作为家具或地面主色，形成稳定的空间效果。

✘ 若空间的采光不足，不建议墙上大面积使用，易使人感觉沉重、压抑。

4. 色彩的角色

家居配色各有分工，角色不同。这些色彩既体现在墙、地、顶，也体现在门窗、家具之上，同时窗帘、饰品等软装色彩也不容忽视。

① 背景色

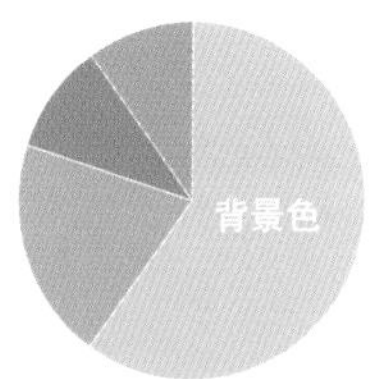

◎ 占据空间中最大比例的色彩，占比60%。
◎ 家居中墙面、地面、顶面、门窗、地毯等大面积色彩。
◎ 决定空间整体配色印象的重要角色。
◎ 同一空间，家具颜色不变，更换背景色，能改变整体空间色彩印象。

▲ 其他部分色彩相同，仅改变墙面背景色的色相，整体氛围就发生了变化

Tips 同一组物体不同背景色的区别

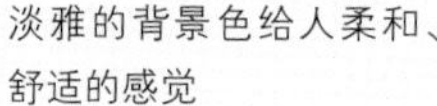
淡雅的背景色给人柔和、舒适的感觉

艳丽的纯色背景给人热烈的印象

深暗的背景色给人华丽、浓郁的感觉

② 主角色

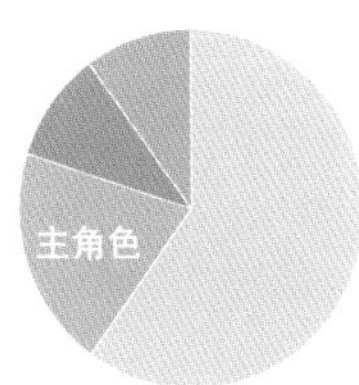

◎ 居室内的主体物，占比20%。
◎ 包括大件家具、装饰织物等构成视觉中心的物体，是配色中心。
◎ 空间配色从主角色开始，可令主体突出，不易产生混乱感。
◎ 可采用背景色的同相色或近似色，或选择背景色的对比色或补色。

▲ 主角色与背景色色差较大，活泼、生动

▲ 主角色与背景色为同色相，稳定、协调

Tips 空间配色可以从主角色开始

空间的配色可从主角色开始，如选定客厅沙发为红色，再根据风格进行墙面（背景色）确立，继续搭配配角色和点缀色，可使主体突出，不易产生混乱。

主角色确定为黄色

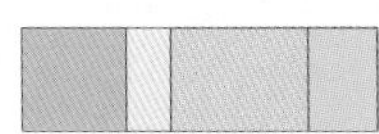

“融合型”配色

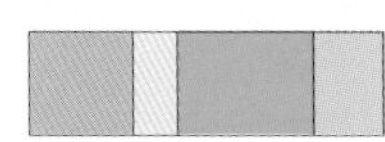

“突出型”配色

③ 配角色

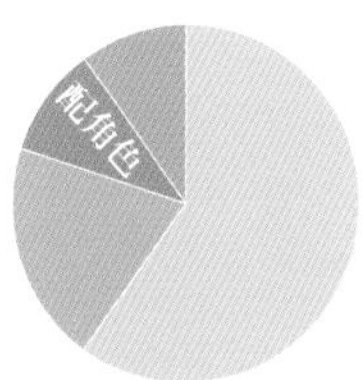

◎ 常陪衬于主角色，占比10%。
◎ 通常为小家具，如边几、床头柜等。
◎ 通常与主角色存在一些差异，以凸显主角色。
◎ 在统一的前提下，保持一定配角色色彩差异，可丰富空间视觉效果。

✗ 配角色小沙发与主沙发同色，容易让人感觉呆板、无趣

✓ 配角色小沙发与主沙发明度差较大，突出主角色，整体较活泼

Tips 配角色的面积要控制

通常配角色所在的物体数量会多一些，需要注意控制住它的面积，不能使其超过主角色。

主角色	配角色

✗ 配角色面积过大，主次不分明

主角色	配角色

✓ 缩小配角色面积，形成主次分明且有层次的配色

④ 点缀色

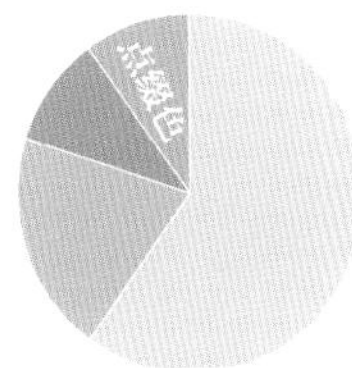

◎ 居室中最易变化的小面积色彩，占比10%。
◎ 通常为工艺品、靠枕、装饰画等。
◎ 通常颜色比较鲜艳，若追求平稳，也可与背景色靠近。
◎ 可根据其邻近的背景搭配，同时兼顾主体，更容易获得舒适效果。

✘ 点缀色选择与整体色差小的色彩，平和、舒缓

✔ 点缀色选择与整体色差大的色彩，整体活波、生动

Tips 点缀色的面积不宜过大

搭配点缀色时，注意点缀色的面积不宜过大，面积小才能够加强冲突感，提高配色的张力。

✘ 红色的面积过大，产生了对决的效果

✔ 缩小红色的面积，起到画龙点睛的作用

5. 色相型配色

配色设计时，通常会采用至少两到三种色彩进行搭配，这种使用色相的组合方式称为色相型。色相型不同，塑造的效果也不同，总体可分为开放、中性、闭锁三种感觉。

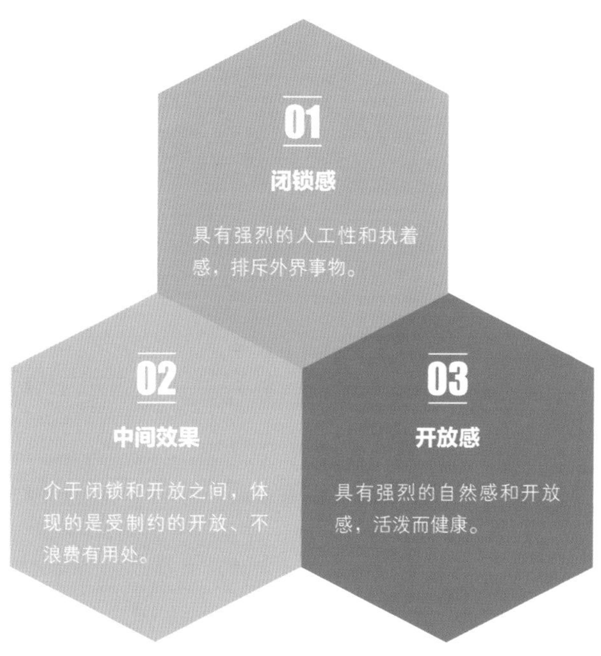

根据色相环的位置，色相型大致可以分为四种：同相、类似型（相近位置的色相），对决、准对决型（位置相对或邻近相对），三角、四角型（位置呈三角形或四角形的色相），全相型（涵盖各个位置色相的配色）。

① 同相型配色

◎ 同一色相中，在不同明度及纯度范围内变化的色彩为同相型。
◎ 如深蓝、湖蓝、天蓝，都属于蓝色系，只是明度、纯度不同。
◎ 属于闭锁型配色，效果内敛、稳定。
◎ 适合喜欢沉稳、低调感的人群。
◎ 配色时，可将主角色和配角色采用低明度的同相型，给人力量感。

T
TOWN

② 类似型配色

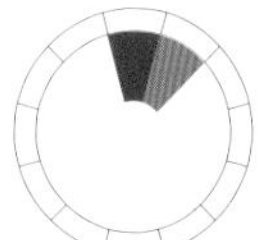

◎ 色相环上临近的色相互为近似色，90° 以内的色相均为近似色。

◎ 如果以天蓝色为基色，黄绿色和蓝紫色右侧的色相均为其近似色。

◎ 属于闭锁型配色，比同相色组合的层次感更明显。

◎ 配角色与背景色为类似型配色，给人平和、舒缓的整体感。

Tips 类似型配色的扩展

同为冷、暖色，互为类似色色相范围可有所扩大，在 24 色相环上，正常情况下 4 份范围内的色相互为类似色，而在暖色区域中选择时，则可扩展为 8 份范围内。

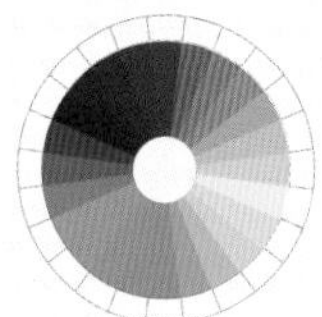

24 色相环

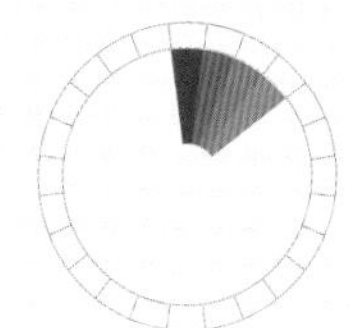

4 色相环

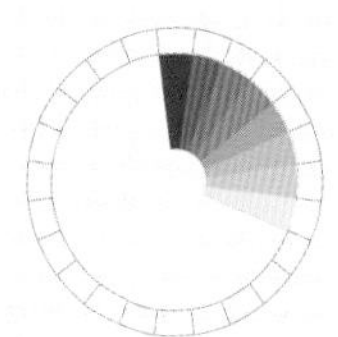

8 色相环

③ 对决型配色

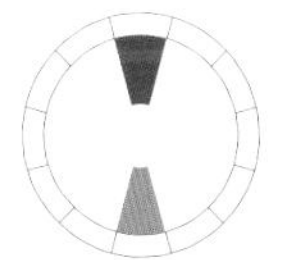

◎ 以一个颜色为基色，与其成180°直线上的色相为其互补色。

◎ 黄色和紫色、蓝色和橙色、红色和绿色。

◎ 属于开放型配色，可使家居环境显得华丽、紧凑、开放。

◎ 对比感更强，适合追求时尚、新奇事物的人群。

◎ 背景色明度略低时，用少量互补色作点缀色，可增添空间活力。

④ 准对决型配色

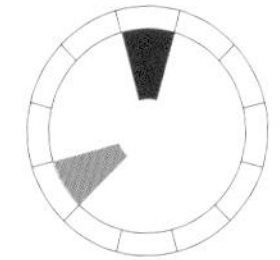

◎ 色相冷暖相反，将一个色相作基色，120° 的色相为其对比色。
◎ 该色左右位置上的色相也可视为基色的对比色。
◎ 黄色和红色可视为蓝色的对比色。
◎ 属于开放型配色，具有强烈视觉冲击力，活泼、华丽。
◎ 降低色相明度及纯度进行组合，刺激感会有所降低。

⑤ 三角型配色

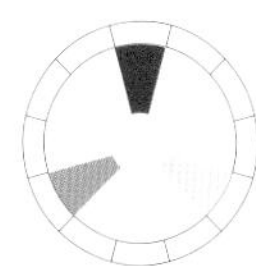

◎ 色相环上位于三角形位置上的三种色彩搭配，属于开放型配色。
◎ 最具代表性的是三原色，即红、黄、蓝的搭配，具有强烈的动感。
◎ 三间色的组合效果更温和。
◎ 一种纯色+两种明度或纯度有变化的色彩，可降低配色刺激感。

⑥ 四角型配色

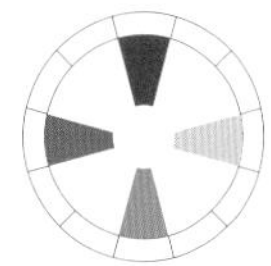

◎ 指将两组类似型或对决型配色相搭配的配色方式。

◎ 属于开放型配色，营造醒目、安定、有紧凑感的家居环境。

◎ 比三角型配色更开放、更活跃。

◎ 软装点缀或本身包含四角形配色的软装，更易获得舒适的视觉效果。

⑦ 全相型配色

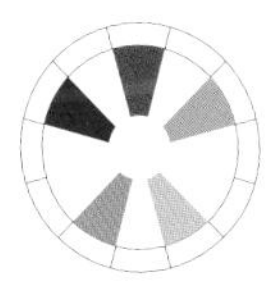
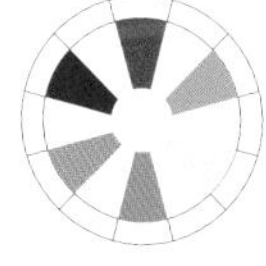

◎ 无偏颇地使用全部色相进行搭配的类型。
◎ 通常使用的色彩数量有五种或六种。
◎ 属于开放型配色，最为开放、华丽。
◎ 如果冷色或暖色选取过多，容易变成准对决型或类似型。

6. 色调型配色

在室内配色中，色调可理解为色彩的浓淡程度，由色彩的纯度和明度值交叉构成，同样影响空间整体氛围。即使是同一种色相，只要色调不同给人的感觉也有区别。

① 纯色调

◎ 不掺杂任何黑、白、灰色，最纯粹的色调。

◎ 色彩情感：鲜明、活力、醒目、热情、健康、艳丽、明晰。

◎ 淡色调、明色调和暗色调的衍生基础。

◎ 显得过于刺激，不宜直接用于家居装饰。

② 明色调

◎ 纯色调加入少量白色形成的色调。

◎ 完全不含有灰色和黑色。

◎ 色彩情感：天真、单纯、快乐、舒适、纯净、年轻、开朗。

◎ 可增加明度相近的对比色，营造活泼而不刺激的空间感受。

③ 淡色调

◎ 纯色调中加入大量白色形成的色调，没有加入黑色和灰色。

◎ 纯色的鲜艳感被大幅度减低。

◎ 色彩情感：纤细、柔软、纯真、温顺、清淡。

◎ 避免大量单色调运用而致使空间寡淡。

◎ 可用少量明色调来做点缀。

④ 明浊色调

◎ 淡色调中加入一些明度高的灰色形成的色调。

◎ 色彩情感：成熟、朴素、优雅、高档、安静、稳重。

◎ 适合高品位、有内涵的空间运用。

◎ 利用少量微浊色调搭配明浊色调，可丰富空间层次，显得稳重。

⑤ 浓色调

◎ 在纯色中加入少量黑色形成的色调。

◎ 色彩情感：高级、成熟、浓厚、充实、华丽、丰富。

◎ 为减轻浓色调的沉重感，可用大面积白色融合，增强明快感。

⑥ 微浊色调

◎ 纯色加入少量灰色形成的色调，兼具纯色调的健康和灰色的稳定。

◎ 比纯色调的刺激感低。

◎ 色彩情感：雅致、温和、朦胧、高雅、温柔、和蔼。

◎ 作主角色，可搭配明浊色调的配角色，营造素雅、温和的色彩印象。

⑦ 暗浊色调

◎ 纯色加入深灰色形成的色调，兼具暗色的厚重感和浊色的稳定感。

◎ 色彩情感：沉稳、厚重、自然、朴素。

◎ 避免暗浊色调的空间暗沉感，可用适量明色调作点缀色。

⑧ 暗色调

◎ 纯色加入大量黑色形成的色调，融合纯色调的健康和黑色的内敛。

◎ 所有色调中最威严、最厚重的色调。

◎ 色彩情感：坚实、成熟、安稳、传统、执着、古旧、结实。

◎ 主角色为暗色调的空间，少量加入明色调作点缀色，可中和暗沉感。

⑨ 多色调组合

一个家居空间中即使采用了多个色相，若色调相近也会令人感觉单调，且单一色调也极大地限制了配色的丰富性。

※ 两种色调与三种色调的组合方式

两种色调搭配

在鲜艳色调中加入了浅色调，使纯色的刺激感被抵消

鲜艳色调，活泼但刺激

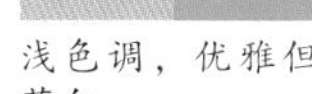

浅色调，优雅但苍白

组合集两者之长

三种色调搭配

多色调组合，能够表现出复杂、微妙的感觉

暗色调，强烈但沉闷

淡色调，柔和但肤浅

浊色调，自然但朴素

组合集三者之长

※ 多色调组合的类型

◎ 通常情况下，空间中的色调都不少于三种。

◎ 背景色会采用 2～3 种色调，主角色为 1 种色调，配角色色调可与主角色相同，也可作区分，点缀色通常是与之差别较大的色调。

◎ 根据使用色调的多少，可将色调型配色分为内敛型、开放型和丰富型三种类型。

※ 色调型配色的种类

内敛型

◎ 室内配色色调数量最多 3 种，配色效果内敛、沉着。

◎ 同相型配色，组合内敛型色调，可仍维持色相型的内敛感，但层次不会薄。

◎ 若采用非常活泼的色相型，感觉层次有些混乱时，可以采用此种色调型。

开放型

◎ 使用超过 4～5 种色调进行配色，为开放型。

◎ 若同时搭配相同数量的色相，效果更活泼。

◎ 配色感觉略单调，又不想增加色相数量，把色调型调整为开放型可增加层次感。

丰富型

◎ 同一空间色调数量为 5 种以上，为丰富型。

◎ 即使少数色相，使用丰富型色调时，也会形成高雅中带有活泼的效果。

◎ 当塑造较沉稳或朴素的效果时，使用此色调型不会让人有乏味、单调感。

7. 色彩的调整用色

若室内空间的比例不尽如人意，可利用色彩的视差错觉来适当改善这些缺陷。例如，一个空间中其他不变，仅改变墙体或家具色彩，这个空间就可能变得更宽敞或者更窄小。

◎ 能够使物体的体积或面积看起来比本身要膨胀的色彩。
◎ 高纯度、高明度的暖色相都属于膨胀色。
◎ 空旷感家居中，使用膨胀色家具，可使空间看起来更充实。

◎ 使物体体积或面积看起来比本身大小有收缩感的色彩。
◎ 低纯度、低明度的冷色相属于收缩色。
◎ 窄小家居空间中，使用收缩色，能让空间看起来更宽敞。

◎ 高纯度、低明度的暖色相有向前进的感觉，为前进色。
◎ 适合在空旷的房间做背景色，避免寂寥感。

◎ 低纯度、高明度的冷色相具有后退的感觉，为后退色。
◎ 能让空间显得宽敞，适合用作小面积空间或狭窄空间的背景色。

◎ 感觉重的色彩为重色。
◎ 相同色相，深色感觉重。
◎ 相同纯度和明度，冷色感觉重。
◎ 房间高度过高，可在顶面用重色，拉近顶面与地面距离。

◎ 使人感觉轻，具有上升感的色彩。
◎ 相同色相，浅色具有上升感。
◎ 相同纯度和明度，暖色感觉较轻，有上升感。
◎ 房间高度低，可在顶面用轻色，在地面用重色，拉大距离。

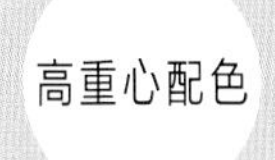

◎ 将房间所有色彩的重色放在顶面或墙面，为高重心配色。
◎ 具有上重下轻的效果，可利用重色下坠的感觉使空间产生动感。
◎ 层高较高，与长、宽比例不协调，可适当用深色增加顶面重量感。

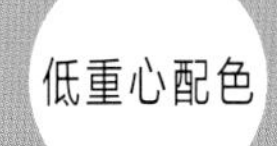

◎ 将房间所有色彩的重色放在地面上，为低重心配色。
◎ 重心在下方时，呈现上轻下重的效果，感觉稳定、平和。
◎ 重色可用于地面，也可以用于家具。
◎ 可用深色家具搭配深色地面，两者之间的明度拉开，更具层次感。

收缩色与膨胀色对比图示

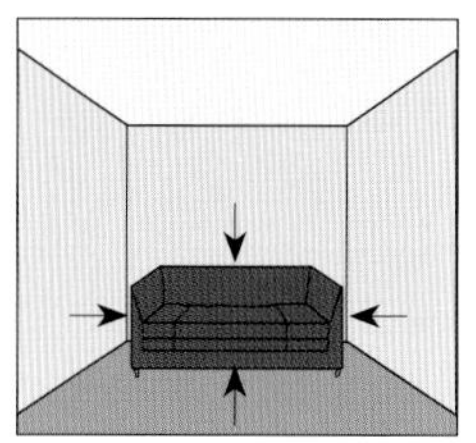

空间狭小，软装采用收缩色，增加空间宽敞感

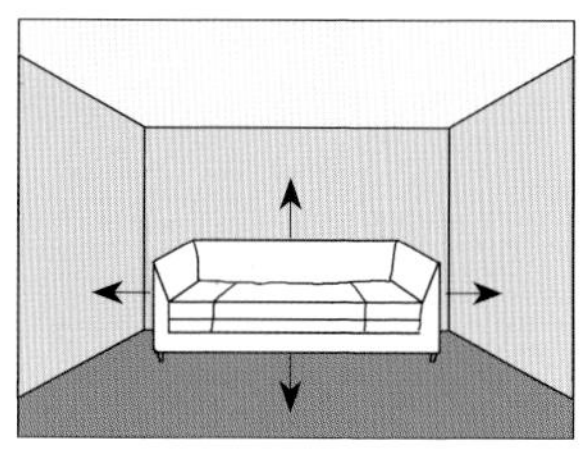

空间较宽敞，软装采用明度高的膨胀色，空间具有充实感

前进色与后退色对比图示

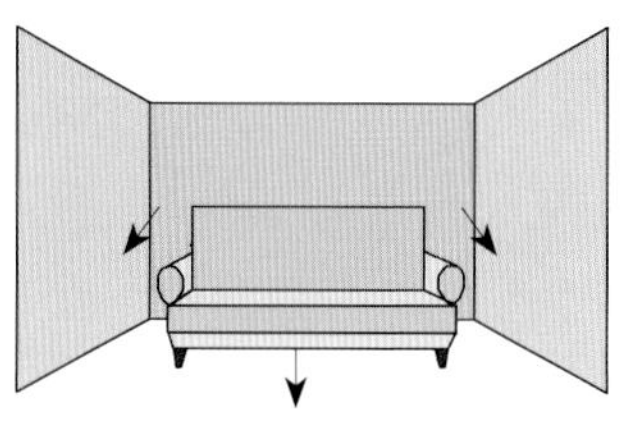

背景墙为低明度且纯度高的色彩，视觉上大大缩小了空间纵深

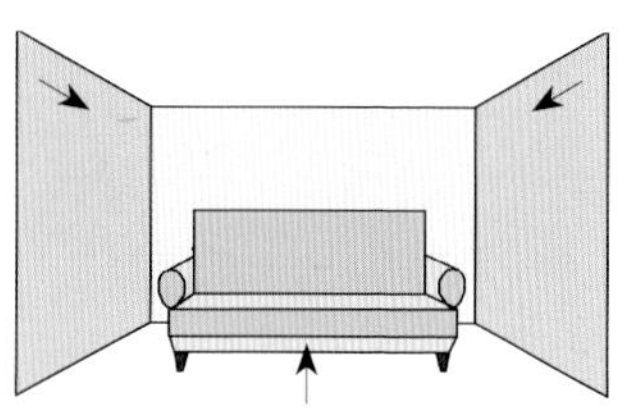

背景墙为高明度色彩，视觉上增加了空间纵深

重色与轻色对比图示

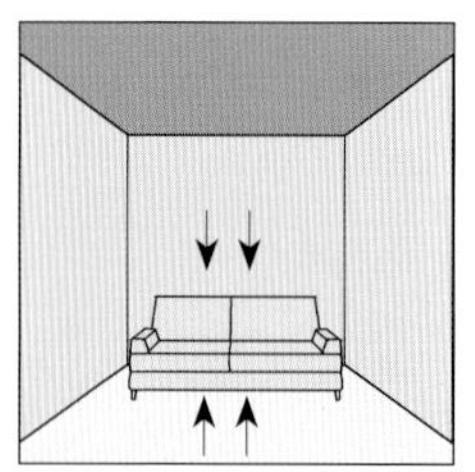

空间层高较高，吊顶用重色，地板用轻色，降低了层高

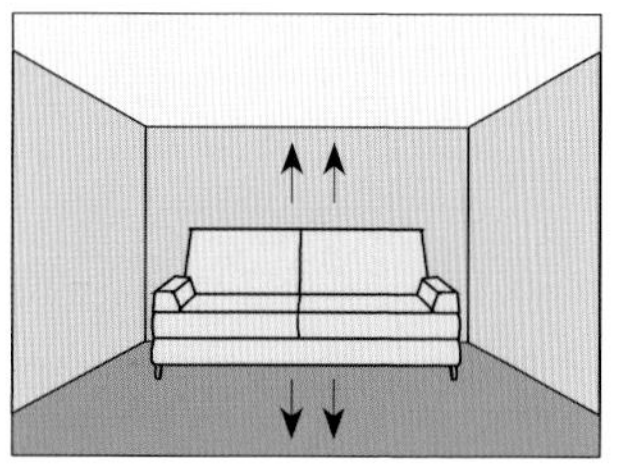

空间层高较低，吊顶用轻色，地板用重色，视觉上增加了空间高度

Tips 通过色相、明度和纯度的对比，让色彩特点更明确

○ 暖色相和冷色相比，前者前进、后者后退。

○ 相同色相情况下，高纯度前进、低纯度后退，低明度前进、高明度后退。

○ 暖色相和冷色相比，前者膨胀、后者收缩。

○ 相同色相情况下，高纯度膨胀、低纯度收缩，高明度膨胀、低明度收缩。

○ 同色相中，浅色具有上升感，深色具有下沉感。

○ 同色调中，暖色相具有上升的感觉，冷色相具有下沉感。

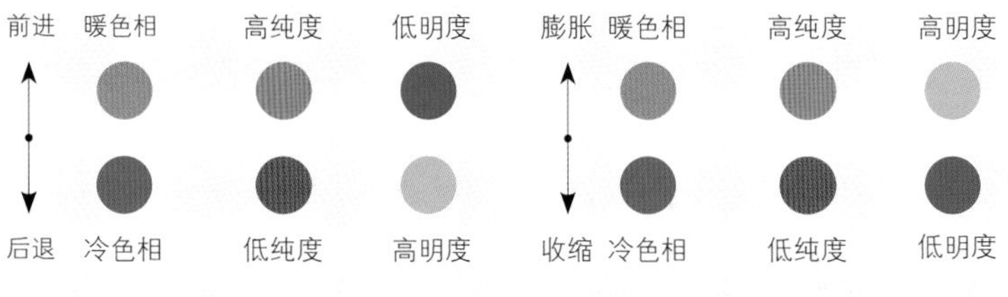

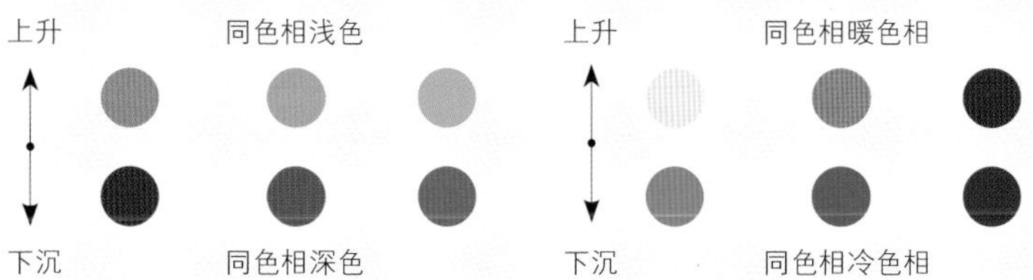

二、光环境与家居空间

室内照明是室内环境设计的重要组成部分，要有利于人的活动安全和舒适的生活。在人们的生活中，光不仅是室内照明的条件，而且是表达空间形态、营造环境气氛的基本元素。

1. “光”的种类

环境光：光照范围大，看不清直接光源，却对光线产生反应。好的环境光可以令家居环境显得柔和。常见灯具：吸顶灯、嵌灯、壁灯

轮廓光：强调墙壁、吊顶等的轮廓，营造层次感，令家居环境显得更高、更大。常见灯具：灯带、灯槽

焦点光：可以着重营造局部的氛围。常见灯具：吊灯、射灯、立灯、桌灯等

2. 色温的选择

不光色彩中分冷暖色，家居中的灯光也有冷暖之分，反应在参数上，即“色温”。色温直接影响了进入空间的第一感受。

备注： 如果想要拥有温馨、感性、随意的家居环境，可以选择暖色光；想要明亮、清爽、理性的家居环境，则可以选择冷色光。

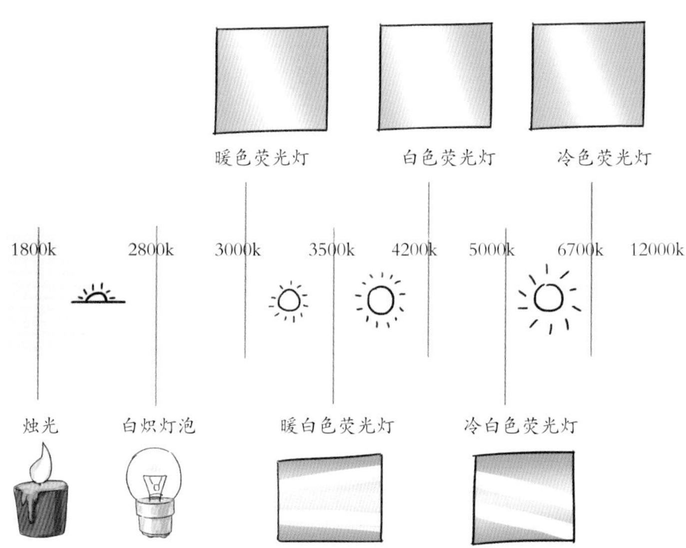

▲ 各种发光体与之相对应的色温

3. 照明方式

① 照明方式的分类

直接照明： 直接照明的光束感较强，但照明范围较小，适合当作焦点光。

间接照明： 间接照明的光束感较弱，照明范围较大，适合当作环境光。

② 照明的光照氛围

※环境光

◎ 环境光作为灯光设计的背景，照明范围较大，多采用间接照明。

◎ 一般家庭的客厅会采用半直接照明和半间接照明来作为环境光。

◎ 由于半直接照明和半间接照明存在明显的照明界限，且都是集中光源，不易调节，因此，客厅已开始采用点状光源，如间接照明和扩散照明，可均匀分布于吊顶，按需求调节亮度，节省用电。

环境光主要采用的照明方式：

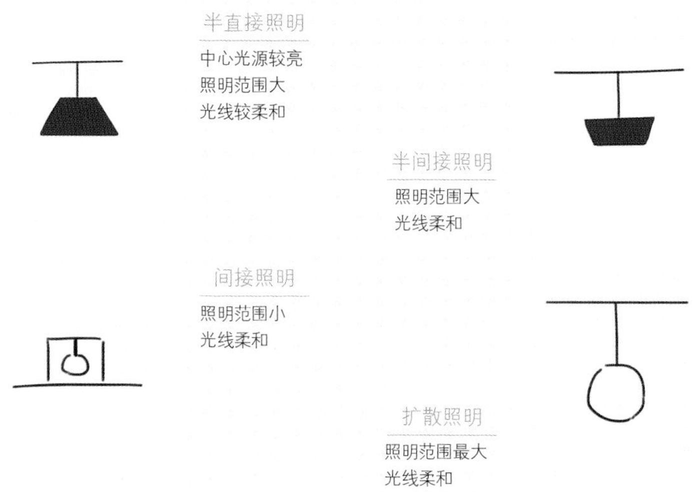

※轮廓光

◎ 主要为常见的灯带，除了可以令室内空间更有型，还能为环境光增加辅助照明。

◎ 灯带还可以运用在柜子和层架中，拿东西的时候可以看得更清楚，也增加了美观性。

轮廓光主要采用的照明方式：

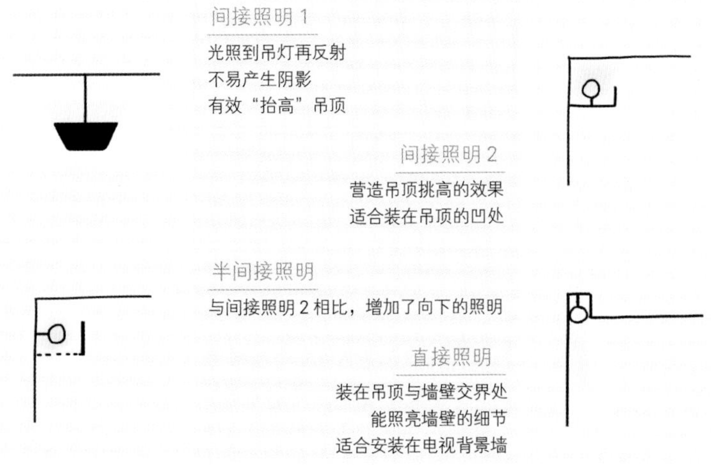

※焦点光

◎ 焦点光多采用直接照明，照度强，范围小，与周围环境形成强烈的对比。

◎ 最好采用可移动的灯具，搭配暖光源能渲染出温馨、柔和的居室氛围。

焦点光主要采用的照明方式：

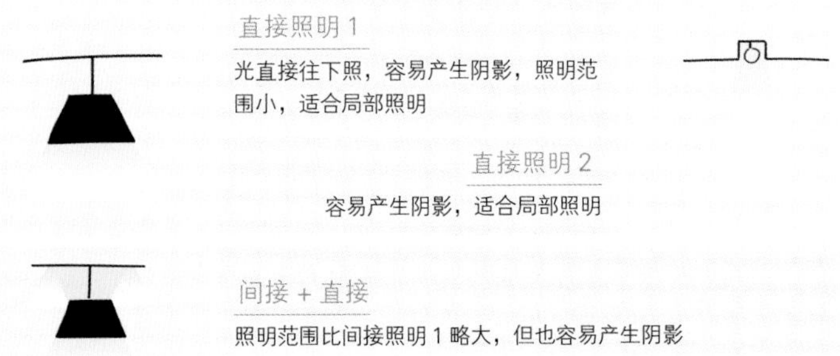

4. 灯光与空间元素的关系

光和色彩的关系

◎ 选择适合空间的光源和光色，不同颜色的光源和光色也会带来不同的家居效果。
◎ 光色最基础的属性是冷暖，家居空间中用一种色调的光源可达到极为协调的效果，如同单色的渲染。若想有多层次变化，则可考虑冷暖光的配合使用。

光与形的关系

◎ 光在空间中会被剪裁成各种各样的形状，或点、或面。
◎ 光的边缘也可虚可实、可硬可软，主要取决于受光面和光通过空间的形状。

光与被照物体的关系

◎ 要考虑被照物体的形体、材质和被照后所投射的光影，只有合适的光亮才能让被照物体的细节完美呈现。
◎ 光影对有质感肌理材料的强化装饰效果，能创造出意想不到的视觉效果。

Tips 光带设计可以营造出神秘氛围

○ 光带照明是一种隐蔽照明，将照明与建筑结构紧密结合起来，主要形式有两种。

○ 一是利用与墙平行的不透明装饰板遮住光源，将墙壁照亮，给护墙板、帷幔、壁饰带来戏剧性的光效果。

○ 二是将光源向上，让顶光经顶面反射下来，使顶面产生漂浮的效果，形成朦胧感，营造的气氛更为迷人。

5. 利用灯光改善居住环境的方式

① 利用灯光将小空间变得宽敞的方法

◎ 较小的空间应尽量把灯具藏进吊顶。

◎ 用光线来强调墙面和吊顶，会使小空间变大。

◎ 用向上的灯光照在浅色的表面上，会使较低的空间显高。

◎ 用灯光强调浅色的反向墙面，会在视觉上延展一个墙面，从而使较狭窄的空间显得较宽敞。

☹ 小空间若利用大型灯具，会更加逼仄。

☺ 用简洁样式的射灯作照射光源，避免空间产生繁复之感。映射下来的光线照射在墙面上，还会起到放大空间的作用。

② 利用灯光令大空间具有私密性的方法

◎ 较宽敞的空间可以将灯具安装在显眼位置，并令其能照射到 360°。

◎ 使大空间获得私密感，可利用朦胧灯光照射，使四周墙面变暗，并用射灯强调出展品。

◎ 采用深色的墙面，并用射灯集中照射展品，会减少空间的宽敞感。

◎ 用吊灯向下投射，则使较高的空间显低，获得私密性。

层高较高的空间会显得空旷。

可选择大型吊灯做装饰，既有华丽感，又在视觉上降低了层高。

三、图案与家居空间

在室内设计中，硬装材料和软装布置都离不开装饰图案，因其能够满足视觉美、触觉美和功能美，也能体现室内装饰的个性化和舒适感，同时还具有调整空间的作用。

1. 图案在室内的设计方法

① 重复图案形成规律

◎ 相同或近似的形态连续地、有规律地反复出现叫作重复。

◎ 这种构成方式在生活中很常见，如壁纸、瓷砖、布艺织物中的图案等。

◎ 使人感觉井然有序、和谐统一、节奏感强。

◎ 采用重复构成形式使单个元素反复出现，具有加强设计作品的视觉效果的作用。

▲ 重复图案样式的地毯

② 近似组合图案寓“变化”于“统一”

◎ 近似构成是将有相似之处的元素进行组合的一种构成形式。

◎ 在设计中，通常以某一元素做为基础，采用其基本构成形态之间的相加或相减来求得近似的基本形。

▲ 近似组合图案的壁纸

③ 渐变图案产生的韵律感

◎ 一个基本图形按照一定的大小、方向、位置、形态、色彩等规律渐变，形成一种有条理的图案表现形式，就是渐变构成。

◎ 渐变方式可以由某一形状开始，逐渐地转变另一形状，或由某一形象渐变为另一完全不同的形象。

▲ 色彩渐变图案样式的沙发

④ 发散图案产生扩张的既视感

◎ 以一点或多点为中心，呈向周围发射、扩散等视觉效果。

◎ 此类构成组成的画面具有较强的动感及节奏感，也具有扩张的既视感。

▲ 发散图案样式的地毯

⑤ 图形对比增强视觉冲击

◎ 依靠基本形的形状、大小、方向、位置、色彩、肌理，以及重心、空间、有与无、虚与实的关系等元素的对比。

◎ 给人以强烈、鲜明的感觉。

▲ 色彩对比图案样式的沙发

2. 利用图案调整空间方法

① 利用条纹改善空间视感

◎ 竖向条纹的图案强调垂直方向的趋势。

◎ 能够从视觉上使人感觉竖向的拉伸，从而使房间的高度增加。

◎ 适合房高低矮的居室，但也会使房间显得狭小，小户型不适合多面墙使用。

◎ 横向条纹的图案强调水平方向的扩张。

◎ 能够从视觉上使人感觉墙面长度增加，使房间显得开阔。

◎ 适合长度短的墙面，但同时也会让房间看起来比原来矮一些。

② 利用花纹改变空间大小

◎ 大花纹的壁纸、窗帘、地毯等，具有压迫感和前进感，能使房间看起来比原有面积小。

◎ 特别是在此类花纹采用前进色或膨胀色时，此种特点会发挥到极致。

◎ 小图案的壁纸、窗帘、地毯等，具有后退感，视觉上更具纵深感，相比大图案，能够使房间看起来更开阔。

◎ 尤其选择高明度、冷色系的小图案时，能最大限度地扩大空间感。

四、材质肌理与家居空间

在设计家居时，材质也是不容忽视的美学元素，不同类型的材质可以带来不同的视感及触感，最终影响整体空间的风格及氛围表现。

1. 自然材质与人工材质

自然材质

非人工合成的材质，例如，木头、藤、麻等，此类材质的色彩较细腻、丰富，单一材料就有较丰富的层次感，多为朴素、淡雅的色彩，缺乏艳丽的色彩。

人工材质

由人工合成的瓷砖、玻璃、金属等，此类材料对比自然材质，色彩更鲜艳，但层次感单薄。优点是无论何种色彩都可以得到满足。

2. 暖材料、冷材料和中性材料

暖材料

织物、皮毛材料具有保温的效果，比起玻璃、金属等材料，使人感觉温暖，为暖材料。即使是冷色，当以暖材质呈现出来时，清凉的感觉也会有所降低。

冷材料

玻璃、金属等给人冰冷的感觉，为冷材料。即使是暖色相附着在冷材料上时，也会让人觉得有些冷感，例如，同为红色的玻璃和陶瓷，前者就会比后者感觉冷硬一些。

中性材料

木质材料、藤等材料冷暖特征不明显，给人的感觉比较中性，为中性材料。采用这类材料时，即使是采用冷色相，也不会让人有丝毫寒冷的感觉。

材质表面光滑度的差异

除了材质的来源以及冷暖效果，表面光滑度的差异也会给色彩带来变化。

○ 同样颜色的瓷砖，经过抛光处理的表面更光滑，反射度更高，看起来明度更高，表面较粗糙的则明度较低。

○ 同种颜色的同一种材质，选择表面光滑与粗糙的进行组合，就能够形成不同的明度，能够在小范围内制造出层次感。

◀ 墙面、沙发的色相靠近，但不同光滑度的材料构成丰富层次，不显单调

第六章
量尺做初步规划，做好开工准备

一、原始空间尺寸的测量

室内设计及装修过程中必须清楚地知道原始空间的现况尺寸，才能绘制现况图，并绘制后续的施工图，因此现场空间的尺寸丈量精度非常重要，是设计师必须重视的项目。

1. 空间尺寸测量所需工具

测量类：雷射测距仪（一般 40 米即可）、钢卷尺（7 米）、布卷尺（大空间及户外大面积空间使用）。

记录工具：荧光笔（不同颜色 2～3 支）、四色原子笔、工程笔（避免用会晕开的签字笔）、硬纸夹具板（夹 A4 或 A3 纸）、A4 及 A3 纸数张、预先做好记录的表格（依各公司的格式）。

拍照工具：广角相机或伸缩镜头相机、有拍照功能的智能手机。

2. 原始空间重点尺寸

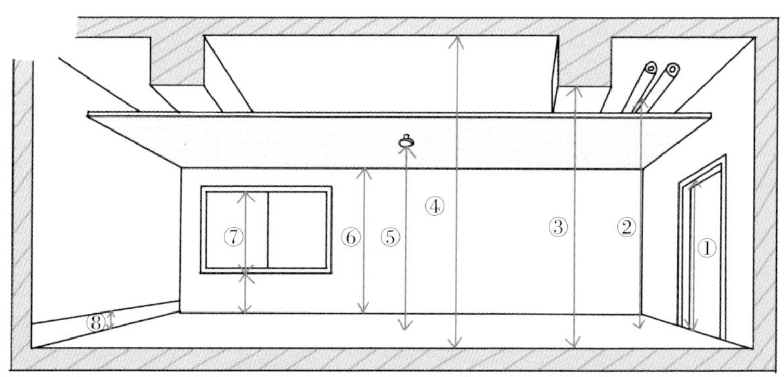

① 门高（含框） ② 管线高度（吊顶） ③ 梁下高度 ④ 楼板下高度 ⑤ 消防洒水头下高度 ⑥ 吊顶下高度 ⑦ 窗台高度 + 窗户高度 ⑧ 踢脚板高度或地板垫高

现场丈量与观察重点技巧、标注方式说明（以旧房为例）：

（1）丈量准备纸本及不同颜色的笔区别记录。

（2）选定起始点（通常由大门开始）顺时针丈量方向，最后丈量结束时也是大门同样位置。

（3）丈量时必须要连续尺寸丈量不可间断，包括门及窗框（制定包外及内含规则）。

（4）大小空间丈量完成后，一定要量测十字尺寸（以防墙壁渐变大小或结构偏移）。

（5）墙厚度需丈量（ex:t=12 厘米）并判断材质（砖、木、轻隔间、轻质墙等）。

（6）位于空间中央的柱子，柱位尺寸要有 X 及 Y 方向，与其他结构或墙面的位置尺寸，方可在绘图时放样位置。

（7）梁位高低尺寸（大小梁都要）和梁宽需丈量，位置（中间、靠左、靠右）要记录，有无连续或在何处相交。

（8）寻找有无穿梁管可用，是否有通到各个空间。

（9）梁与窗、门的关系，前后进出面的标示（可以画小剖面交代）。

（10）窗的台度、窗高标示，以及门的高度标示。

（11）现况环境物理及方位标示（准备指南针），太阳、风的方向以及不好的视觉景观、味道、私密性问题等的注明。

（12）现况既成违建的判断及范围标注。

（13）现况吊顶、地板材料及高度和高程差的记录，方便日后拆除估价。

（14）楼梯的级宽、级高、级深的记录和阶数，以及楼梯平台和梁的关系记录。

（15）复杂的交接处，要画局部关系详图，避免尺寸不清楚。

（16）现况有无壁癌、漏水、结构裂缝、混凝土掉落、钢筋锈蚀、窗户渗水、门框歪斜、瓷砖掉落膨胀、油漆瑕疵、管线锈蚀、设备动作不正常要记录及拍照。

（17）机电管线和开关箱的总量，无熔丝开关的拍照和电表位置确认。

（18）管道间的记录，排水数量、瓦斯种类数量记录、排烟位置记录、水表及瓦斯表位置记录。

（19）电话插座、弱电箱位置及高度（X 及 Y 方向）种类数量记录。

（20）消防洒水头及设备位置、数量记录。

（21）空间形式的记录与规格记录，并勘查日后可能摆放相关位置，排水管线位置高度。

（22）特殊柱形和墙形，有角度的特殊丈量方式方法标示。

（23）家具尺寸及后续要使用家具尺寸记录拍照（用表格记录）。

（24）丈量电梯、楼梯尺寸，以利后续搬运材料的评估。

（25）依丈量方式顺时针拍照，每个空间最少 2 张照片，越多越好，要拍部分阳台和落地窗户的剖面关系照片。

（26）询问管委会相关施工注意事项及时间和相关工程保证金费用，以及保护方式和进料路径及堆放物料位置。

二、室内设计图纸制作

将实际空间现况尺寸丈量后，需要绘制现况尺寸设计图。绘制图纸的目的主要是向业主、施工者等表达设计师自己的设计意图，以便更好地完成设计表达。

1. 室内图纸制作步骤

第一步：将量好的室内空间进行第一步制图，该图为原始尺寸图，用来标明房屋的原始尺寸，方便设计师、业主和工人对房型有基本的了解，以及为后期该如何规划做好准备。

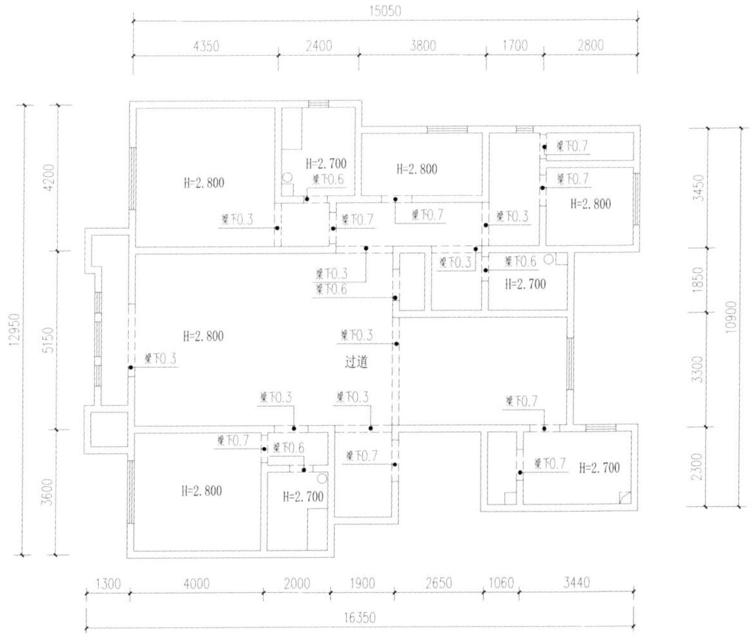

第二步：对房屋进行改造，标注需要拆除和新建的墙体，方便施工人员进行施工操作。

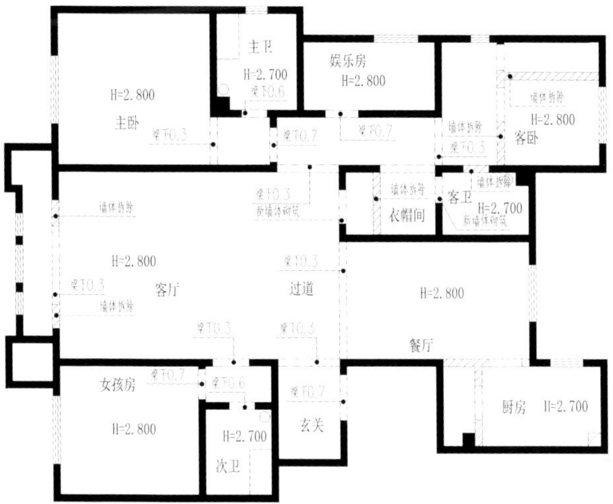

第三步：家具布置图，即房屋整体规划图，方便业主了解房屋的布置格局，也方便日后购买家具使用。同时，可以为施工人员进行水电施工时提供便利。

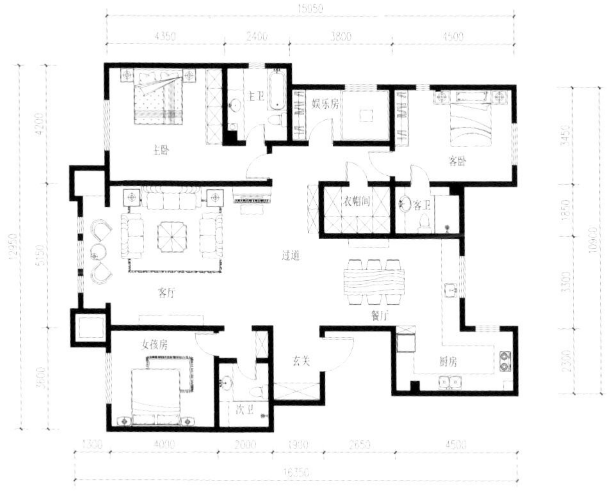

第四步： 顶部设计图，即把整个顶面造型以平面形式画出来，方便工人做吊顶施工。一些异形吊顶、灯带、吊顶高、灯具之间的距离等要有规范的标记，以及尺寸和材料等。

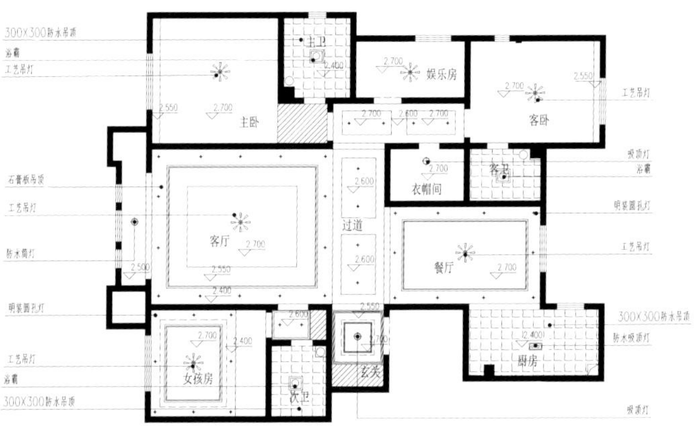

第五步： 地面铺砖图，要把地砖的规格大小，瓷砖的拼贴、尺寸等标记清楚。

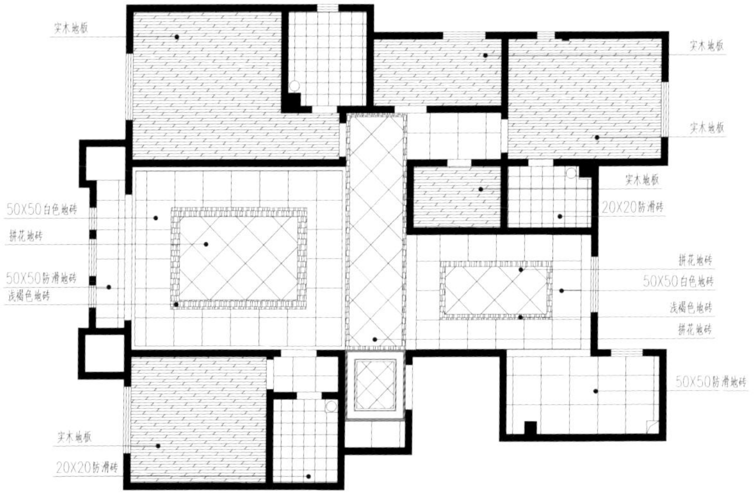

第六步：开关面板图，电工在施工过程中要知道哪些地方需留开关，有些业主要求多个开关，或者习惯性在左手还是右手边开灯，这些需求要标明。

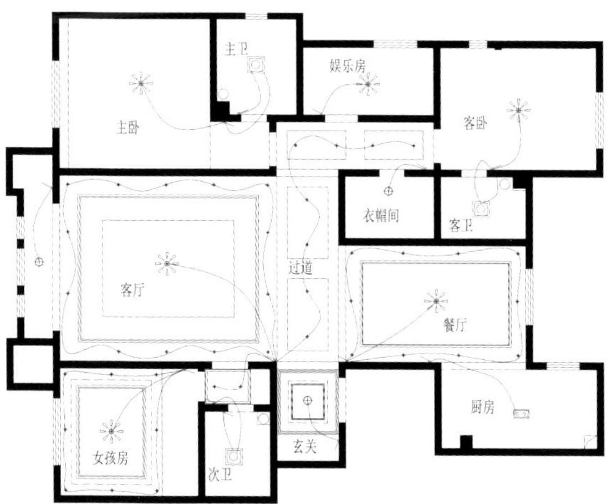

第七步：强弱电图，电工施工时用到。如客厅要预留强点插座几个弱点几个，卫生间是否要预留电源等。

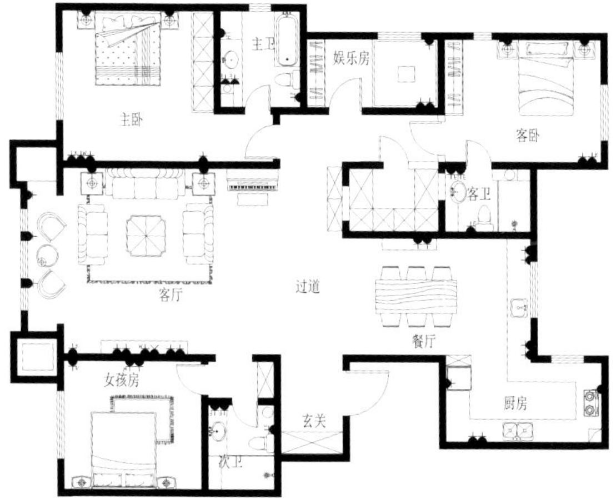

2. 常见室内图纸制作标准及符号

① 尺寸标准

标高及总平面图以米为单位，其余均以厘米为单位

尺寸线的起止点，一般采用短划和圆点

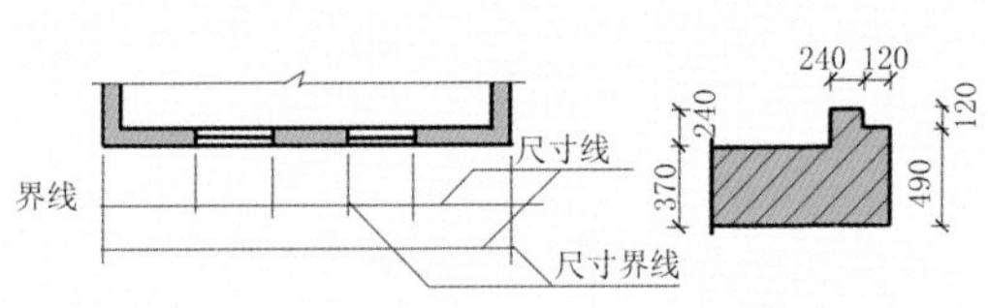

曲线线形的尺寸线，可用尺寸网格表示

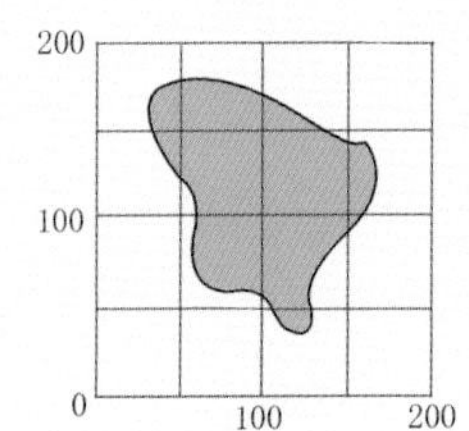

当尺寸线不是水平位置时，尺寸数字应尽量避免在图中有斜线范围内注写

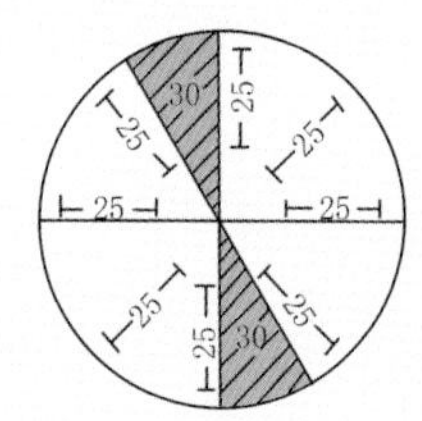

圆弧及角度的表示法

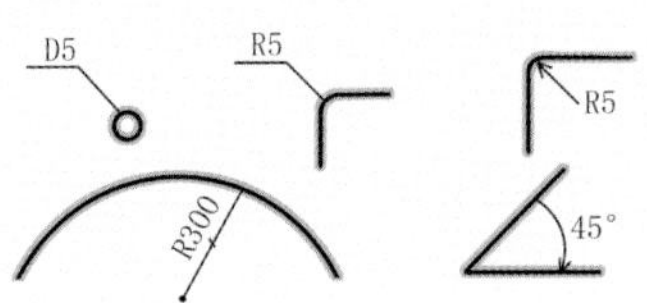

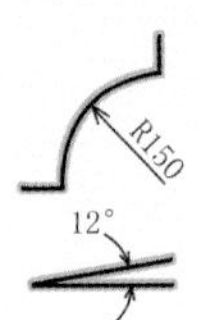

② 标高

一般标注到小数点以后第二位为止，如 20.00、3.60、-1.50 等

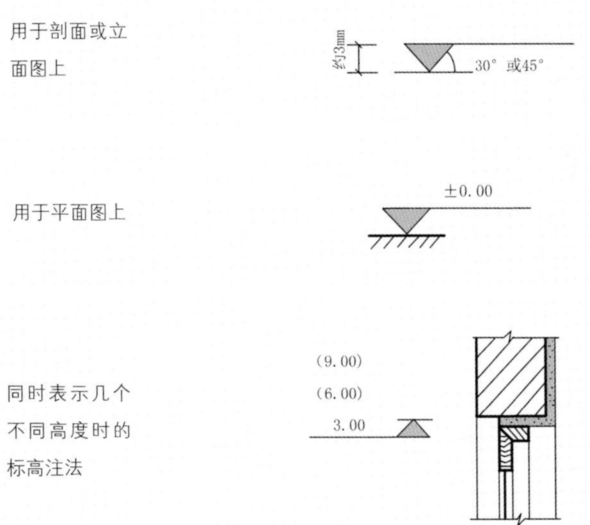

③ 图纸幅面规格

◎ 所有建筑图纸的幅面，应符合一定的规范（单位：毫米）。

◎ 允许加长 0~3 号图纸的长边；加长部分的尺寸应为长边的 ⅛ 极其倍数。

基本幅面代号	0	1	2	3	4
b×1	841×1189	591×841	420×594	297×420	210×297
c	10	10	10	5	5
a	25	25	25	25	25

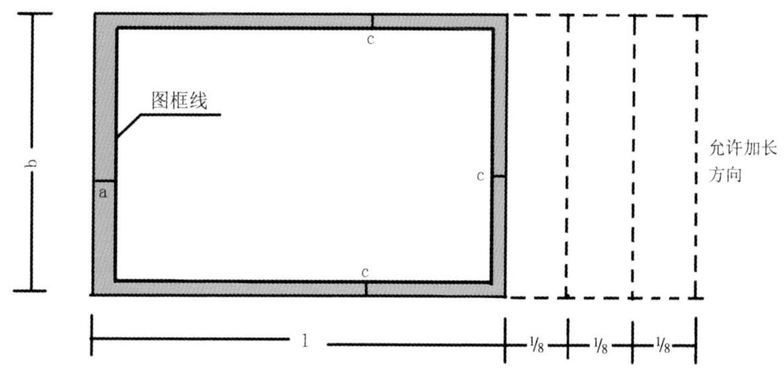

⑴ 图线

◎ 图面的各种线条，应按照下表的规定采用。

名称		线型	线宽	一般用途
实线	粗		b	主要可见轮廓线
	中		0.5b	可见轮廓线
	细		0.35b	可见轮廓线、图例线等
虚线	粗		b	见有关专业制图标准
	中		0.5b	不可见轮廓线
	细		0.35b	不可见轮廓线、图例线等
点划线	粗		b	见有关专业制图标准
	中		0.5b	见有关专业制图标准
	细		0.35b	中心线、对称线、轴线等
双点划线	粗		b	见有关专业制图标准
	中		0.5b	见有关专业制图标准
	细		0.35b	假想轮廓线、成型前原始轮廓线
折断线			0.35b	断开界限
波浪线			0.35b	构造层次的断开界限

◎ 定位轴线的编号在水平方向的采用阿拉伯数字，由左向右注写。在垂直方向的采用大些汉语拼音字母（不得使用I、O、Z三个字母），由下向上注写。

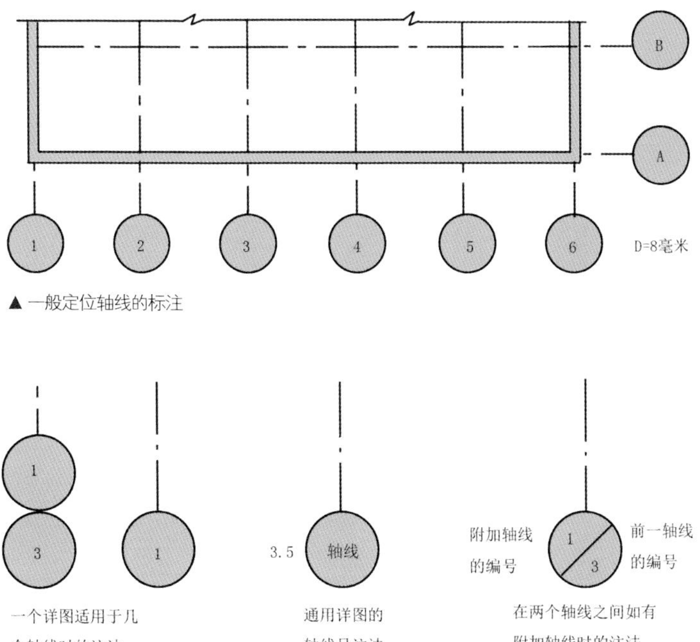

▲ 一般定位轴线的标注

▲ 个别定位轴线的标注

◎ 剖面剖切线的剖视方向，一般向图面的上方或左方，剖切线尽量不穿越图面上的线条。剖切线需要转折时，以一次为限。

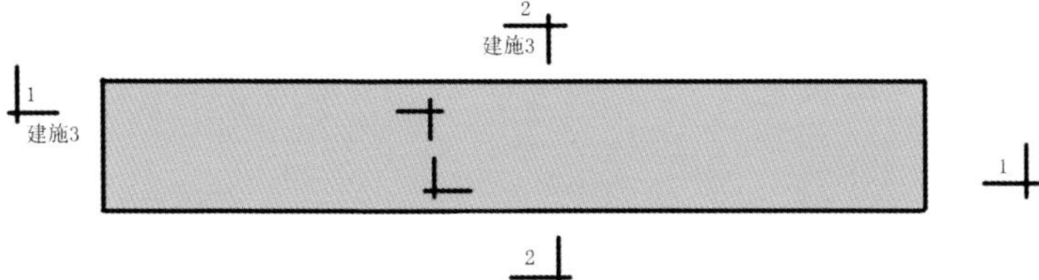

◎ 圆形的构件用曲线折断，其他一律采用直线折断，折断线必需经过全部被折断的图面。

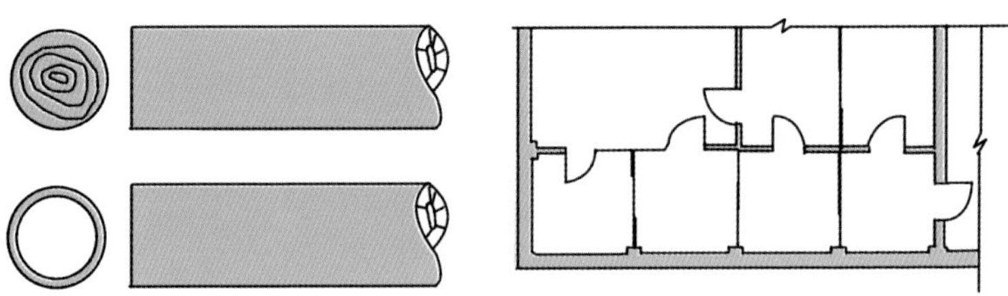

⑤ 引出线

◎ 引出线应采用细直线，不应用曲线。

◎ 索引详图的引出线，应对准圆心。

◎ 引出线同时指代几个相同部分时，各引出线应互相保持平行。

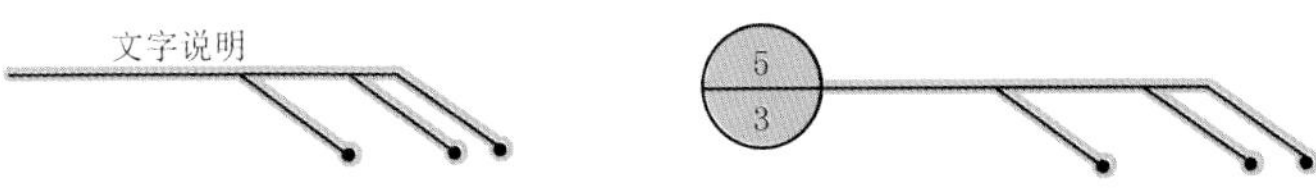

◎ 多层构造引出线，必须通过被引的各层，并保持垂直方向；文字说明的次序，应与构造层次一致，一般由上而下，从左到右。

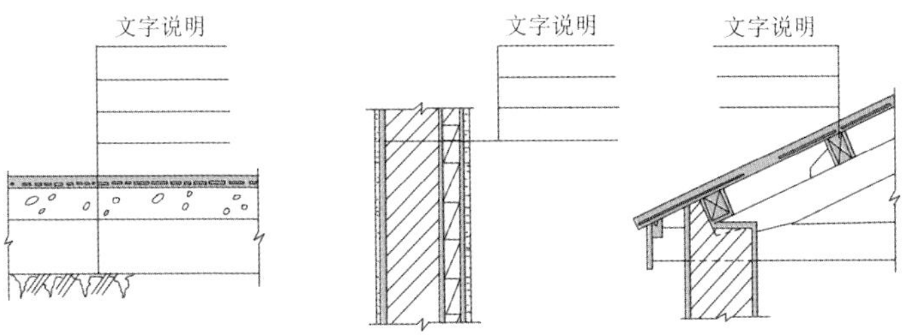

6 详图索引标志

◎ 施工图上的详图索引标志

▲ 详图在本张图纸上时的表示方法

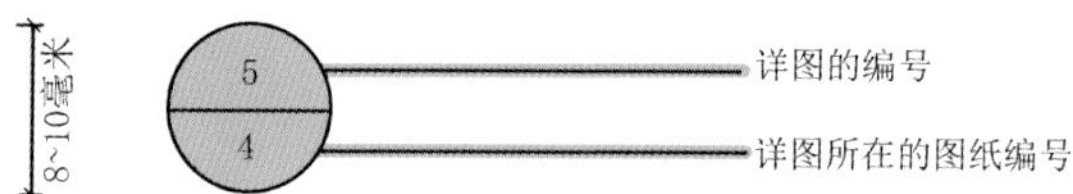

▲ 详图不在本张图纸上时的表示方法

◎ 详图的标志

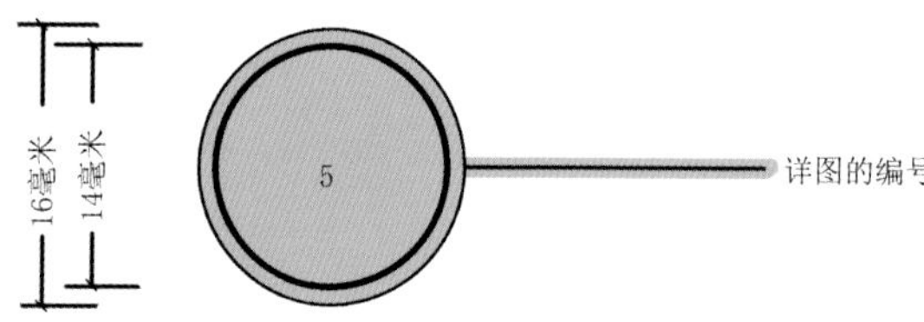

◎ 标准详图的索引标志

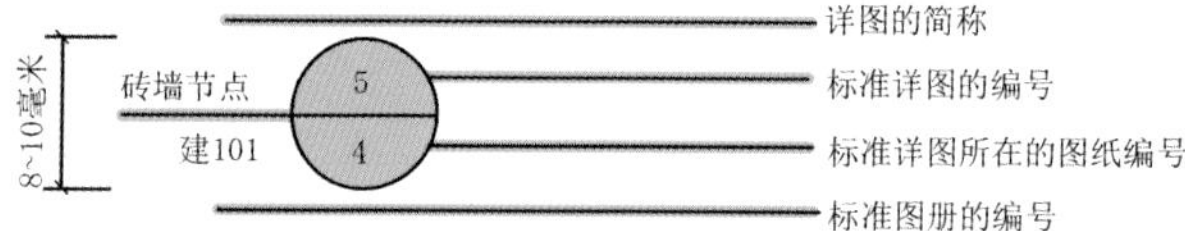

◎ 局部剖面的详图索引标志

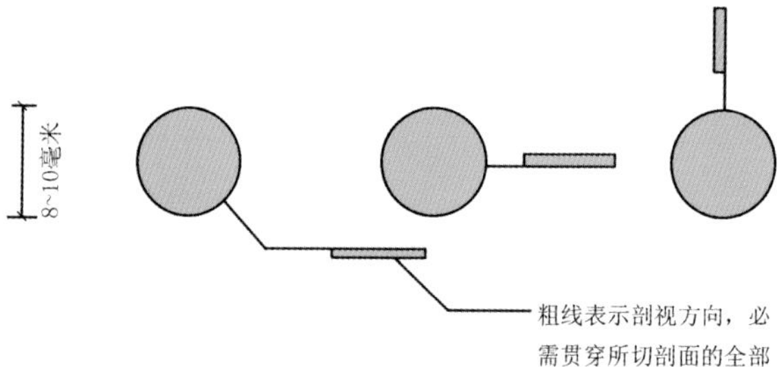

(7) 建筑图例

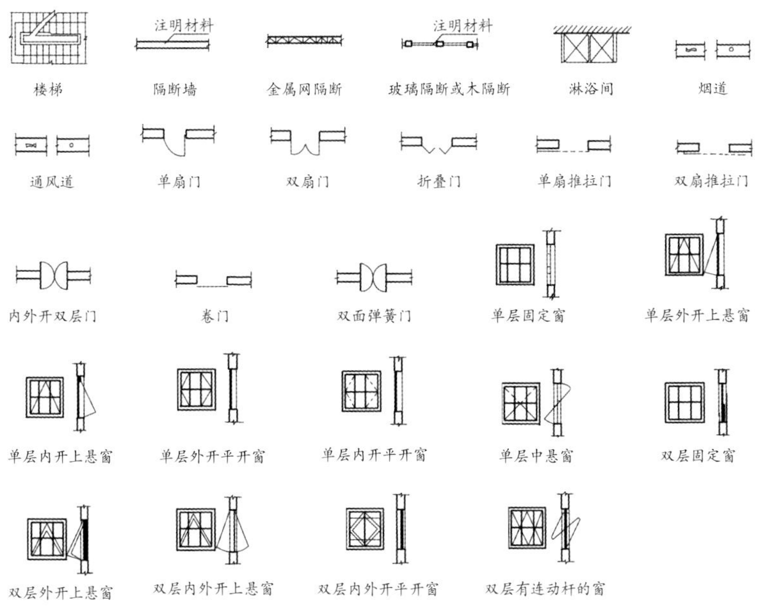
注明材料
注明材料
楼梯
隔断墙
金属网隔断
玻璃隔断或木隔断
淋浴间
烟道
通风道
单扇门
双扇门
折叠门
单扇推拉门
双扇推拉门
内外开双层门
卷门
双面弹簧门
单层固定窗
单层外开上悬窗
单层内开上悬窗
单层外开平开窗
单层内开平开窗
单层中悬窗
双层固定窗
双层外开上悬窗
双层内外开上悬窗
双层内外开平开窗
双层有连动杆的窗

(8) 设备图例

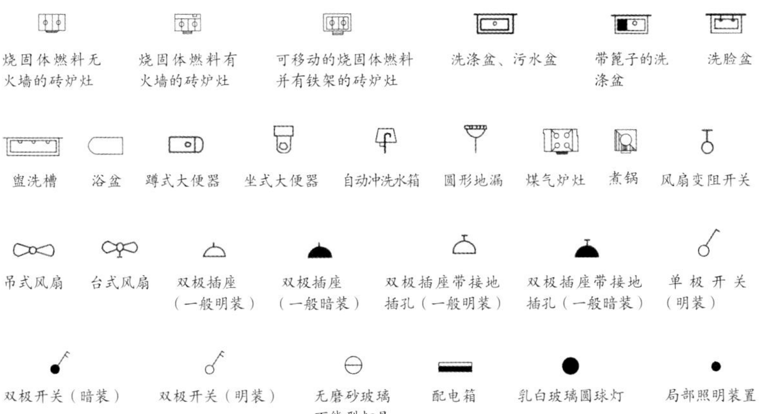
烧固体燃料无火墙的砖炉灶
烧固体燃料有火墙的砖炉灶
可移动的烧固体燃料并有铁架的砖炉灶
洗涤盆、污水盆
带篦子的洗涤盆
洗脸盆
盥洗槽
浴盆
蹲式大便器
坐式大便器
自动冲洗水箱
圆形地漏
煤气炉灶
煮锅
风扇变阻开关
吊式风扇
台式风扇
双极插座（一般明装）
双极插座（一般暗装）
双极插座带接地插孔（一般明装）
双极插座带接地插孔（一般暗装）
单极开关（明装）
双极开关（暗装）
双极开关（明装）
无磨砂玻璃万能型灯具
配电箱
乳白玻璃圆球灯
局部照明装置

第七章

给出设计工程估价与核算，与业主签订合同

一、概算估价与明细估价

估价在室内设计及装修工程中占据重要地位，因牵涉费用问题，业主、设计师、厂商在不同角度会有不同的思考方式。在估价上一般会依据精细程度分为：概算估价以及明细估价。

1. 概算估价

在设计师或工程没有接到前，仅就设计内容、风格、材料使用、面积大小、设备等级做粗略的概算，通常以设计或工程经验及过往案例中产生的费用作为对比及推算的依据，比较常用的方式是以平方米为计价单位，也就是考量上述内容所产生的单位造价费用有多少。

备注：

a.这些内容是在还没洽谈完成或刚开始时所初步估算的费用，会因不同变数而改变价格。
b.概算估价通常以工程或设计上的大项目为开列内容，如设计费、木作工程等，不会出现细项内容。

概算估价单参考：

<table>
<tr><td colspan="2" rowspan="2">项目名称：</td><td colspan="3">项目日期：</td><td colspan="2"></td></tr>
<tr><td colspan="3">估价厂商：</td><td colspan="2"></td></tr>
<tr><td colspan="2" rowspan="2">项目地址：</td><td colspan="3">厂商电话：</td><td colspan="2"></td></tr>
<tr><td colspan="3">厂商其他联系方式：</td><td colspan="2"></td></tr>
<tr><td>项目</td><td>工程名称</td><td>单位</td><td>数量</td><td>单价</td><td>总价</td><td>备注</td></tr>
<tr><td>1</td><td>拆除工程</td><td>项</td><td>1</td><td>**</td><td>**</td><td></td></tr>
<tr><td>2</td><td>泥作工程</td><td>项</td><td>1</td><td>**</td><td>**</td><td></td></tr>
<tr><td>3</td><td>木作工程</td><td>项</td><td>1</td><td>**</td><td>**</td><td></td></tr>
</table>

续表

<table>
<tr><td colspan="2" rowspan="2">项目名称：</td><td colspan="2">项目日期：</td><td colspan="3"></td></tr>
<tr><td colspan="2">估价厂商：</td><td colspan="3"></td></tr>
<tr><td colspan="2" rowspan="2">项目地址：</td><td colspan="2">厂商电话：</td><td colspan="3"></td></tr>
<tr><td colspan="2">厂商其他联系方式：</td><td colspan="3"></td></tr>
<tr><td>项目</td><td>工程名称</td><td>单位</td><td>数量</td><td>单价</td><td>总价</td><td>备注</td></tr>
<tr><td>4</td><td>油漆工程</td><td>项</td><td>1</td><td>★★</td><td>★★</td><td></td></tr>
<tr><td>5</td><td>玻璃工程</td><td>项</td><td>1</td><td>★★</td><td>★★</td><td></td></tr>
<tr><td>6</td><td>灯具工程</td><td>项</td><td>1</td><td>★★</td><td>★★</td><td></td></tr>
<tr><td>7</td><td>水电工程</td><td>项</td><td>1</td><td>★★</td><td>★★</td><td></td></tr>
<tr><td>8</td><td>弱电工程</td><td>项</td><td>1</td><td>★★</td><td>★★</td><td></td></tr>
<tr><td>9</td><td>空调工程</td><td>项</td><td>1</td><td>★★</td><td>★★</td><td></td></tr>
<tr><td>10</td><td>系统柜工程</td><td>项</td><td>1</td><td>★★</td><td>★★</td><td></td></tr>
<tr><td>11</td><td>其他工程</td><td>项</td><td>1</td><td>★★</td><td>★★</td><td></td></tr>
<tr><td></td><td>项目合计：</td><td></td><td></td><td></td><td>★★</td><td></td></tr>
<tr><td colspan="7">备注：1. 本报价不包含大理石及瓷砖采购等；
2. 本估价单位概算估价，依实际最后报价为签约价格。</td></tr>
</table>

2. 精细估价

精细估价是将工程及设计费用内容做详细呈现，是在案子拿到以后以及设计图完成后所开列的明细报价，设计费的部分会将服务内容及所对应的单位面积费用开列清楚，让业主清楚整个设计案中的过程要做哪些事情，以及所花的费用。

与概算估价的区别：

工程部分依据设计好的内容，逐条开列项目并填上单位费用而计算总价，而非用简单方式带过，基本上会有量化的依据。

精细估价单参考：

（建筑面积：128 平方米　　　　工艺：清混结合）

致：__________　　业主号码：__________

工程地址：__________　　日期：__________

序号	工程项目	单位	单价	数量	合计	材料备注及工艺要求
一、客厅、餐厅、走道、大阳台						
BH1	入户门槛石	块	150	1	150.0	印度红大理石
BH2	入户门包门套	米	95	5.2	494.0	15毫米环保型大芯板基底，精选“安利格”饰面板，60*10实木线条收口，油漆另计
BH3	入户鞋柜	平方米	480	0	0.0	15毫米环保型大芯板基底，精选“安利格”饰面板，实木线条收口，油漆另计
BH4	装饰屏风（1.1米）	项	1500	0	0.0	15毫米环保型大芯板基底，精选“安利格”饰面板，实木线条收口，局部5毫米艺术玻璃，油漆另计
BH5	客厅、餐厅、走道地面铺800*800砖	平方米	36.0	40.00	1440.0	32.5“古庙”水泥砂浆及人工，白水泥填缝，如使用特殊拼花每平方加8元。使用沟缝剂另外加收5元每平方
BH6	餐厅、客厅、走道铺800*130踢脚砖（含人工费及辅材）	米	22	25.5	561.0	32.5“古庙”水泥砂浆及人工，白水泥填缝，如果用特殊拼花每平方加8元。使用沟缝剂另外加收5元每平方

续表

序号	工程项目	单位	单价	数量	合计	材料备注及工艺要求
BH7	走道铺波导线（含人工费及辅材）	米	22	8.8	193.6	32.5“古庙”水泥砂浆及人工，白水泥填缝，如果用特殊拼花每平方加8元。使用沟缝剂另外加收5元每平方
BH8	入户通道局部造型吊顶	平方米	125.0	3.20	400.0	30毫米*40毫米木方龙骨网格，环保型硅酸钙板；局部弧面五厘夹板面，按展开面积计量。（吊顶面刮灰，刷乳胶漆另计）
BH9	入户通道实木天花角线	米	45.0	6.80	306.0	120毫米*12毫米红橡原木天花角线，含油漆及人工
BH10	客厅及餐厅实木天花角线	米	45.0	23.80	1071.0	120毫米*12毫米红橡原木天花角线，含油漆及人工
BH11	过道实木天花角线	米	45.0	8.32	374.4	120毫米*12毫米红橡原木天花角线，含油漆及人工
BH12	客厅、餐厅、走道墙面刮腻子，刷乳胶漆	平方米	25.0	80.00	2000.0	“百旺”环保水性腻子；油“多乐士”系列“家丽安”水性内墙底漆一遍、“净味5合1”哑白面漆两遍；每增加一色另加100元/色，且需为同一种漆。重色系（80以下）漆另加5元/平方米
BH13	客厅、餐厅、走道天花刮腻子，刷乳胶漆	平方米	25.0	40.00	1000.0	“百旺”环保水性腻子；油“多乐士”系列“家丽安”水性内墙底漆一遍、“净味5合1”哑白面漆两遍；每增加一色另加100元/色，且需为同一种漆。重色系（80以下）漆另加5元/平方米
BH14	客厅电视墙造型	平方米	320	0	0.0	造型待定
BH15	大阳台门包门套	米	95	0	0.0	15毫米环保型大芯板基底，精选“安利格”饰面板，60*10实木线条收口，油漆另计
BH16	大阳台地面铺300*300砖	平方米	36.0	9.00	324.0	32.5“古庙”水泥砂浆及人工，白水泥填缝，如果用特殊拼花每平方家8元。使用沟缝剂另外加收5元每平方
BH17	大阳台墙面贴300*450砖	平方米	36	0	0.0	2.5“古庙”水泥砂浆及人工，白水泥填缝，如使用特殊拼花每平方加8元。使用沟缝剂另外加收5元每平方
BH18	大阳台天花刮腻子，刷乳胶漆	平方米	25.0	10.00	250.0	“百旺”环保水性腻子；油“多乐士”系列“家丽安”水性内墙底漆一遍、“净味5合1”哑白面漆两遍；每增加一色另加100元/色，且需为同一种漆。重色系（80以下）漆另加5元/平方米
BH19	大阳台栏杆顶面贴砖	米	25	6	150.0	2.5“古庙”水泥砂浆及人工，白水泥填缝，如果用特殊拼花每平方加8元。使用沟缝剂另外加收5元每平方

续表

序号	工程项目	单位	单价	数量	合计	材料备注及工艺要求
小计					8714.0	
二、厨房、小阳台						
BH1	厨房门洞加大	项	200.0	1.0	200.0	拆除，清运垃圾，批补坯边
BH2	厨房推拉门	平方米	480	0	0.0	门扇市场定做铝合金拖拉门
BH3	厨房包单面门套	平方米	95	0	0.0	门扇市场定做，精选饰面板，60毫米*12厚实木门套线，油漆另计
BH4	厨房地面铺600*600砖	平方米	36	6.2	223.2	2.5“古庙”水泥砂浆及人工，白水泥填缝，如果用特殊拼花每平方加8元。使用沟缝剂另外加收5元每平方
BH5	厨房地面贴300*450砖	平方米	36	22	792.0	2.5“古庙”水泥砂浆及人工，白水泥填缝，如果用特殊拼花每平方加8元。使用沟缝剂另外加收5元每平方
BH6	厨房包排水管	条	200.0	1.0	200.0	红砖，32.5“古庙”水泥砂浆及人工
BH7	厨房铝扣板吊顶	平方米	125	6.2	775.0	轻钢龙骨，300*300毫米规格，“瑞迪斯”覆膜，0.6毫米厚
BH8	生活阳台地面铺300*300砖	平方米	36	3.6	129.6	2.5“古庙”水泥砂浆及人工，白水泥填缝，如果用特殊拼花每平方家8元。使用沟缝剂另外加收5元每平方
BH9	生活阳台墙面贴300*450砖	平方米	36	7.5	270.0	2.5“古庙”水泥砂浆及人工，白水泥填缝，如使用特殊拼花每平方加8元。使用沟缝剂另外加收5元每平方
BH10	生活阳台天花刮腻子，刷乳胶漆	平方米	25.0	4.50	112.5	“百旺”环保水性腻子；油“多乐士”系列“家丽安”水性内墙底漆一遍、“净味5合1”哑白面漆两遍；每增加一色另加100元/色，且需为同一种漆。重色系（80以下）漆另加5元/平方米
BH11	生活阳台不锈钢防盗网	平方米	150.0	0.00	0.0	25*25*1.0毫米不锈钢方管，¢19*1.0毫米圆管
小计					2702.3	
三、公卫						
BH1	公卫门槛石	块	100	1	100.0	浅色咖网纹大理石
BH2	卫生间门	平方米	580	0	0.0	1.0毫米厚铝合金门型材，局部艺术玻璃
BH3	卫生间铺贴300*300米米防滑地砖	平方米	36	3.8	136.8	32.5“古庙”水泥砂浆及人工，白水泥填缝，如使用特殊拼花每平方加8元。使用沟缝剂另外加收5元每平方
BH4	卫生间墙面铺贴300*450米米釉面墙砖（含人工费及主材、辅材）	平方米	36	20	720.0	32.5“古庙”水泥砂浆及人工，白水泥填缝，如使用特殊拼花每平方加8元。使用沟缝剂另外加收5元每平方

续表

序号	工程项目	单位	单价	数量	合计	材料备注及工艺要求
BH5	卫生间铝扣板吊顶	平方米	125	3.8	475.0	轻钢龙骨，300*300毫米规格，“瑞迪斯”覆膜，0.6毫米厚
BH6	包排水管	条	200.0	1.0	200.0	红砖，32.5“古庙”水泥砂浆及人工
小计					1631.8	
四、客房						
BH1	客房包门	樘	95	0	0.0	门扇市场定做，精选安利格饰面板，60毫米*10厚实木门套线，含五金配件及锁，油漆另计。超出预算补差价
BH2	客房铺复合木地板	平方米	36.0	8.10	291.6	业主自购
BH3	墙面刮腻子，刷乳胶漆	平方米	25.0	30.00	750.0	“百旺”环保水性腻子；油“多乐士”系列“家丽安”水性内墙底漆一遍、“净味5合1”哑白面漆两遍；每增加一色另加100元/色，且需为同一种漆。重色系（80以下）漆另加5元/平方米
BH4	天花刮腻子，刷乳胶漆	平方米	25.0	8.10	202.5	“百旺”环保水性腻子；油“多乐士”系列“家丽安”水性内墙底漆一遍、“净味5合1”哑白面漆两遍；每增加一色另加100元/色，且需为同一种漆。重色系（80以下）漆另加5元/平方米
BH5	飘窗大理石	平方米	480.0	0.90	432.0	金碧辉煌大理石加厚磨斜边
小计					1676.1	
五、主卧室						
BH1	主卧室包房门	樘	950	0	0.0	门扇市场定做，精选安利格饰面板，60毫米*10厚实木门套线，含五金配件及锁，油漆另计。超出预算补差价
BH2	主卧室铺复合木地板	平方米	36.0	22.0	792.0	业主自购
BH3	墙面刮腻子，刷乳胶漆	平方米	25	48	1200.0	“百旺”环保水性腻子；油“多乐士”系列“家丽安”水性内墙底漆一遍、“净味5合1”哑白面漆两遍；每增加一色另加100元/色，且需为同一种漆。重色系（80以下）漆另加5元/平方米
BH4	天花刮腻子，刷乳胶漆	平方米	25.0	22.00	550.0	“百旺”环保水性腻子；油“多乐士”系列“家丽安”水性内墙底漆一遍、“净味5合1”哑白面漆两遍；每增加一色另加100元/色，且需为同一种漆。重色系（80以下）漆另加5元/平方米
BH5	飘窗大理石	平方米	480.0	2.65	1272.0	金碧辉煌大理石加厚磨斜边
BH6	衣柜	平方米	550.0	0.00	0.0	15毫米环保型大芯板基底，精选“安利格”饰面板，60*10实木线条收口，油漆另计

续表

序号	工程项目	单位	单价	数量	合计	材料备注及工艺要求
BH7	衣柜门	平方米	280.0	0.00	0.0	1市场定做铝合金边框，艺术玻璃或5毫米厚PVC装饰板
小计					3814.0	
六、主卫						
BH1	公卫门槛石	块	100	1	100.0	浅色咖网纹大理石
BH2	卫生间门	平方米	580	0	0.0	1.0毫米厚铝合金门型材，局部艺术玻璃
BH3	卫生间铺贴300*300米米防滑地砖	平方米	36	4.2	151.2	32.5“古庙”水泥砂浆及人工，白水泥填缝，如使用特殊拼花每平方加8元。使用沟缝剂另外加收5元每平方
BH4	卫生间墙面铺贴300*450米米釉面墙砖（含人工费及主材、辅材）	平方米	36	22	792.0	32.5“古庙”水泥砂浆及人工，白水泥填缝，如使用特殊拼花每平方加8元。使用沟缝剂另外加收5元每平方
BH5	卫生间铝扣板吊顶	平方米	125	4.2	525.0	轻钢龙骨，300*300毫米规格，“瑞迪斯”覆膜，0.6毫米厚
小计					1568.2	
七、书房						
BH1	书房包门	樘	950	0	0.0	门扇市场定做，精选安利格饰面板，60毫米*10厚实木门套线，含五金配件及锁，油漆另计。超出预算补差价
BH2	书房铺复合木地板	平方米	36.0	11.50	414.0	业主自购
BH3	书桌	米	450.0	0.00	0.0	15毫米环保型大芯板基底，精选“安利格”饰面板，实木线条收口，油漆另计
BH4	书柜	平方米	480.0	0.00	0.0	15毫米环保型大芯板基底，精选“安利格”饰面板，实木线条收口，油漆另计
BH5	墙面刮腻子，刷乳胶漆	平方米	25	34	850.0	“百旺”环保水性腻子；油“多乐士”系列“家丽安”水性内墙底漆一遍、“净味5合1”哑白面漆两遍；每增加一色另加100元/色，且需为同一种漆。重色系（80以下）漆另加5元/平方米
BH6	天花刮腻子，刷乳胶漆	平方米	25.0	9.00	225.0	“百旺”环保水性腻子；油“多乐士”系列“家丽安”水性内墙底漆一遍、“净味5合1”哑白面漆两遍；每增加一色另加100元/色，且需为同一种漆。重色系（80以下）漆另加5元/平方米
BH7	飘窗大理石	平方米	480.0	1.30	624.0	金碧辉煌大理石加厚磨斜边
小计					2113.0	
八、水电路改造人工费						

续表

序号	工程项目	单位	单价	数量	合计	材料备注及工艺要求
BH1	电视、电话、网线	米	30	0.00	0.0	①管内以3条线为准，电信指定用线PVC阻燃套管及配件+人工+打槽+补槽 ②以现场实际定量电视、电话、网线分别按米计算
BH2	照明、空调电路布线	米	25	0.00	0.0	②管内以3条线为准，照明用南宁银杉牌2.5平方铜芯线、空调、冰箱，用南宁银杉牌4平方铜芯线。PVC阻燃套管及配件+人工+打槽+补槽 ②以现场实际每线安米定量结算
BH3	排污管	米	150	0.00	0.0	梧州刚柔牌¢110、¢75、¢50排污管
BH4	冷水管	米	50	0.00	0.0	①金德牌PPR管 ②专业隔热融焊接+人工+打槽+补槽 ③以实际施工的数量米结算
BH5	热水管	米	50	0.00	0.0	①金德牌PPR管 ②专业隔热融焊接+人工+打槽+补槽 ③以实际施工的数量米结算
小计					4500.0	预收按工程实际结算
九、其它部分						
BH1	全套灯具、插座、洁具安装	项	800	1.00	800.0	贵重灯具除外
BH2	材料运输费	项	400	1	400.0	施工中材料运输的费用（不含业主自购材料）
BH3	材料上楼费	项	500	1	500.0	施工中材料运输的费用（不含业主自购材料）
BH4	垃圾清理费	项	400	1	400.0	施工中产生的建筑垃圾，清理搬运至物业指定垃圾场。不含物业收取的垃圾装运费。如让我公司负责需运走另收200元
BH5	专业清洁费	平方米	5	128	640.0	按房屋建筑面积收取，由专业清洁公司清洁
小计					**2740.0**	
A	**工程直接费**	**项**	**1**		**29459.4**	
B	**施工管理费A×5%**	**项**	**1**		**1473.0**	
C	**工程总造价（A+B）**	**项**	**1**		**30932.4**	

备注：

a. 本预算未包含灯具、洁具、五金、窗帘、开关面板等；
b. 本预算未包含税金，确需开具发票的，则按工程结算总造价加收6%；
c. 增加工程项目时，需双方签字确认；
d. 因工程量无法精确计算，工程结算时，以施工现场实际丈量尺寸为结算依据；
e. 本预算未包含物业管理处所收取的任何费用，如确被收取，则由业主实际报销（工人出入证费用由乙方负责）；
f. 本工程竣工验收并结清工程款后，乙方出具收款收据及保修卡给甲方；
g. 本报价以中等材料价位，如业主选用特殊材料，在不能承当的情况下，以不差价或双方协商书面形式解决；
h. 本预算书作为合同附件，以双方签字确认为准，双方各执一份。

二、估价单的制作明细

估价单是设计完成后根据尺寸、现场状况、工地经验、工料时价等，所整合出来的一种工程造价表单，因此项目要清晰，呈现未来施作项目的样貌形体、大小尺寸、材料使用，并运用工地以往的施工经验为辅助，预估及计算装修项目从头到尾所需的总工程费用。

一份好的预算估价单应具备以下内容：

概算估价单：

1. 清楚的抬头案名及基本资料

项目名称：		项目日期：				
		估价厂商：				
项目地址：		厂商电话：				
		厂商其他联系方式：				
项目	工程名称	单位	数量	单价	总价	备注
1	拆除工程	项	1	**	**	
2	泥作工程	项	1	**	**	
3	木作工程	项	1	**	**	
4	油漆工程	项	1	**	**	
5	玻璃工程	项	1	**	**	
	项目合计：				**	

备注： 1. 本报价不包含大理石及瓷砖采购等；
2. 本估价单位概算估价，依实际最后报价为签约价格。

2. 总价名称使用正确

4. 清楚、明确的单位

3. 格式中的备注价位加说明

5. 并列项目的数字使用要正确

（建筑面积：128 平方米　　　　工艺：清混结合）

致：__________　　　　业主号码：__________

工程地址：__________　　　　日期：__________

一、客厅、餐厅、走道、大太阳						
BH1	入户门槛石	块	150	1	150.0	印度红大理石
BH2	入户门包门套	米	95	5.2	494.0	15毫米环保型大芯板基底，精选“安利格”饰面板，60*10实木线条收口，油漆另计
BH3	入户鞋柜	平方米	480	0	0.0	15毫米环保型大芯板基底，精选“安利格”饰面板，实木线条收口，油漆另计
BH4	装饰屏风（1.1米）	项	1500	0	0.0	15毫米环保型大芯板基底，精选“安利格”饰面板，实木线条收口，局部5毫米艺术玻璃，油漆另计
BH5	客厅、餐厅、走道地面铺800*800砖	平方米	36.0	40.00	1440.0	32.5“古庙”水泥砂浆及人工，白水泥填缝，如使用特殊拼花每平方加8元。使用沟缝剂另外加收5元每平方
序号	**工程项目**	**单位**	**单价**	**数量**	**合计**	**材料备注及工艺要求**
二、厨房、小阳台						
BH1	厨房门洞加大	项	200.0	1.0	200.0	拆除，清运垃圾，批补坯边
BH2	厨房推拉门	平方米	480	0	0.0	门扇市场定做铝合金拖拉门
BH3	厨房包单面门套	平方米	95	0	0.0	门扇市场定做，精选饰面板，60毫米*12厚实木门套线，油漆另计
三、公卫						
BH1	公卫门槛石	块	100	1	100.0	浅色咖网纹大理石
BH2	卫生间门	平方米	580	0	0.0	1.0毫米厚铝合金门型材，局部艺术玻璃
BH3	卫生间铺贴300*300米米防滑地砖	平方米	36	3.8	136.8	32.5“古庙”水泥砂浆及人工，白水泥填缝，如使用特殊拼花每平方加8元。使用沟缝剂另外加收5元每平方

6. 要分清总表和内文细项明细　　7. 工程项目并项要方便阅读

1. 清楚的抬头案名及基本资料

表现案名并清楚知道由哪家公司估价，以及估价的时间等信息。

2. 总价名称使用正确

小计：一个工程大项中的细项列完后，在后面加上这个工程大项的小计，每个工程细项列完后都会有个工程的小计数字。

合计：在总表部分将各工程小计的加总后得出“合计”。

总计：最后加上税金、保险、利润等其他应列项目后为“总计”。

3. 格式中的备注价位加说明

备注价位最好加注相关资讯，例如型号、规格、等级等，因为一个工程项目的说明会因为使用的材料规格等级有所价差。

备注：尽量避免使用过泛的估价单位，会因为指示不明产生纠纷。

4. 清楚、明确的单位

每项细项工程名称中都有一个对应的单位，如常用的面积单位有平方米，长度单位有米、厘米等，其他数量单位有樘、块、项等。

5. 并列项目的数字使用要正确

一般可以用“一”来表示大项，中项用阿拉伯数字“1”表示，细项用“(1)”表示，如果有更小的细项则可用“①”表示。

备注：标注方式很多，只需保证在一个分项中使用的数字为同一级即可。

6. 要分清总表和内文细项明细

总表：将各种工程项目的费用统整在一张估价单上，可清楚知道各工程费用的金额以及总工程费。

内文细项明细：将各大工程大项下面施作的项目逐一详列，估算每个细项所需的费用。

7. 工程项目并项要方便阅读

一份好的估价单除了内文价格和单位，其开列项目的逻辑必须要让阅读者清楚明白开项的方式，建议以工程顺序来制作开项。如拆除工程、泥作工程等，依次类推。

备注：

a. 每个工程项目中如有其他中项可分类则要分项开项，如木作工程是大项，中项有吊顶工程、壁面隔间工程、地板工程、橱柜工程、门樘工程等。

b. 接着中项后面开列的是细项，细项可依动线或主副空间方式开列细项，如中项是吊顶工程，细项的为玄关吊顶、客厅吊顶等，依次开列细项。

c. 保持一定的开列逻辑方便阅读，也比较不会漏项。

三、估价单与预算成本制作

在装饰工程设计时，会产生直接成本和间接成本，把这两种加总之后才会得到真实的成本。另外，预算并不等同于成本，在制作估价单与预算成本时，这些概念应搞清楚。

1. 直接成本 & 间接成本

直接成本：装修工程直接消耗于施工上的费用，一般根据设计图纸将全部工程量（平方米，米）乘以该工程的各项单位价格得出费用数据。

直接成本的分类	
人工费	工人的基本工资，即满足工人日常生活和劳务支出的费用
材料费	各种装饰材料成品、半成品及配套用品费用
机械费	机械器具的使用、折旧、运输、维修等费用
其他费用	根据具体情况而设定，如高层建筑的电梯使用费，增加的劳务费等

间接成本：装修工程为组织设计施工而间接消耗的费用，这部分费用为组织人员和材料付出，不可替代。

间接成本的分类	
管理费	用于组织和管理施工行为所需要的费用，一般为直接费的 5%~10%
计划利润	装修公司作为商业营利单位的一个必然取费项目，一般为直接费的 5%~8%
税金	直接费用、管理费、计划利润总和的 3.4%~3.8%

2. 预算≠成本

预算指的是未来工程发包执行时能被发包出去的价格，但实际价格因不同地域的差价而有所不同。对于估价会以时间上做区别：

① 平面图绘制前的估价

接案时业主通常会问要花多少钱完成此案，这时给的估价预算，通常是以往的经验推估，藉由空间面积大小、设计风格及复杂度、所用材料等级等作为推估依据，因没有完成最后平面图，只是概略初步估算。

备注： 可做分类，如有无动到泥作、有无贴大理石等，将单位面积价格做分类，并在回答时使用区间，如"每平方米 ** ~ ** 元，会因风格、材料、施作范围及内容有所增减"。

② 平面图完成后的估价

整个设计案签下来，已将施工图、材料、设备设计画完及决定后的估价，此时估价较精准，接近预算价格，指设计案预计用多少钱发包出去执行。

③ 实际估价

在工程进行中或开始时，通过现地了解后所做的估价，有时会将前后估价内容做调整或重估，是最贴近发包成本的预算价格。

备注： 已开工就无所谓预算价格，预算是在施工前的编列，也就是说可依照平面图内容进行估算，这就是所谓的预算成本。

四、装修档次与预算区间

在做装修设计时，可以根据空间面积及业主给出的预算判断装修档次，快速定位适合业主的装修方式，确定选购施工材料的档次，以及家居空间的造型丰减，体现出设计的专业性。

预算区间 经济型装修 100 平方米的房子预算为 5～7 万元（硬装）。

设计手法 户型格局不做大的改动。

建材选用 为节省费用，可由业主自己买材料，且以中低档材料为主。

预算区间 中档装修 100 平方米的房子预算一般在 8～12 万元（硬装）。

设计手法 可做一些造型设计，如艺术造型吊顶、主题墙设计等。

建材选用 装修材料可选择一些新型材料，在局部凸显出设计感。

预算区间 高档装修 100 平方米的房子预算一般在 13～17 万元（硬装）。

设计手法 利用建材特点做配色上的变化，以及制造纹理、光影变化。

建材选用 所用材料一般都是国内外知名品牌。

预算区间 豪华装修 100 平方米的房子预算一般在 18 万以上（硬装）。

设计手法 做工要求高，需多年经验的施工人员完成，工地上有专门的施工管理人员把关。

建材选用 材料选择相当精细，基本上都是精品级材料。

1. 经济型装修

方正的格局未拆改　装修材料简单、常规

2. 中档型装修

具有视觉变化的井格式吊顶　背景墙面的壁炉造型设计

3. 高档型装修

高档建材营造光影变化

大理石地砖自带迷人色彩

4. 豪华型装修

多种材料结合的造型墙面设计　软装的选用也十分独到、用心

第八章

根据家居设计方案，挑选适宜建材

一、装修主材与辅材

二、常用装修材料的进场顺序

三、常用建材用量计算

四、常用装修材料的品类与应用

一、装修主材与辅材

市场上装修材料种类繁多，按照行业习惯大致可分为两大类：主材和辅材。主材指装修中的成品材料、饰面材料及部分功能材料。辅材指装修中要用到的辅助材料。

1. 常见主材图示

2. 常见辅材图示

水泥
沙子
砖
板材
龙骨
防水材料
水暖管件
电线
腻子
108 胶
白乳胶
无苯万能胶
玻璃胶
发泡胶
木器漆
乳胶漆
保温隔音材料

二、常用装修材料的进场顺序

装修材料需要遵循一定的购买顺序，并与施工阶段的时序相辅相成，只有提前做准备，才能保证装修进程顺利且通畅。

序号	材料	施工阶段	准备内容
1	防盗门	开工前	最好一开工就能给新房安装好防盗门，防盗门的定做周期一般为一周左右
2	白乳胶、原子灰、砂纸等辅料	开工前	木工和油工都可能需要用到这些辅料
3	橱柜、浴室柜	开工前	墙体改造完毕就需要商家上门测量，确定设计方案，其方案还可能影响水电改造方案
4	水电材料	开工前	墙体改造完就需要工人开始工作，这之前要确定施工方案和确保所需材料到场
5	室内门窗	开工前	开工前墙体改造完毕就需要商家上门测量
6	热水器、小厨宝	水电改前	其型号和安装位置会影响到水电改造方案和橱柜设计方案
7	卫生间洁具	水电改前	其型号和安装位置会影响到水电改造方案
8	排风扇、浴霸	水电改前	水电改前其型号和安装位置会影响到电改方案
9	水槽、面盆	橱柜设计前	其型号和安装位置会影响到水改方案和橱柜设计方案
10	抽油烟机、灶具	橱柜设计前	其型号和安装位置会影响到电改方案和橱柜设计方案
11	防水材料	瓦工入场前	卫生间先要做好防水工程，防水涂料不需要预定
12	瓷砖、勾缝剂	瓦工入场前	有时候有现货，有时候要预订，所以先计划好时间
13	石材	瓦工入场前	窗台，地面，过门石，踢脚线都可能用石材，一般需要提前三四天确定尺寸预订

续表

序号	材料	施工阶段	准备内容
14	乳胶漆	油工入场前	墙体基层处理完毕就可以刷乳胶漆，一般到市场直接购买
15	地板	较脏的工程完成后	最好提前一周订货，以防挑选的花色缺货，安排前两三天预约
16	壁纸	地板安装后	进口壁纸需要提前 20 天左右订货，但为防止缺货，最好提前一个月订货，铺装前两三天预约
17	玻璃胶及胶枪	开始全面安装前	很多五金洁具安装时需要打一些玻璃胶密封
18	水龙头、橱卫五金件等	开始全面安装前	一般款式不需要提前预订，如果有特殊要求可能需要提前一周
19	镜子等	开始全面安装前	如果定做镜子，需要四五天制作周期
20	灯具	开始全面安装前	一般款式不需要提前预订，如果有特殊要求可能需要提前一周
21	开关、面板等	开始全面安装前	一般不需要提前预订
22	地板蜡、石材蜡等	保洁前	保洁前可以买好点的蜡让保洁人员在自己家中使用
23	窗帘	完工前	保洁后就可以安装窗帘，窗帘需要一周左右的订货周期
24	家具	完工前	保洁后就可以让商家送货
25	家电	完工前	保洁后就可以让商家送货安装
26	配饰	完工前	装饰品、挂画等配饰，保洁后业主可以自行选购

三、常用建材用量计算

装修材料占整个装修工程费用的60~70%，一般情况下，房子装修费用的多少取决于装修面积的大小，因此在装修之前须对房子面积进行测量，以便准确地计算出所需材料的用量，减少材料浪费。

1. 墙地砖的用量计算

市场上常见的墙地砖规格有600×600（毫米）、500×500（毫米）、400×400（毫米）、300×300（毫米）。

粗略计算方法：

房间地面面积 ÷ 每块地砖面积 ×（1+10%）= 用砖数量（10%指增加的损量）

精确计算方法：

（房间长度 ÷ 砖长）×（房间宽度 ÷ 砖宽）= 用砖数量

例如：长5米，宽4米的房间，采用400×400（毫米）规格地砖的计算方法为5米÷0.4米=12.5块（取13块），4米 ÷0.4米=10块，用砖总量：13×10块=130块。

备注：

a. 地面地砖在精确核算时，考虑到切截损耗，购置时需另加约3~5%的损耗量。

b. 墙砖用量和地砖一样，可参照计算。

2. 壁纸的用量计算

壁纸（贴墙材料），常见壁纸规格为每卷长10米，宽0.53米。

粗略计算方法：

地面面积 ×3= 壁纸的总面积；壁纸的总面积 ÷（0.53米 ×10）= 壁纸的卷数。
或直接将房间的面积乘以2.5，其积就是贴墙用料数

例如：20平方米 房间用料为20×2.5=50米。

精确计算方法：

S=（升 / 米 +1）（H+h）+C/ 米

其中 S——所需贴墙材料的长度（米）；升——扣去窗、门等后四壁的总长度（米）；米——贴墙材料的宽度（米），加 1 作为拼接花纹的余量；H——所需贴墙材料的高度（米）；h——贴墙材料上两个相同图案的距离（米）；C——窗、门等上下所需贴墙的面积（平方米）。

备注：

a. 因壁纸规格固定，因此在计算用量时，要注意壁纸的实际使用长度，通常要以房间的实际高度减去踢脚板以及顶线的高度。

b. 房间的门、窗面积也要在使用的分量数中减去。

c. 壁纸的拼贴中要考虑对花，图案越大，损耗越大，因此要比实际用量多买 10%左右。

3. 地板

地板常见规格有 1200×190（毫米）、800×121（毫米）、1212×295（毫米），损耗率一般在 3~5% 之间。

粗略计算方法：

地板的用量（平方米）= 房间面积 + 房间面积 × 损耗率

例如：需铺设木地板房间的面积为 15 平方米，损耗率为 5%，那么木地板的用量（平方米）=15+15×5%=15.75 平方米。

精确计算方法：

（房间长度 ÷ 地板板长）×（房间宽度 ÷ 地板板宽）= 地板块数

例如：长 6 米，宽 4 米的房间其用量的计算方法如下。房间长 6 米 ÷ 板长 1.2 米 =5

块，房间宽 4 米 ÷ 板宽 0.19 米 ≈ 21.05（块）取 21 块，用板总量：5×21 块 =105 块。

备注：

a. 木地板的施工方法主要有架铺、直铺和拼铺三种，表面木地板数量的核算都相同，只需将木地板的总面积再加上 8% 左右的损耗量即可。

b. 架铺地板在核算时还应对架铺用的大木方条和铺基面层的细木工板进行计算。核算这些木材可从施工图上找出其规格和结构，然后计算其总数量。如施工图上没有注明规格，可按常规方法计算数量。

c. 架铺木地板常规使用的基座大木方条规格为 60×80 毫米、基层细木工板规格为 20 毫米，大木方条的间距为 600 毫米。每 100 平方米架铺地板需大木方条 0.94 立方米、细木工板 1.98 立方米。

4. 涂料

市场上常见的涂料分为 5 升和 20 升两种规格，以家庭中常用的 5 升容量为例，一般面漆需要涂刷两遍，所以 5 升的理论涂刷面积为 35 平方米。

粗略计算方法：

房间面积（平方米）除以 4，需要粉刷的墙壁高度（米）除以 4，两者的得数相加便是所需要涂料的公斤数。

一个房间面积为 20 平方米，墙壁高度为 2.8 米，计算方式为（20 ÷ 4）+（28 ÷ 4）=11，即 11 公斤涂料可以粉刷墙壁两遍。

精确计算方法：

（房间长 + 房间宽）×2× 房高 = 墙面面积（含门窗面积）；房间长 × 房间宽 = 吊顶面积（墙面面积 + 吊顶面积 – 门窗面积）÷35= 使用桶数

例如：以长 5 米，宽 4 米，高 2.7 米的房间为例，室内的墙、吊顶涂刷面积计算方法为墙面面积：（5 米 +4 米）×2×2.7 米 =48.6 平方米（含门窗面积 4.5 平方米），吊顶面积：5 米 ×4 米＝ 20 平方米，涂料量：（48.6 平方米 +20 平方米－4.5 平方米）÷ 35 平方米 / 桶 =1.83 桶。实际需购置 5 升装的涂料 2 桶，余下可作备用。

墙漆计算方法：

墙漆施工面积 =（建筑面积 ×80%–10）×3。建筑面积就是购房面积，现在的实际利用率一般在 80% 左右，厨房、卫生间一般采用磁砖、铝扣板的面积多为 10 平米。

用漆量：

按照标准施工程序的要求底漆的厚度为 30 微米，5 升底漆的施工面积一般在 65～70 平米；面漆的推荐厚度为 60～70 微米，5 升面漆的施工面积一般在 30～35 平米。底漆用量 = 施工面积 ÷70；面漆用量 = 施工面积 ÷35。

备注：以上只是理论最低涂刷量，因在施工过程中涂料要加入适量清水，如涂刷效果不佳还需补刷，所以实际购买时应在精算的数量上留有余地。

5. 地面石材

地面石材耗量与瓷砖大致相同，只是地面砂浆层稍厚。在核算时，考虑到切截损耗，搬运损耗，可加上 1.2% 左右的损耗量（若是多色拼花则损耗率更大，可根据难易程度，按平方数直接报总价）。

备注：

a. 铺地面石材时，每平方米所需的水泥和砂要根据原地面的情况来定。

b. 通常在地面铺 15 毫米 厚水泥砂浆层，其每平方米需普通水泥 15 千克，中砂 0.05 立方米。

6. 木线条

木线条的主材料即为木线条本身。核算时将各个面上木线条按品种规格分别计算。

所谓按品种规格计算，即把木线条分为压角线、压边线和装饰线三类，其中又为分角线、半圆线、指甲线、凹凸线、波纹线等品种，每个品种又可能有不同的尺寸。

计算方式：

将相同品种和规格的木线条相加，再加上损耗量。一般对线条宽 10～25 毫米的小规格木线条，其损耗量为 5～8%；宽度为 25～60 毫米的大规格木线条，其损耗量为 3～5%。

备注：

a. 一些较大规格的圆弧木线条，因需要定做或特别加工，所以一般需单项列出其半径尺寸和数量。

b. 木线条的辅助材料。如用钉松来固定，每 100 米木线条需 0.5 盒，小规格木线条通常用 20 毫米的钉枪钉。如用普通铁钉（俗称 1 寸圆钉），每 100 米需 0.3 千克左右。木线条的粘贴用胶，一般为白乳胶、309 胶、立时得等。每 100 米木线条需用量为 0.4～0.8 千克。

四、常用装修材料的品类与应用

材料是家庭装修的重要组成部分，其品类繁多，特点和适宜的家居环境、人群各有不同。因此，掌握不同材料的特性，才能开拓设计思维，最终达成居住者的诉求。

1. 橱柜

橱柜可分为整体橱柜和传统制作橱柜，由于整体橱柜采用提前设计，机械工艺制作，快速安装，相比传统制作橱柜更时尚美观、实用，已经逐步取代了传统橱柜。

① 整体橱柜的形式构成

柜体	◎按空间：装饰柜、半高柜、高柜和台上柜 ◎按材料：实木橱柜、烤漆橱柜、模压板橱柜等
台面	人造石台面、石英石台面、不锈钢台面、美耐板台面等
橱柜五金配件	门铰、导轨、拉手、吊码，其他整体橱柜布局配件、点缀配件等
功用配件	水槽（人造石水槽和不锈钢水槽）、龙头、上下水器、各种拉篮、拉架、置物架、米箱、垃圾桶等整体橱柜配件
电器	抽油烟机、消毒柜、冰箱、炉灶、烤箱、微波炉、洗碗机等
灯具	层板灯、顶板灯，各种内置、外置式橱柜专用灯
饰件	外置隔板、顶板、顶线、顶封板、布景饰、敞开脚等

② 整体橱柜的常见门板材料

实木门板

优点： ◎具有温暖的原木质感　◎天然环保　◎坚固耐用

缺点： ◎养护麻烦　◎价格较贵　◎对使用环境的温度湿度有要求

适宜人群： 偏爱纯木质

金属门板

优点： ◎耐磨　◎耐高温　◎抗腐蚀　◎日常维护简单、易清理　◎前卫、个性

缺点： ◎价格昂贵　◎风格感过强，应用面不广

适宜人群： 追求与世界流行同步

烤漆门板

优点： ◎色泽鲜艳　◎易于造型　◎防水性能佳　◎易清理

缺点： ◎价格高　◎怕磕碰和划痕　◎易出现色差

适宜人群： 追求时尚的年轻业主

模压板门板

优点： ◎色彩丰富　◎木纹逼真　◎不开裂　◎不变形　◎不需要封边

缺点： ◎不能长时间接触或靠近高温物体　◎容易变形

适宜人群： ◎对橱柜外观要求不高　◎重实用

③ 整体橱柜的常见台面材料

人造石台面

优点： ◎抗污力强 ◎可任意长度无缝粘接 ◎表面磨损后可抛光

缺点： ◎硬度稍差 ◎不耐高温

适宜人群： 讲究环保

石英石台面

优点： ◎硬度高 ◎耐热好 ◎抗污染性强 ◎可在上面直接斩切

缺点： 有拼缝

适宜人群： ◎追求天然纹路 ◎追求经济实用

不锈钢台面

优点： ◎抗菌再生能力最强 ◎环保无辐射 ◎坚固 ◎易清洗

缺点： ◎台面各转角结合缺乏合理性 ◎不太适用管道多的厨房

适宜人群： 追求时尚的年轻业主

美耐板台面

优点： ◎可选花色多 ◎价格经济实惠 ◎如有损坏可全部换新

缺点： 转角处会有接痕和缝隙

适宜人群： 追求时尚简约

④ 整体橱柜的常见柜体板材

刨花板

优点： ◎环保型材料　◎成本较低　◎幅面大　◎表面平整，易加工

缺点： 普通产品容易吸潮、膨胀

细木工板

优点： ◎幅面大，易于锯裁　◎材质韧性强　◎承重力强，不易开裂　◎具有防潮性能　◎握钉力较强　◎便于综合使用与加工

橱柜加工的细木工板多为 20～25 毫米厚度规格

中密度纤维板

优点： ◎强度高　◎防水性能极强

缺点： 价格较高

60 元左右为低档产品，若加工橱柜产品，无法保证质量

整体橱柜的选购常识

○ 尺寸要精确，最好选择大型专业化企业生产的。

○ 做工要精细，检查封边是否细腻、光滑，封线是否平直光滑等。

○ 孔位要精准，孔位的配合和精度会影响橱柜箱体的结构牢固性。

○ 外形要美观，缝隙要均匀。

○ 滑轨要顺畅，检查是否有左右松动的状况，以及抽屉缝隙是否均匀。

2. 厨具

在选购厨房用具时，如果是电器类，务必要检查是否有健康环保标志，因为质量差的厨房电器有辐射或噪音，容易伤害使用者的皮肤、听力、甚至引发一系列的病症。

① 厨房主要用具类别

类别	特点
抽油烟机	◎净化厨房环境的厨房电器，安装在炉灶上方 ◎减少污染，净化空气，并有防毒、防爆的安全保障作用
燃气灶	以液化石油气、人工煤气、天然气等气体燃料进行直火加热的厨房用具
水槽	◎厨房的清洗用具 ◎材质大部分采用不锈钢制成

② 抽油烟机的种类划分

中式烟机

特点： ◎采用大功率电机　◎有一个大的集烟腔和大涡轮，为直接吸出式

优点： 价格适中

缺点： ◎占用空间，容易碰头　◎滴油，清洗不方便　◎使用寿命短

欧式烟机

特点： ◎利用多层油网过滤（5～7 层）　◎增加电机功率以达到最佳效果

优点： ◎吸油效果好

缺点： ◎价格昂贵　◎功率较大

侧吸式烟机

特点： ◎利用空气动力学和流体力学设计　◎利用表面的油烟分离板把油烟分离再排出干净空气

优点： ◎抽油效果好　◎省电　◎不污染环境

缺点： ◎样子难看　◎不能很好的和家具整体融入一起

抽油烟机的选购常识

○ 噪声方面不超过 65～68dB。

○ 考察抽排效率，保持高于 80Pa 的风压。

○ 应尽可能选购金属涡轮扇页的抽油烟机。

③ 燃气灶台面常见材料

玻璃台面

优点：◎色彩亮丽　◎易清洁

缺点：避免敲打，避免爆裂

不锈钢台面

优点：◎不易磨损　◎耐刷洗　◎不易变形

缺点：◎表面容易留下刮痕　◎颜色单一

陶瓷台面

优点：◎易清洁　◎质感独特　◎易与大理石台面搭配

缺点：◎脆性大　◎耐冲击能力低、易碎

Tips 燃气灶的选购常识

○ 产品外包装应结实，说明书与合格证等附件齐全。

○ 外观美观大方，机体各处无碰撞现象。

○ 整体结构稳定可靠，灶面光滑平整，零部件安装牢固可靠。

○ 开关旋钮、喷嘴及点火装置的安装位置必须准确无误。

④ 水槽的常见种类

单槽

优点：体量小，不会占用过多空间

缺点：使用起来不方便，只能满足最基本的清洁功能

适用家庭：厨房较小的家庭

双槽

优点：可满足清洁及分开处理的需要

适用家庭：大多数家庭使用

三槽

特点：多为异型设计

优点：能同时进行浸泡、洗涤及存放等多项功能

适用家庭：具有个性风格的大厨房

不锈钢水槽的选购常识

○ 好的不锈钢水槽材质较厚，购买时可用力按水槽表面，如按得下去，则说明材料很薄，也可用游标卡尺和螺旋测微计测量。

○ 不锈钢水槽的分量较重，如果是假冒、劣质不锈钢，如钢板镀铬的分量就轻。

○ 一体成型法的不锈钢水槽用材比焊接法的好。

3. 洁具

洁具包括卫生间内的马桶、洗面盆及浴缸等，属于家居生活中必备的实用性主材。卫生间洁具在材质上的选择相对固定，但根据造型设计变化，可以为空间提供不同的装饰效果，提高空间的审美趣味。

① 抽水马桶的种类划分

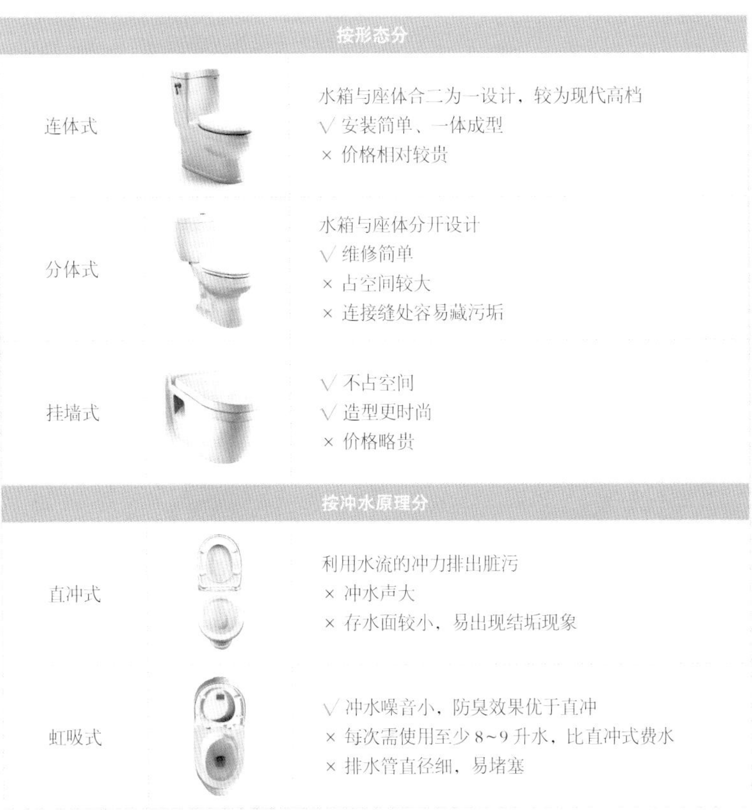

按形态分		
连体式		水箱与座体合二为一设计，较为现代高档 √ 安装简单、一体成型 × 价格相对较贵
分体式		水箱与座体分开设计 √ 维修简单 × 占空间较大 × 连接缝处容易藏污垢
挂墙式		√ 不占空间 √ 造型更时尚 × 价格略贵
按冲水原理分		
直冲式		利用水流的冲力排出脏污 × 冲水声大 × 存水面较小，易出现结垢现象
虹吸式		√ 冲水噪音小，防臭效果优于直冲 × 每次需使用至少 8~9 升水，比直冲式费水 × 排水管直径细，易堵塞

Tips 抽水马桶的选购常识

○ 马桶越重越好，可双手拿起水箱盖，掂其重量。

○ 马桶底部排污孔最好为一个，排污孔越多越影响冲力。

○ 马桶釉面应该光洁、顺滑、无起泡，色泽饱和。

○ 马桶水箱内滴入蓝墨水检验有无漏水。

○ 水件听到按钮发出清脆的声音为最佳。

② 浴缸的种类划分

类别	图例	特点
亚克力浴缸		√ 造型丰富　√ 重量轻　√ 光洁度好 √ 价格低廉 × 耐高温能力差　× 耐压能力差　× 不耐磨 × 表面易老化
铸铁浴缸		√ 使用时不易产生噪声 √ 便于清洁 × 价格过高 × 分量沉重，安装与运输难
实木浴缸		√ 保温性强，可充分浸润身体 × 价格较高 × 不易养护
钢板浴缸		√ 耐磨、耐热、耐压 √ 使用寿命长 √ 整体性价较高 × 保温效果低于铸铁缸
按摩浴缸		√ 健身治疗、缓解压力 × 价格昂贵

Tips 浴缸的选购常识

○ 浴缸的大小要根据浴室的尺寸来确定。

○ 单面有裙边的浴缸，购买的时候要注意下水口、墙面的位置。

○ 浴缸之上要加淋浴喷头，就要选择稍宽一点的浴缸。

○ 浴缸的选择还应考虑到人体的舒适度。

③ 淋浴房的种类划分

类别	图例	特点
一字形		√ 适合大部分空间使用，不占面积 × 造型比较单调、变化少
直角形		◎ 适合面积宽敞的卫生间，可用在角落 √ 淋浴区可使用的空间最大
五角形		√ 外观漂亮，比起直角形更节省空间 √ 小面积卫生间也可使用 × 淋浴间可使用面积较小
圆弧形		◎ 外观为流线型，适合喜欢曲线的业主 ◎ 适合安装在角落中 × 门扇需要热弯，价格比较贵

淋浴房的选购常识

○ 淋浴房的钢化玻璃通透，无杂点、气泡等缺陷，玻璃厚度至少达到 5 毫米。

○ 铝材厚度一般在 1.2 毫米以上，铝材硬度可通过手压铝框测试，若硬度合格很难通过手压使其变形。

○ 防水性必须要好，密封胶条密封性要好，防止渗水。

○ 拉杆硬度需合格，不要使用可伸缩的拉杆，其强度偏弱。

④ 洗面盆的种类划分

类别	图例	特点
台上盆		√ 安装方便，便于在台面上放置物品
台下盆		◎ 台面预留位置尺寸大小要与盆的大小相吻合 √ 易清洁 × 安装要求较高
立柱盆		√ 适合空间不足的卫生间 √ 容易清洗 √ 通风性好
挂盆		◎ 入墙式排水系统可考虑选择挂盆 √ 节省空间
一体盆		◎ 盆体与台面一体，一次加工成型 √ 易清洁，不发霉 √ 各类型卫生间均适用，对墙体类型无限制

Tips 洗面盆的选购常识

○ 注意支撑力是否稳定，内部的安装配件螺丝、橡胶垫等是否齐全。

○ 应根据自家卫生间面积的实际情况来选择洗面盆的规格和款式。

○ 洗面盆要与坐便器和浴缸等大件保持同样的风格系列。

⑤ 浴室柜的种类划分

类别	图例	特点	适用家庭
独立式		√ 小巧，不需太多空间 √ 易于打理 √ 收纳、洗漱、照明功能一应俱全	单身公寓或外租式公寓
组合式		√ 可根据物品使用频率和数量选择不同组合形式及安放位置	比较宽大的卫生间
对称式		√ 带给人视觉上和功能上的平衡感 √ 无论使用者习惯用右手，还是左手，都会找到顺手的一侧摆放物品、毛巾	比较宽大的卫生间
开放式		√ 东西一目了然，省去东翻西找的麻烦 × 对清洁度的要求比较高	密封性和干燥性好的卫生间

Tips 浴室柜的选购常识

○ 材质需防潮。实木比板材防潮较差，实木中的橡木具有致密防潮特点，是制作浴室柜的理想材料，但价格较高。

○ 材质需环保。选购浴室柜时，需打开柜门和抽屉，闻闻是否有刺鼻气味。

4. 瓷砖

瓷砖是一个总称呼，不同瓷砖用处不同，一般情况下瓷砖可以作为室外的装饰外墙，室内的地面及装饰墙，以及厨房、卫生间的墙地面等。

① 常见瓷砖的种类划分

种类	图示	特点	适用风格	适用空间
玻化砖		√ 吸水率高 √ 弯曲度高 √ 耐酸碱性 × 油污、灰尘等容易渗入	□ 现代风格 □ 简约风格	□ 玄关 □ 客厅
釉面砖		√ 防渗 √ 无缝拼接 √ 断裂现象极少发生 × 耐磨性不如抛光砖	□ 任意家居风格	□ 厨房 □ 卫生间
仿古砖		√ 强度高 √ 耐磨性高 √ 防水防滑 √ 耐腐蚀 × 容易造成风格过时	□ 乡村风格 □ 地中海风格	□ 客厅 □ 厨房 □ 餐厅
马赛克		√ 不吸水 √ 耐酸碱 √ 抗腐蚀 √ 色彩丰富 × 缝隙小 × 易藏污纳垢	□ 任意家居风格	□ 厨房 □ 卫生间 □ 卧室 □ 客厅 □ 背景墙

续表

类别	图示	特点	适用风格	适用空间
金属砖		√光泽耐久 √质地坚韧 √易于清洁 ×色彩相对单一	□现代风格 □欧式风格	□小空间墙面 □小空间地面
板岩砖		√吸水率低 √砖花色多 ×易碎、破裂 ×表面强度弱	□复古风格 □现代风格	□客厅 □餐厅 □厨房 □卫生间

② 不同瓷砖的选购常识

玻化砖

◎表面光泽亮丽，无划痕、色斑、漏抛、漏磨、缺边、缺脚等缺陷。
◎手感较沉，敲击声音浑厚且回音绵长。
◎玻化砖越加水会越防滑。

釉面砖

同玻化砖前两点。

仿古砖

◎仿古砖耐磨度在一度至四度间选择即可。
◎购买时要比实际面积多约5%，以免补货色差尺差。

马赛克

◎内含装饰物，分布面积应占总面积的20%以上，且分布均匀。
◎背面应有锯齿状或阶梯状沟纹。

金属砖

◎应选择仿金属色泽的釉砖，价格较便宜。
◎金属砖以硬底良好、韧性强、不易碎为上品。

板岩砖

◎喜欢翻新，选择陶瓷板岩砖。想打扫省力，选择石英石板岩砖。
◎用于地面铺设，选择硬度较好的石英石板岩砖。

5. 石材

石材是家居中常见的装修材料，坚固、耐腐朽。同时，石材也是良好的装饰材料，非常适合做为背景墙的点缀饰材。多用于客厅、餐厅、厨房、卫生间的地面、墙面等。

① 常见石材种类划分

种类	图示	特点	适用风格	适用空间
大理石		√ 花纹品种繁多 √ 石质细腻 √ 耐磨性 × 容易吃色	□ 现代风格 □ 欧式风格	□ 墙面 □ 地面 □ 吧台 □ 洗漱台面 □ 造型面 □ 卫生间地面少用
花岗岩		√ 硬度强 √ 耐磨性好 √ 不易风化 × 环保性稍差	□ 古典风格 □ 乡村风格	□ 楼梯 □ 洗手台面 □ 柜面 □ 少用卧室、儿童房
文化石		√ 防滑性好 √ 色彩丰富 √ 绿色环保 × 怕脏 × 不容易清洁 × 有棱角	□ 乡村风格 □ 田园风格	□ 电视背景墙 □ 玄关 □ 壁炉 □ 阳台 □ 少用卫生间、儿童房
板岩		√ 不易风化 √ 耐火耐寒 √ 防滑性强 × 会产生高低落差	□ 美式风格 □ 乡村风格	□ 客厅 □ 餐厅 □ 书房 □ 卫生间 □ 阳台 □ 厨房少用

续表

类别	图示	特点	适用风格	适用空间
洞石		√隔音性、隔热性好 √容易雕刻 × 容易脏污	□ 任何家居风格	□ 客厅 □ 餐厅 □ 书房 □ 卧室 □ 电视背景墙
人造石材		√造型百变 √不易残留灰尘 × 易褪色 × 表层易腐蚀	□ 任何家居风格	□ 台面 □ 地面铺装 □ 墙面装饰

② 不同石材的选购常识

大理石

◎色调基本一致、色差较小、花纹美观，抛光面具有镜面一样的光泽。
◎用硬币敲击大理石，声音清脆。
◎用墨水滴在表面或侧面上，不容易吸水。
◎将稀盐酸涂在大理石上，若变得粗糙，则不是真正的大理石。

花岗岩

◎表面光亮，色泽鲜明，晶体裸露。
◎厚薄要均匀，四个角要准确分明，切边要整齐，各个直角要相互对应。

文化石

◎表面没有杂质，无气味，手摸表面没有涩涩的感觉。
◎划文化石的表面不会留下划痕，质量好的文化石烧不着。
◎敲击文化石不易破碎，摔文化石顶多碎成两三块。

板岩

花纹色调自然，隐含裂纹可以采用锤击法确定。

洞石

品质较高的天然和人造洞石多为欧洲国家进口，如意大利、西班牙等国。

人造石材

◎颜色清纯，通透性好，表面无类似塑料胶质感，板材反面无细小气孔。
◎手摸人造石样品表面有丝绸感、无涩感，无明显高低不平感。
◎用指甲划人造石材的表面，无明显划痕。
◎用酱油测试台面渗透性，无渗透。
◎用打火机烧台面样品，阻燃，不起明火。

6. 玻璃

玻璃的质地坚硬，具备透光性，适用于作为空间隔断材料。但玻璃清脆易碎，在空间的设计应用中，墙面的粘贴要牢固。

① 常见玻璃的种类划分

种类	图示	特点	适用风格	适用空间
烤漆玻璃		√ 环保 √ 安全 √ 耐脏耐油 √ 易擦洗 × 遇潮易脱漆	□ 简约风格 □ 现代风格 □ 混搭风格 □ 古典风格	□ 玻璃台面 □ 玻璃形象墙 □ 玻璃背景墙 □ 衣柜柜门
钢化玻璃		√ 安全性能好 √ 耐冲击力强 × 不能再加工 × 会自爆	□ 现代风格 □ 工业风格 □ 混搭风格	□ 玻璃墙 □ 玻璃门 □ 楼梯扶手
镜面玻璃		√ 装饰效果多样 × 抗震性能差	□ 现代风格	□ 客厅局部装饰 □ 餐厅局部装饰 □ 书房局部装饰
玻璃砖		√ 隔音 √ 隔热 √ 防水 √ 透光良好 × 抗震性能差	□ 现代风格 □ 田园风格 □ 混搭风格	□ 墙体 □ 屏风 □ 隔断

续表

类别	图示	特点	适用风格	适用空间
艺术玻璃		√款式多样 ×订制耗时长	□任何家居风格	□家居各空间 □局部装饰

② 玻璃的选购常识

烤漆玻璃

◎正面看色彩鲜艳纯正均匀，亮度佳、无明显色斑。
◎背面漆膜十分光滑，没有或者很少颗粒突起，没有漆面“流泪”的痕迹。

钢化玻璃

◎戴上偏光太阳眼镜观看玻璃应该呈现出彩色条纹斑。
◎用手使劲摸钢化玻璃表面，会有凹凸的感觉。
◎需测量好尺寸再购买。

镜面玻璃

◎表面应平整、光滑且有光泽。
◎镜面玻璃的透光率大于84%，厚度为4~6毫米。

玻璃砖

◎表面翘曲及缺口、毛刺等质量缺陷，角度要方正。
◎外观质量不允许有裂纹，玻璃坯体中不允许有不透明的未熔物。
◎大面外表面里凹应小于1毫米，外凸应小于2毫米。

艺术玻璃

◎最好选择钢化的艺术玻璃，或者选购加厚的艺术玻璃。
◎到厂家挑选，找出类似的图案样品参考。

7. 漆与涂料

漆及涂料可以理解为一种涂敷于物体表面能形成完整的漆膜，并能与物体表面牢固黏合的物质。它是装饰材料中的一个大类，品种很多。

① 常见漆与涂料的种类划分

种类	图示	特点	适用风格	适用空间
乳胶漆		√ 无污染 √ 漆膜耐水 √ 耐擦洗 √ 色彩柔和 × 涂刷前期作业较费时费工	□ 各种家居风格	□ 墙面 □ 顶面
艺术涂料		√ 环保 √ 耐摩擦 √ 色彩历久常新 × 严格要求施工人员作业水平	□ 时尚现代风格 □ 田园风格	□ 玄关 □ 背景墙 □ 吊顶手
硅藻泥		√ 净化空气 √ 调节湿度 √ 防火阻燃 × 耐重力不足 × 容易磨损 × 不耐脏	□ 各种家居风格	□ 客厅 □ 餐厅 □ 卧室 □ 书房
金属漆		√ 漆膜坚韧 √ 附着力强 √ 抗紫外线 × 耐磨性和耐高温性一般	□ 现代风格 □ 欧式风格	□ 金属基材表面 □ 木材基材表面 □ 室内外墙饰面

续表

类别	图示	特点	适用风格	适用空间
木器漆		√材质表面更光滑 √有效防止水分渗入 ×粉刷质感差 ×不耐擦洗	□各种家居风格	□家具 □木地板饰面

② 不同漆与涂料的选购常识

乳胶漆

◎闻到刺激性气味或工业香精味应慎重选择。
◎放一段时间后，正品乳胶漆表面会形成厚厚的、有弹性的氧化膜，不易裂。
◎用木棍将乳胶漆拌匀，再挑起来，优质乳胶漆往下流时会成扇面形。
◎用湿抹布擦洗不会出现掉粉、露底的褪色现象。

艺术涂料

◎取少许艺术涂料放入半杯清水中搅动，杯中的水仍清晰见底。
◎储存一段时间，保护胶水溶液呈无色或微黄色，且较清晰。
◎保护胶水溶液的表面，通常是没有或极少有漂浮物。

硅藻泥

◎若吸水量又快又多，则产品孔质完好。
◎用手轻触硅藻泥，没有粉末沾附。
◎点火后若有冒出气味呛鼻的白烟，容易产生毒性气体。

金属漆

观察金属漆的涂膜是否丰满光滑，是否由无数小的颗粒状或者片状拼凑起来。

木器漆

◎选择聚氨酯木器漆的同时应注意木器漆稀释剂的选择。
◎选购水性木器漆时，应当去正规的家装超市或专卖店购买。

8. 壁纸

壁纸的耐污性、易清洁性较高；相比较墙面的木制凹凸造型，壁纸不占用空间使用面积，且易施工、造价低。因壁纸种类多样，可搭配空间内任意风格。

① 常见壁纸的种类划分

种类	图示	特点	适用风格	适用空间
PVC 壁纸		◎ 材料为高分子聚合物 PVC √ 具有防水性 √ 施工方便 √ 耐久性强 × 透气性、环保性不高	□ 任何家居风格	□ 厨房 □ 卫生间
纯纸壁纸		◎ 主要由草、树皮及新型天然加强木浆加工而成 √ 色彩还原好 √ 环保，无异味 × 耐水、耐擦洗性能差 × 施工技术难度高	□ 田园风格 □ 简约风格 □ 北欧风格	□ 儿童房 □ 老人房 □ 厨卫少用
金属壁纸		◎ 将金属特殊处理，制成薄片贴饰于壁纸表面 √ 质感强 √ 极具空间感 × 不适合大面积使用	□ 后现代风格 □ 欧式风格 □ 东南亚风格	□ 局部装饰 □ 家居主题墙
天然材质壁纸		◎ 由麻、草、木材、树叶等植物纤维制成 √ 阻燃、吸音、透气 √ 质感强，效果自然和谐 × 价格略高	□ 田园风格 □ 美式风格 □ 北欧风格	□ 家居任何空间

续表

类别	图示	特点	适用风格	适用空间
织物类壁纸		◎ 常称壁布，基层可以是纸也可以是布 √ 视觉、手感柔和舒适 × 易挂灰，不易清洗维护 × 价格高	□ 田园风格 □ 欧式风格 □ 中式风格 □ 美式风格	□ 客厅 □ 卧室 □ 局部装饰
植绒壁纸		◎ 使用静电植绒法将合成纤维的短绒植于纸基之上 √ 不反光、褪色 √ 吸音 √ 图案立体，凹凸感强 × 价格较贵 × 易粘灰，要经常清洗	□ 田园风格 □ 欧式风格 □ 中式风格 □ 法式风格	□ 电视墙 □ 沙发背景墙 □ 餐厅装饰墙

② 壁纸的选购常识

PVC壁纸

◎用鼻子闻有无异味。
◎看表面有无色差、死褶与气泡，对花是否准确，有无重印或者漏印的情况。
◎用笔在表面划一下，再擦干净，看是否留有痕迹。
◎在表面滴几滴水，看是否有渗入现象。

纯纸壁纸

◎闻起来要无异味，手摸要光滑，要购买同一批次的产品。
◎燃烧应无刺鼻气味、残留物均为白色。
◎滴几滴水，看水是否透过纸面，不因水泡而掉色。

金属壁纸

查看表面是否有刮花、漆膜分布不均的现象。

天然材质壁纸

◎闻其气味应使淡淡的木香味。
◎燃烧时没有黑烟，水泡后水汽会透过纸面。

织物类壁纸

后期较难补到同色产品，选购时适当的多买1～2幅产品以备不时之需。

植绒壁纸

◎好的植绒壁纸含绒量较高，可用指甲轻划检验是否掉绒。
◎尼龙毛比粘胶毛好，三角亮光尼龙毛优于圆的尼龙毛。
◎避免买到使用发泡剂制作的植绒壁纸，购买时多询问。

9. 装饰板材

装饰板材一般用于制作吊顶、家具、橱柜、造型等。由于大多板材中或多或少会有对人体有害的物质，因此应控制和合理使用。

① 常见装饰板材的种类划分

种类	图示	特点	适用风格	适用空间
木纹饰面板		√ 花纹美观 √ 装饰性好 √ 立体感强 × 要提防甲醛释放	□ 任何家居风格	□ 门 □ 家具 □ 墙面 □ 踢脚线
欧松板		√ 握钉能力强 √ 结实耐用 √ 环保 × 厚度稳定性较差	□ 乡村风格 □ 现代风格	□ 家具 □ 隔墙 □ 背景墙
澳松板		√ 稳定性强 √ 内部结合强度高 × 不容易吃普通钉 × 节疤 × 不平现象多	□ 任何家居风格	□ 墙面造型基层 □ 地板
科定板		√ 节省施工步骤 √ 费用低 √ 不易造成环境污染 × 造型弧度 <120 度，无法施工	□ 任何家居风格	□ 墙面饰面 □ 粘贴桌、柜、梁柱等木质材料或夹板的表面

续表

类别	图示	特点	适用风格	适用空间
美耐板		√ 耐刮 √ 选择花色多 √ 可全部换新 × 转角有接痕、缝隙	□ 现代风格 □ 混搭风格	□ 客厅 □ 餐厅 □ 卧室 □ 书房 □ 厨房橱柜柜体
桑拿板		√ 耐高温 √ 不易变形 √ 易于安装 × 防潮、防火、耐高温差	□ 乡村风格	□ 桑拿房外 □ 卫生间吊顶 □ 阳台吊顶 □ 局部点缀

② 装饰板材的选购常识

木纹饰面板

◎贴面越厚的性能越好，材质应细致均匀、色泽清晰、木色相近。
◎表面光洁、无明显瑕疵、无毛刺沟痕和刨刀痕。
◎无透胶现象和板面污染现象；无开胶现象，胶层结构稳定。

欧松板

内部任何位置都没有接头、缝隙、裂痕。

澳松板

◎用“试水法”鉴别澳松板，板材几乎没有变化。
◎板芯接近树木原色，有淡淡的松木香味。
◎用尖嘴器具敲击表面，声音清脆干净。

科定板

◎表面光滑，色彩丰富，无刺鼻气味。
◎选择符合规范的厚度。

美耐板

选用同一厂家生产的背板贴于底部，可减少板材扭曲变形的问题。

桑拿板

◎无节疤材质的桑拿板价格要高很多。
◎进口桑拿板颜色要深于国产桑拿板，且具有淡淡清香。
◎桑拿板购买之后，要拆包一片一片地看，避免“色差”过重。

10. 吊顶材料

吊顶不仅能美化室内环境，还能营造出丰富多彩的室内空间艺术形象。在选择吊顶装饰材料与设计方案时，要遵循既省材、牢固，又美观、实用的原则。

① 常见吊顶材料的种类划分

种类	图示	特点	适用风格	适用空间
纸面石膏板		√ 轻质 √ 防火 √ 加工性能良好 × 受潮会产生腐化 × 易脆裂	□ 任何家居风格	□ 卫生间吊顶
硅酸钙板		√ 强度高 √ 重量轻 √ 不产生有毒气体 × 更换不容易 × 施工费用较贵	□ 现代风格 □ 简约风格 □ 北欧风格	□ 吊顶 □ 轻质隔间 □ 卫生间少用
PVC扣板		√ 重量轻 √ 防水 √ 防潮 √ 安装简便 × 物理性能不够稳定	□ 任何家居风格	□ 厨房顶面装饰 □ 卫生间顶面装饰
铝扣板		√ 不易变形 √ 不易开裂 √ 装饰性强 × 安装要求较高	□ 任何家居风格	□ 厨房顶面装饰 □ 卫生间顶面装饰

续表

类别	图示	特点	适用风格	适用空间
装饰线板		√ 可根据具体情况订制 × 因热胀冷缩，接缝处产生开裂	□ 任何家居风格	□ 顶面与墙面的衔接处

② 吊顶材料的选购常识

纸面石膏板

◎优质纸面石膏板的纸面轻且薄，强度高，表面光滑没有污渍，韧性好。
◎高纯度的石膏芯主料为纯石膏，好的石膏芯颜色发白。
◎用壁纸刀在石膏板的表面画一个“X”，在交叉的地方撕开表面，优质的纸层不会脱离石膏芯。
◎优质纸面石膏板较轻。

硅酸钙板

◎要注意环保性。
◎对板材上所附的流水号码，看其是否为同一批次的硅酸钙板。

PVC 扣板

◎敲击板面声音清脆，用手折弯不变形，富有弹性。
◎用火点燃，燃烧慢说明阻燃性能好。
◎带有强烈刺激性气味则说明环保性能差。

铝扣板

◎声音脆的说明基材好。
◎看漆面是否脱落、起皮。
◎可用打火机将板面熏黑，覆膜板容易将黑渍擦去。

装饰线板

◎好的装饰线板重量较重。
◎好的线板花样立体感十足，在设计和造型上均细腻别致。

11. 地板

地板美观、舒适、导热性能好，同时防噪音、防滑，安装简便。特别是有老人、小孩的家庭，地板可以防止地面湿滑而造成的伤害。

① 常见地板的种类划分

种类	图示	特点	适用风格	适用空间
实木地板		√ 花纹自然 √ 脚感舒适 √ 使用安全 × 难保养 × 对铺装要求较高	□ 乡村风格 □ 田园风格	□ 客厅 □ 卧室 □ 书房
实木复合地板		√ 天然木质感 √ 易安装 √ 防潮耐磨 × 表层较薄 × 需重视维护保养	□ 任何家居风格	□ 客厅 □ 卧室 □ 厨卫少用
强化复合地板		√ 应用面广 √ 维修简单 √ 成本低 × 水泡损坏不可修复 × 脚感差	□ 简约风格	□ 客厅 □ 卧室 □ 厨卫少用
软木地板		√ 环保性强 √ 可循环利用 × 价格贵 × 难保养	□ 任何家居风格	□ 卧室 □ 儿童房 □ 书房 □ 老人房

续表

类别	图示	特点	适用风格	适用空间
竹木地板		√ 无毒 √ 牢固稳定 √ 超强防虫蛀功能 × 随气候干湿度变化有变形	□ 禅意家居 □ 日式家居	□ 适宜做热采暖的家居地板
亚麻地板		√ 保证地面长期亮丽如新 × 温度低环境会断裂 × 不防潮	□ 现代风格 □ 简约风格	□ 客厅 □ 书房 □ 儿童房 □ 地下室、卫生间少用

② 地板的选购常识

实木地板

◎检查基材是否有死节、开裂、腐朽、菌变等缺陷。
◎查看漆膜光洁度是否有气泡、漏漆等问题。
◎观察企口咬合，拼装间隙，相邻板间高度差。
◎购买时应多买一些作为备用。

实木复合地板

◎表层板材越厚，耐磨损的时间就长。
◎表层应选择质地坚硬、纹理美观的品种；芯层和底层应选用质地软、弹性好的品种。
◎胶合性能是该产品的重要质量指标。

强化复合地板

◎学会测耐磨转数，耐磨转数达到 1 万转为优等品。
◎强化复合木地板的表面要求光洁无毛刺。
◎国产和进口的强化地板在质量上没有太大差距，不用迷信国外品牌。

软木地板

◎观察砂光表面是否光滑，有无鼓凸的颗粒，软木的颗粒是否纯净。
◎查看拼装起来是否有空隙或不平整。
◎将地板两对角线合拢，看其弯曲表面是否出现裂痕。

竹木地板

◎观察地板表面的漆上有无气泡，竹节是否太黑。
◎注意竹木地板是否是六面淋漆。
◎竹木地板最好的竹材年龄为 4～6 年。

亚麻地板

◎观察亚麻地板的表面木面颗粒是否细腻。
◎将清水倒在地板上判断其吸水性。
◎用鼻闻亚麻地板是否有怪味。

12. 门窗

门窗是家居建筑结构的重要组成部分，在设计上以安全、气密、隔音、节能为主。近年来，门窗脱离传统制式标准，对材质要求也更严格。

① 常见门窗的种类划分

种类	图示	特点	适用风格	适用空间
实木门		√ 不变形 √ 隔热 √ 保温 √ 吸声性好 × 价格略贵	□ 欧式古典风格 □ 中式古典风格	□ 客厅 □ 卧室 □ 书房
实木复合门		√ 价格实惠 √ 隔音 √ 隔热 × 怕水 × 容易破损	□ 任何家居风格	□ 客厅 □ 餐厅 □ 卧室 □ 书房
模压门		√ 价格低 √ 抗变形 √ 表面无龟裂和氧化变色 × 隔音效果较差 × 门身轻 × 档次低	□ 现代风格 □ 简约风格	□ 客厅 □ 餐厅 □ 书房 □ 卧室
玻璃推拉门		√ 分隔空间 √ 增加空间使用弹性 × 通风性、密封性较弱	□ 现代风格	□ 阳台 □ 厨房 □ 卫生间 □ 壁橱

续表

类别	图示	特点	适用风格	适用空间
塑钢窗		√ 价格低，密封性优良 √ 保温、隔热、隔音 √ 表面可着色、覆膜	□ 任何家居风格	□ 任意家居空间
铝合金窗		√ 美观、耐用 √ 便于维修 √ 价格便宜 × 推拉噪音大，易变形 × 保温差	□ 任何家居风格	□ 封装阳台

② 门窗的选购常识

实木门

◎漆膜要丰满、平整，有无橘皮现象，无突起的细小颗粒。
◎表面的花纹不规则。
◎轻敲门面，声音均匀沉闷说明该门质量较好。

实木复合门

◎查看门扇内的填充物是否饱满。
◎观看门边刨修的木条与内框连结是否牢固。
◎装饰面板与框粘结应牢固，无翘边、裂缝。

模压门

◎贴面板与框体连接应牢固，无翘边、无裂缝；贴面板厚度不得低于 3 毫米。
◎板面应平整、洁净，无节疤、虫眼、裂纹及腐斑，木纹清晰。

玻璃推拉门

◎检查密封性。
◎具备超大承重能力的底轮能保证良好的滑动效果和超常的使用寿命。

塑钢窗

◎玻璃平整、无水纹，玻璃与塑料型材不直接接触，有密封压条贴紧缝隙。
◎五金件齐全，安装位置正确，安装牢固，推拉时能否灵活使用。
◎塑钢门窗主材为 UPVC，其型材壁厚应大于 2.5 毫米，表面光洁，颜色为象牙白或白中泛青。

铝合金窗

◎抗拉强度应达到每平方米毫米 157 牛顿，屈服强度要达到每平方毫米 108 牛顿。
◎用手适度弯曲型材，松手后应能复原状。
◎表面无开口气泡（白点）、灰渣（黑点）、裂纹、毛刺、起皮等明显缺陷。
◎氧化膜厚度达到 10 微米，可在型材表面轻划一下，看其表面的氧化膜是否可擦掉。

13. 五金

五金件指用金、银、铜、铁、锡等金属，通过加工、铸造得到的工具，用来固定、加工、装饰家居物件等。家居装修中用到的五金件很多，因此了解其特性和用法尤为重要。

① 常见家用五金的种类划分

种类	图示	特点
门锁		◎ 入户门锁常用户外锁，是家里家外的分水岭。 ◎ 通道锁起门拉手的作用，没有保险功能，适用厨房、过道、客厅、餐厅及儿童房。 ◎ 浴室锁的特点是在里面能锁住，在门外用钥匙才能打开，适用卫生间。
门吸		◎ 安装在门后面的一种小五金件。 ◎ 防止门被风吹后自动关闭。 ◎ 防止在开门时用力过大而损坏墙体。
门把手		◎ 入户门把手要结实、保险，有公安部认证。 ◎ 室内门把手更注重美观、方便。 ◎ 卫生间适合装铜把手，不锈钢门容易滋生病菌。
水龙头		◎ 常见种类有扳手式水龙头、按弹式水龙头、抽拉式和感应水龙头。 ◎ 感应水龙头使用方便，节水效果也比较明显。

续表

种类	图示	特点
花洒		◎ 浴室常见装置。 ◎ 按形式分为手持花洒、头顶花洒和侧喷花洒。
地漏		◎ 连接排水管道系统与室内地面的重要接口。 ◎ 材质主要分为三类，不锈钢地漏、PVC 地漏和全铜地漏。不锈钢地漏无镀层、耐冲压，是最受欢迎的一种。 ◎ 根据内部结构可分为传统水封地漏和无水封地漏。

② 五金的选购常识

门锁

◎注意选择与自家门开启方向一致的锁。
◎看外观颜色，纯铜锁具与镀铜相比，色泽暗，但自然。
◎掂分量，纯铜锁具手感较重，不锈钢锁具较轻。
◎听其开启声音，镀铜锁具开启声音较沉闷，不锈钢锁的声音清脆。
◎好的门锁弹簧手感柔和，不会太软也不会太硬。
◎好的门锁镀层不会被轻易氧化和磨损。

门吸

◎选择品牌产品，保证质量且有完善售后服务。
◎最好选择不锈钢材质，具有坚固耐用、不易变形的特点。
◎质量不好的门吸容易断裂，购买时可使劲掰一下，如果会发生形变，则不要购买。

门把手

同门吸第一条。

水龙头

◎不能购买太轻的龙头，容易经受不住水压而爆裂。
◎好的龙头转动把手时，龙头与开关之间没有过大的间隙，开关轻松无阻，不打滑。
◎好龙头是整体浇铸铜，敲打起来声音沉闷。若声音很脆，则为不锈钢，档次较低。

花洒

◎保证每个细小喷孔喷射均衡一致，挑选时可试水看其喷射水流是否均匀。
◎光亮与平滑的花洒说明镀层均匀，质量较好。

地漏

◎水封深度达到50毫米，不带水封的地漏应在地漏排出管配水封深度不小于50毫米存水弯。
◎地漏箅子面高低可调节，调节高度不小于 35 毫米。
◎各部分过水断面面积宜大于排出管的截面积，且流道截面最小净宽不宜小于 10 毫米。
◎优先采用防臭、防溢型地漏。

ÇIGARES
Maestro

第九章
把控施工细节，避免拖延工期

一、基础改造

家庭装修中的基础改造主要包括拆除项目和改造项目。其中拆除项目包括墙面清理、顶面拆除、门窗拆除等。改造项目主要包括地面找平、水电改造等。

1. 基础改造中的拆除项目

序号	项目名称		单位	注意事项
1	墙体拆除	钢筋混凝土墙	平方米	◎ 严禁拆除承重墙 ◎ 严禁拆除连接阳台的配重墙体 ◎ 墙体拆除时要严格按照施工图纸拆除
		砖墙	平方米	
		轻体墙拆除	平方米	
2	顶面拆除	轻钢龙骨吊顶	平方米	◎ 严禁拆除顶面横梁 ◎ 不保留原吊顶装饰结构 ◎ 原有的吊顶内电路管线尽量拆除 ◎避免损坏管线、通风道和烟道 ◎ 对现场拆除的龙骨不得再用
		木结构吊顶	平方米	
3	清理墙面	墙、顶面壁纸	平方米	◎ 铲除非水性的面层 ◎ 对旧基底进行处理
		墙面油漆、喷涂	平方米	
4	原墙、地面砖铲除		平方米	◎ 不能损害墙体和地面
5	水泥、木制踢脚板铲除		平方米	◎ 检查墙面，局部人工凿除排出安全隐患 ◎ 装饰面务必铲除干净
6	护墙板拆除		平方米	

续表

序号	项目名称		单位	注意事项
1	原门拆除		樘	◎ 避免对墙体结构造成破坏 ◎ 清理修复门窗洞口
	原窗拆除		樘	
2	卫生洁具	蹲便	个	◎ 拆后的上下水进行保护，以防堵塞 ◎ 尽可能不破坏可用的洁具
		浴缸	个	

2. 基础改造中的改造项目

序号	项目名称		单位	注意事项
1	地面找平		平方米	◎ 找平后的地面要水平、平整 ◎ 每平米之内落差不超过 3 毫米
2	地面加高	轻体砖	平方米	◎ 阳台找平时与屋内地面水平 ◎ 轻体砖的间隙应留 2~3 厘米缝隙
		混凝土		
3	地面做防水		平方米	◎ 要做闭水试验
4	砌墙		平方米	◎ 新墙与老墙的结合部位应留有码口砖 ◎ 新墙与剪力墙的结合部位应有钢筋连接 ◎ 新老墙的结合处应挂网粉饰
5	暖气及立管	油暖气立管	根	◎ 采用专用金属漆，成品后颜色一致 ◎ 暖气阀门处需留检修口
		油暖气	组	
		包暖气立管	米	
6	水管	包水管	米	◎ 冷、热水上水管口高度一致 ◎ 采用专用金属漆，成品后颜色一致
		油水管	米	

二、水电施工

水电工程属于装修施工项目中的隐蔽工程，如果处理不好，后续的维修不仅困难、麻烦，还会浪费资金。

1. 水路施工工艺

① 准备工作

◎ 确认已收房验收完毕。

◎ 到物业办理装修手续。

◎ 在空房内模拟今后日常生活状态，与施工方确定基本装修方案。

◎ 确定墙体无变动，家具和电器摆放的位置。

◎ 确认楼上住户卫生间已做过闭水实验。

◎ 确定橱柜安装方案中清洗池上下出水口位置。

◎ 确定卫生间面盆、坐便器、淋浴区（包括花洒）、洗衣机位置及规格。

② 施工材料

◎ 水路施工的常用材料为采用 PPR 管。

◎ PPR 管具有卫生、无毒、耐腐蚀、不结垢、耐高温、高压、保温节能、质量轻、安装方便可靠、使用寿命长等优点。

③ 施工流程

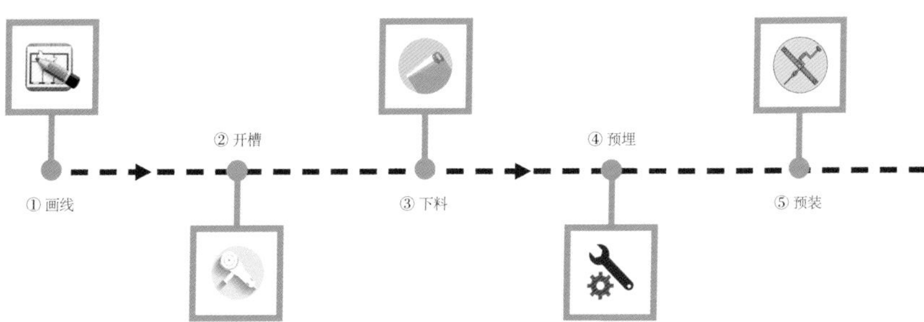

重点监控：

· **开槽**：有的承重墙内的钢筋较多较粗，不能把钢筋切断，以免影响房体结构安全，只能开浅槽、走明管，或绕走其他墙面。

· **调试**：通过打压试验，如没有出现问题，水路施工则算完成。

· **备案**：完成水路布线图并备案，以便日后维修使用。

施工疑难问题解析

※ **旧房水路改造注意哪些问题？**

○ 镀锌管在设计时更换成新型管材。

○ 更换总阀门需要临时停水一小时左右。

○ 排水管要做好连接处处理，防止漏水。

○ 排水管属于无压水管，必须保证排水畅通。

※ **阳台房洗衣机怎么走水管？**

○ 阳台没有洗衣机给水管：重新引一条给水管，装一个洗衣机专用的两用水龙头。

○ 阳台排水：阳台一般都会有排水地漏，直接接入地漏即可。

○ 如果没有地漏，要在楼板位置开一个 8 厘米的孔洞，安装排水 PVC 管，周边用水泥封边。

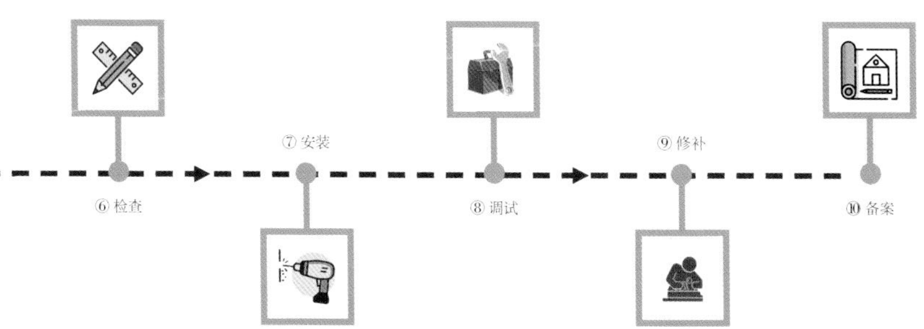

2. 电路施工工艺

① 准备工作

◎ 弱电宜采用屏蔽线缆，二次装修线路布置也需重新开槽布线。

◎ 电路走线设计把握“两端间最短距离走线”原则，不故意绕线。

◎ 电路设计需要把握自己要求的电路改造设计方案与实际电路系统是否匹配。

◎ 厨房电路设计需要橱柜设计图纸配合，加上安全性评估成案。

◎ 电路设计要掌握厨卫及其他功能间的家具、电器设备尺寸及特点。

② 材料准备

电线	◎ 选用有长城标志的“国标”塑料或橡胶绝缘保护层的单股铜芯电线。 ◎ 照明用线选用 1.5 平方毫米（线材槽载面积）。 ◎ 插座用线选用 2.5 平方毫米。 ◎ 空调用线不得小于 4 平方毫米。 ◎ 接地线选用绿黄双色线。 ◎ 接开关线（火线）可以用红、白、黑、紫等任何一种。
穿线管	◎ 严禁将导线直接埋入抹灰层。 ◎ 导线在线管中严禁有接头。 ◎ 使用管壁厚度为 1.2 毫米的电线管。 ◎ 管中电线的总截面积不能超过塑料管内截面积的 40%。
开关面板、插座	◎ 面板的尺寸应与预埋的接线盒的尺寸一致。 ◎ 开关开启时手感灵活，插座稳固，铜片要有一定的厚度。

③ 施工流程

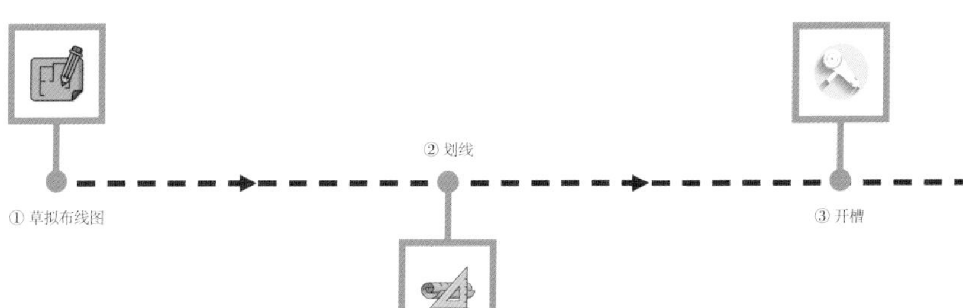

重点监控：

- **预埋：** 埋设暗盒及敷设 PVC 电线管，线管接处用直接，弯处直接弯 90°。
- **穿线：** 单股线穿入 PVC 管，用分色线，接线为左零、右火、上地。
- **检测：** 检查电路是否通顺，如检测弱电，可直接用万用表检测是否通路。

施工疑难问题解析

※ 旧房电路改造注意哪些问题?

○ 旧房配电系统设置。

○ 旧房不宜采用即热型热水器或特大功率中央空调、烤箱等电器。

○ 旧房弱电（网络电话电视）改造需要重新布线。

※ 墙壁上的开关应该怎么安装?

一般来说有两根红线即足够，如果还有一根“绿线”，则说明灯开关带有指示灯。

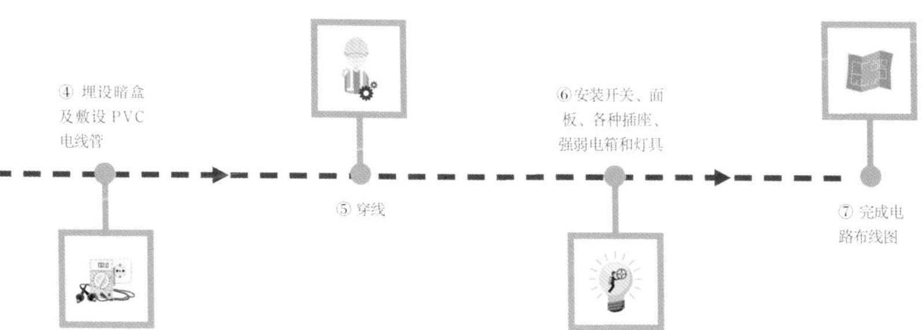

三、墙砖与地砖铺贴

墙地砖铺贴是家居装修中非常重要的施工项目之一，也是一项细致的工作，对施工材料、施工师傅的工艺水平都有很高的要求。

1. 墙面砖施工工艺

① 作业条件

◎ 墙面基层清理干净。

◎ 窗台、窗套等事先砌堵好。

② 材料准备

主材	釉面砖、通体砖、抛光砖、玻化砖、陶瓷锦砖等
其他材料	42.5 级矿渣水泥或普通硅酸盐水泥、42.5 级白水泥、粗砂或中砂、107 胶和矿物颜料等
主要工具	孔径 5 毫米筛子、窗纱筛子、水桶、木抹子、铁抹子、中杠、靠尺、方尺、铁制水平尺、灰槽、灰勺、毛刷、钢丝刷、笤帚、锤子、小白线、擦布或棉丝、钢片开刀、小灰铲、石云机、勾缝溜子、线坠、盒尺等

③ 施工流程

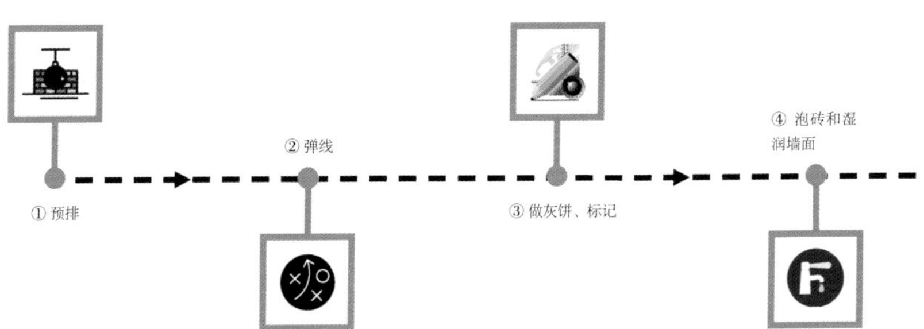

重点监控：

· **预排：** 要注意同一墙面的横竖排列，不得有一行以上的非整砖。

· **泡砖和湿润墙面：** 釉面砖粘贴前应放入清水中浸泡 2 小时以上，取出晾干，用手按砖背无水迹时方可粘贴。

· **镶贴：** 铺完整行砖后，要用长靠尺横向校正一次。

施工疑难问题解析

※ **铺贴瓷砖预留多大缝隙合适？**

铺贴瓷砖时，接缝可在 2~3 毫米调整。

※ **墙面砖出现空鼓和脱壳怎么办？**

○ 要对粘结好的面砖进行检查。

○ 查明空鼓和脱壳的范围，画好周边线，用切割机沿线割开。

○ 将空鼓和脱壳的面砖和粘结层清理干净。

○ 用与原有面层料相同的材料进行铺贴。

※ **瓷砖贴完后颜色不一样怎么办？**

原因一：瓷砖质量差、轴面过薄。

原因二：施工方法不当。

解决方法一：严格选好材料，避免色差。

解决方法二：浸泡釉面砖使用清洁干净的水。用于粘贴的水泥砂浆使用干净的砂子和水泥。操作时随时清理砖面上残留的砂浆。

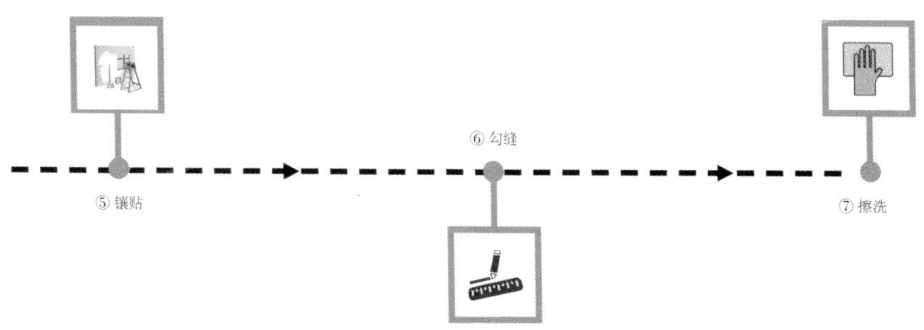

2. 地面砖施工工艺

① 作业条件

◎ 内墙 +50 厘米水平标高线已弹好，并校核无误。

◎ 墙面抹灰、屋面防水和门框已安装完。

◎ 地面垫层及预埋在地面内各种管线已做完。

◎ 穿过楼面的竖管已安完，管洞已堵塞密实。

◎ 有地漏的房间应找好泛水。

② 材料准备

主材	水泥、砂、瓷砖、草酸、火碱、107 胶
主要机具	水桶、平锹、铁抹子、大杠、筛子、窗纱筛子、锤子、橡皮锤子、方尺、云石机

③ 施工流程

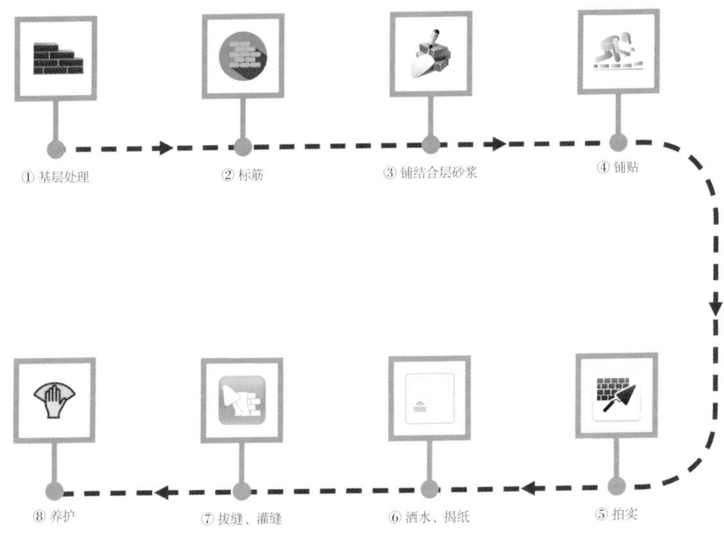

重点监控：

· **铺贴**：铺贴快接近尽头时，应提前量尺预排，提早做调整，避免造成端头缝隙过大或过小。

· **拍实**：由一端开始，用木锤和拍板依次拍平拍实，拍至素水泥浆挤满缝隙为止。

· **洒水、揭纸**：洒水至纸面完全浸透，依次把纸面平拉揭掉，并用开刀清除纸毛。

· **拔缝、灌缝**：用排笔蘸浓水泥浆灌缝，或用 1:1 水泥拌细砂把缝隙填满。

施工疑难问题解析

※ 贴地砖时是先贴脚线还是先刷墙？

遵循先刷墙后贴脚线的顺序进行，这样才不会因为贴砖施工污染到脚线。

※ 大面积铺地砖时要不要预铺？

○ 大面积铺设地砖时必须要预铺。

○ 预铺工作是为真正铺设做铺垫，以防在铺设地砖时出现花纹不合理的情况。

※ 地面砖出现空鼓或松动怎么办？

○ 用小木锤或橡皮锤逐一敲击检查，做好标记。

○ 逐一将地面砖掀开，去掉原有结合层的砂浆并清理干净，晾干。

○ 刷一道水泥砂浆，按设计厚度刮平并控制好均匀度。

○ 将地面砖的背面残留砂浆刮除，洗净并浸水晾干。

○ 再刮一层胶黏剂，压实拍平。

※ 地面砖出现爆裂或起拱的现象怎么办？

○ 将爆裂或起拱的地面砖掀起。

○ 沿已裂缝的找平层拉线，用切割机切缝。

○ 灌柔性密封胶。

※ 地砖勾缝会影响瓷砖的热胀冷缩吗？

○ 地砖勾缝不会影响其热胀冷缩。

○ 出现热胀冷缩而起拱等问题，是留缝过小。

○ 所有地砖都应留缝，即使是“无缝砖”。

四、油漆与壁纸施工

油漆与壁纸是家居装修中不可缺少的施工项目，这两项施工均对细节要求较高。如果施工出现纰漏，很可能造成家庭装修不美观的弊端。

1. 油漆施工工艺

① 材料准备

乳胶漆	◎ 主要材料：乳胶漆、胶粘剂、清油、合成树脂溶液、聚醋酸乙烯溶液、白水泥、大白粉、石膏粉、滑石粉、腻子等。 ◎ 施工工具：钢刮板、腻子刀、小桶、托板、橡皮刮板、刮刀、搅拌棒、排笔等。
清漆	◎ 主要材料：光油、清油、酚醛清漆、铅油、醇酸清漆、石膏、大白粉、汽油、松香水、酒精、腻子等。 ◎ 施工工具：棕刷、排笔、铲刀、腻子刀、钢刮板、调料刀、油灰刀、刮刀、打磨器、喷枪、空气压缩机等。
色漆	◎ 主要材料：光油、清油、铅油、调和漆、石膏、大白粉、红土子、地板黄、松香水、酒精、腻子、稀释剂、催干剂等。 ◎ 施工工具：棕刷、排笔、铲刀、腻子刀、钢刮板、调料刀、油灰刀、刮刀、打磨器、喷枪、空气压缩机等。

② 施工流程

※ 乳胶漆施工工艺流程

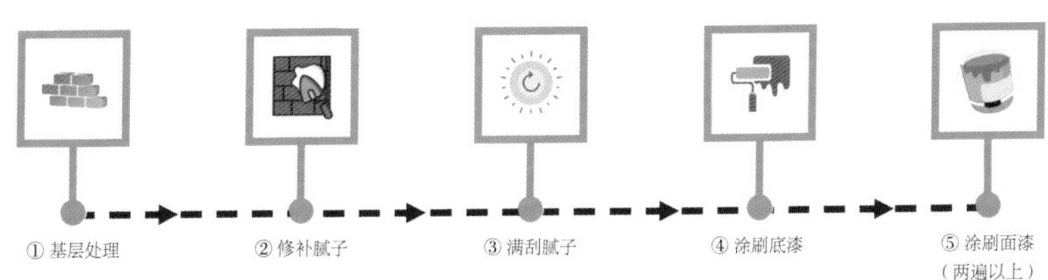

重点监控：

· **基层处理：** 确保墙面坚实、平整，清理墙面，使水泥墙面尽量无浮土、浮沉。

· **满刮腻子：** 刮两遍腻子即可，既能找平，又能罩住底色。

· **涂刷底漆：** 底漆涂刷一遍即可，务必均匀。

· **涂刷面漆：** 面漆通常要刷两遍，每遍之间应相隔 2~4 小时。

※ 清漆施工工艺流程

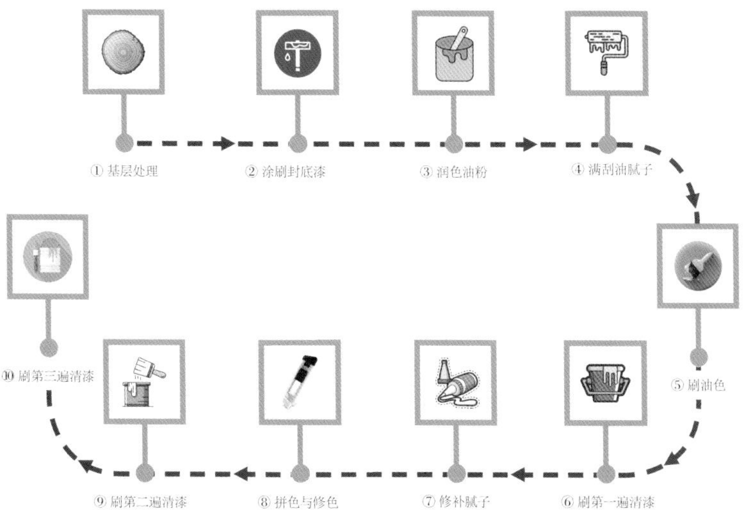

重点监控：

· **基层处理：** 将木材表面上的灰尘、胶迹等刮除干净，并将木材处理得光滑。

· **润色油粉：** 用棉丝蘸油粉反复涂于木材表面。

· **刷油色：** 顺序应从外向内、从左到右、从上到下且顺着木纹进行。

· **刷第一遍清漆：** 略加一些稀料撤光以便快干。

· **拼色与修色：** 木材颜色深的应修浅，浅的提深，将深色和浅色木面拼成一色，并绘出木纹。

· **刷第二遍清漆：** 清漆中不加稀释剂，操作同第一遍，周围环境要整洁。

※ 色漆施工工艺流程

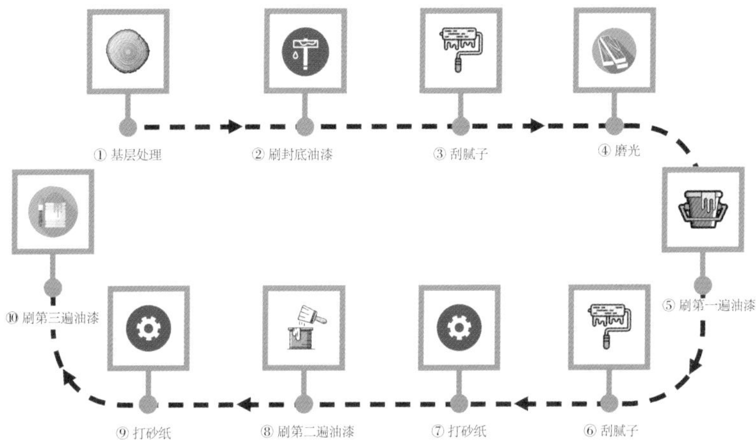

重点监控：

- **第一遍刮腻子：** 腻子要不软不硬、不出蜂窝、挑丝不倒为准。
- **磨光：** 不要磨穿漆膜并保护好棱角，不留松散腻子痕迹。
- **涂刷：** 基本上与清漆一样。
- **打砂纸：** 待腻子干透后，用 1 号以下砂纸打磨。
- **第二遍刮腻子：** 对底腻子收缩或残缺处用石膏腻子刮抹一次。

施工疑难问题解析

※ 在刷漆和喷漆过程中，为什么有时会有“流泪”现象？

○ 多出现于垂直面及水平面与垂直面交接的边缘角线处。○ 主要原因是稀释比例不当，涂刷或喷涂漆层太厚所造成。○ 解决方法：要按说明书的要求稀释，每层都应涂薄。

※ 对于漆膜开裂该如何处理？

○ 轻度开裂：可用水砂纸打磨平整后重新涂刷。○ 严重开裂：全部铲除后重新涂刷。

※ 涂料施工中易发生什么样的问题？是怎样引起的？

○ 脱落：使用劣质腻子，黏结力差造成。○ 起鼓：墙面没有干透，水分不断蒸发或墙壁内有渗水引起。○ 粉化：墙体疏松，加水过量或者施工时气温低于要求的温度。
○ 龟裂：使用劣质腻子。○ 退色：墙体未干透，或涂料本身质量问题。

2. 壁纸施工工艺

① 作业条件

◎ 施工前门窗油漆、电器的设备安装完成，影响裱糊的灯具等要拆除。

◎ 墙面抹灰提前完成干燥，基层墙面应符合相关规定。

◎ 地面工程要求施工完毕，不得有较大的灰尘和其他交叉作业。

② 材料准备

主材：壁纸。

辅助材料：胶粘剂。

施工工具：活动裁纸刀、钢板抹子、塑料刮板、毛胶棍、不锈钢长钢尺、裁纸操作平台、钢卷尺、注射器及针头粉线包、软毛巾、板刷、大小塑料桶等。

③ 基层处理要求

混凝土及水泥砂浆抹灰基层

◎ 混凝土及水泥砂浆抹灰基层抹灰层与墙体及各抹灰层间必须粘结牢固。

◎ 抹灰层应无脱层、空鼓，面层应无爆灰和裂缝。

◎ 基体一定要干燥。

纸面石膏板、水泥面板、硅钙板基层

◎ 面板安装牢固、无脱层、翘曲、折裂、缺棱、掉角。

◎ 满刮腻子、砂纸打光、基层腻子应平整光滑、坚实牢固。

◎ 不得有粉化起皮、裂缝和突出物，线角顺直。

木质基层

◎ 基层要干燥，安装前应进行防火处理。

◎ 木质基层上的节疤、松脂部位应用封闭，钉眼处应嵌补。

◎ 刮腻子前应涂刷抗碱封闭底漆。

不同材质基层的接缝处理

不同材质基层的接缝处必须粘贴接缝带。

④ 施工工艺

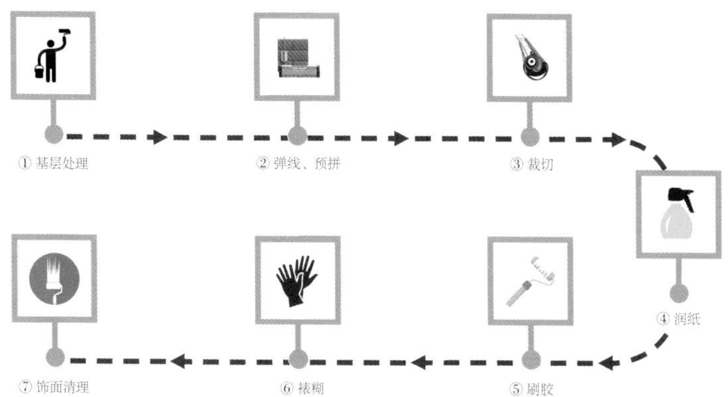

重点监控：

- **基层处理**：先在基层刷一层涂料进行封闭。
- **弹线、预拼**：弹线时应从墙面阴角处开始，将窄条纸的裁切边留在阴角处。
- **裁切**：根据裱糊面的尺寸和材料的规格，裁出第一段壁纸。
- **润纸**：在刷胶前须将壁纸在水中浸泡，然后再在背面刷胶。
- **裱糊**：按照先垂直面后水平面，然后先细部后大面的顺序进行。

施工疑难问题解析

※ 壁纸的接缝不垂直怎么办？

○ 较小偏差：为了节约成本，可忽略不计。

○ 偏大偏差：将壁纸全部撕掉，重新粘贴施工，施工前要把基层处理干净平整。

※ 壁纸间的间隙较大怎么办？

○ 距离较小：用与壁纸颜色相同的乳胶漆点描在缝隙内。

○ 距离较大：用相同的壁纸进行补救，但不允许显出补救痕迹。

※ 壁纸粘贴后，表面上有明显的皱纹及棱脊凸起的死折怎么办？

○ 刚贴完胶黏剂未干燥：可将壁纸揭下来重新进行裱糊。

○ 胶黏剂已经透：撕掉壁纸，重新粘贴，施工前把基层处理干净平整。○ 所有地砖都应留缝，即使是“无缝砖”。

五、橱柜、吊顶、木地板施工

橱柜、吊顶和木地板的施工要遵循一定的顺序，一般来说先安装吊顶，再安装木地板，最好安装橱柜。这三项功能在施工上要求细致，确保施工队没有偷工减料。

1. 橱柜施工工艺

① 作业条件

◎ 结构工程和有关壁柜、吊柜的构造连体已具备安装壁柜和吊柜的条件。

◎ 室内已有标高水平线。

◎ 壁柜框、扇进场后，顶面应涂刷防腐涂料，其他各面涂刷底油一道。

◎ 将加工品靠墙、贴地，然后分类码放平整，底层垫平、保持通风。

◎ 壁柜、吊柜的框安装应在抹灰前进行；扇的安装应在抹灰后进行。

② 材料准备

主材	壁柜木制品。
其他材料	防腐剂、插销、木螺丝、拉手、锁、碰珠、合页等。
主要机具	电焊机、手电钻、大刨、二刨、小刨、裁口刨、木锯、斧子、扁铲、木钻、丝锥、螺丝刀、钢水平尺、凿子、钢锉、钢尺等。

③ 施工流程

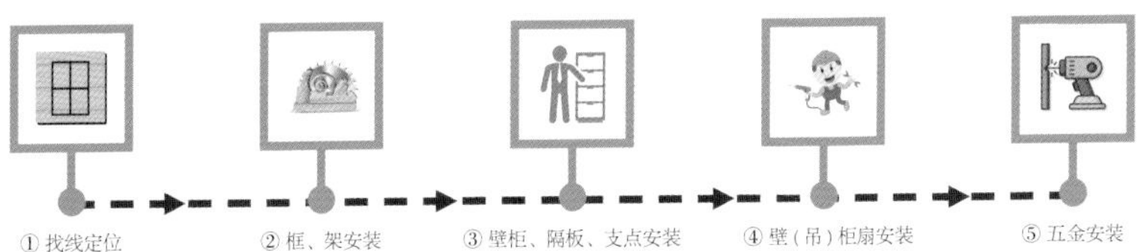

重点监控：

·框、架安装： 在框、架固定时，先校正、套方、吊直、核对标高、尺寸、位置准确无误后再进行固定。

·壁柜隔板支点安装： 将支点木条钉在墙体木砖上，混凝土隔板一般是“匚”形铁件或设置角钢支架。

·壁（吊）柜扇安装： 按扇的安装位置确定五金型号、对开扇裁口方向。

施工疑难问题解析

※ **厨房没有承重墙怎么安装吊柜呢？**

○ 非承重墙加固。使用箱体白板或依据墙体受力情况采取更厚一些的白板，固定在墙体上。

○ 使用吊码挂片。

○ 挂钢丝网的形式预先对墙体进行处理。

2. 吊顶施工工艺

① 材料准备（吊顶龙骨）

主材	龙骨（明龙骨、暗龙骨）。
其他材料	零配件（吊挂件、连接件、插接件、吊杆、射钉、自攻螺钉等）；饰面板（石膏板、金属板、矿棉板、玻璃板、塑料板或格栅等饰面材料）。
主要机具	◎电动工具：电锯、无齿锯、手枪钻、射钉枪、冲击电锤、电动螺丝刀、电焊机等。 ◎手动工具：拉铆枪、气动直钉枪、气动码钉枪、手锯、手刨、钳子、螺丝刀、扳手、钢卷尺、水平尺、线坠等。

② 作业条件（轻钢龙骨石膏板吊顶）

◎ 结构施工时，应在现浇混凝土楼板或预制混凝土楼板缝，按设计要求间距。

◎ 吊顶房间墙柱为砖砌体时，在吊顶标高位置预埋防腐木砖。

◎ 安装完顶面各种管线及通风道，确定好灯位、通风口及各种露明孔口位置。

◎ 吊顶罩面板安装前应做完墙面和地湿作业工程项目。

◎ 搭好吊顶施工操作平台架子。

◎ 轻钢骨架吊顶在大面积施工前，应做样板间。

◎ 对吊顶的起拱度、灯槽、通风口的构造处理，分块及固定方法等，应经试装并经鉴定认可后方可大面积施工。

③ 材料准备（轻钢龙骨石膏板吊顶）

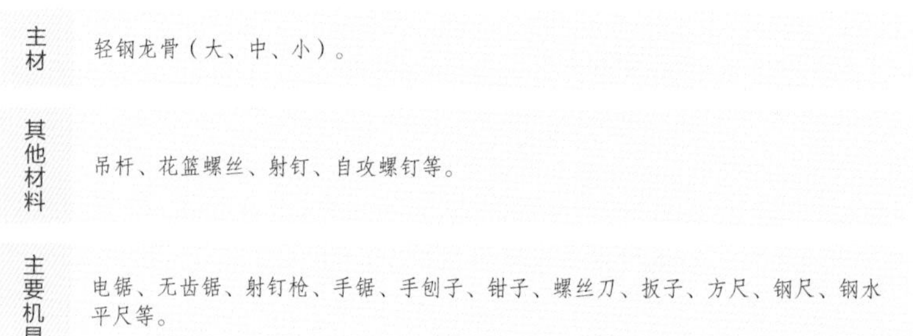

主材	轻钢龙骨（大、中、小）。
其他材料	吊杆、花篮螺丝、射钉、自攻螺钉等。
主要机具	电锯、无齿锯、射钉枪、手锯、手刨子、钳子、螺丝刀、扳子、方尺、钢尺、钢水平尺等。

④ 施工流程（轻钢龙骨石膏板吊顶）

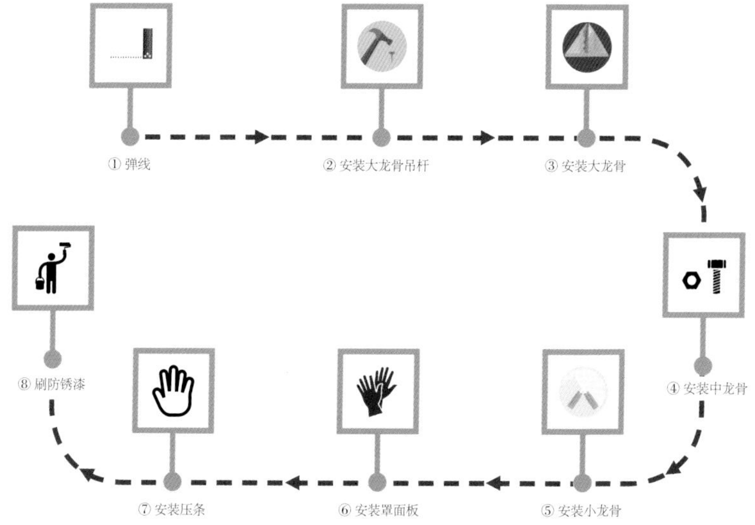

重点监控：

- **安装大龙骨：** 预先安装好吊挂件。
- **安装中龙骨：** 需多根延续接长时，用中龙骨连接件，在吊挂中龙骨的同时相连，调直固定。
- **安装小龙骨：** 小龙骨在安装罩面板时，每装一块罩面板先后各装一根卡档小龙骨。
- **刷防锈漆：** 焊接处未做防锈处理的表面，在交工前应刷防锈漆。

⑤ 作业条件（木骨架罩面板吊顶）

◎ 顶面各种管线及通风管道均安装完毕并办理手续。

◎ 直接接触结构的木龙骨应预先刷防腐漆。

◎ 吊顶房间需完成墙面及地面的湿作业和台面防水等工程。

◎ 搭好吊顶施工操作平台架。

⑥ 材料准备（木骨架罩面板吊顶）

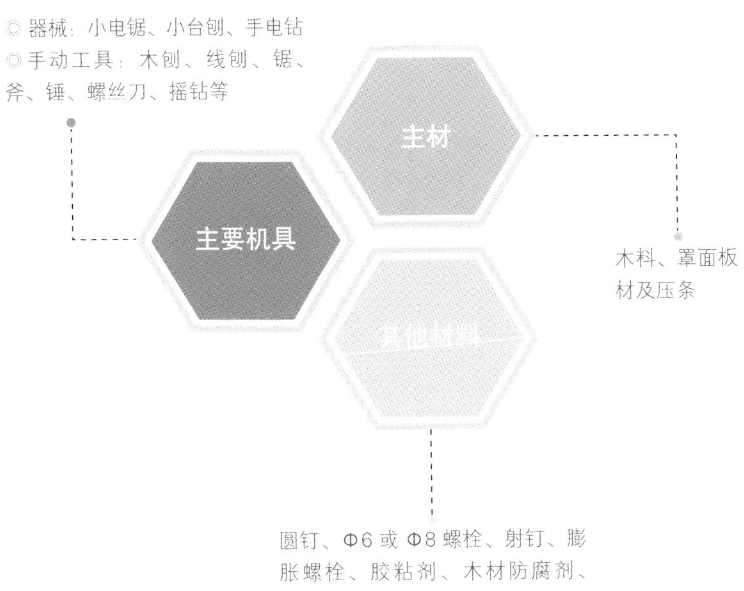

重点监控：

· **安装水电管线设施：** 应进行吊顶内水、电设备管线安装，较重吊物不得吊于吊顶龙骨上。

· **安装大龙骨：** 保证其设计标高。

· **安装小龙骨：** 小龙骨对接接头应错开，接头两侧各钉两个钉子。

· **防腐处理：** 吊顶内所有露明的铁件，钉罩面板前须刷防腐漆；木骨架与结构接触面应进行防腐处理。

· **安装罩面板：** 罩面板与木骨架的固定方式用木螺钉拧固法。

施工疑难问题解析

※ 木龙骨吊顶完成后呈现波浪形怎么办？

○ 吊顶龙骨的拱度不均匀：利用吊杆或吊筋螺栓的松紧调整龙骨的拱度。

○ 吊杆被钉劈而使节点松动：将劈裂的吊杆更换。

○ 吊顶龙骨的接头有硬弯：将硬弯处夹板起掉，调整后再钉牢。

※ 吊顶饰面板安装表面为什么会有鼓包？如何处理？

○ 由于钉头未卧入板内所致。

○ 用铁锤垫铁垫将圆钉钉入板内或用螺丝刀将木螺钉沉入板内，再用腻子找平。

※ 为什么吊顶会变形开裂？

○ 湿度是造成开裂变形最主要的环境因素。

○ 施工中尽量降低空气湿度，保持良好通风。

○ 进行表面处理时，对板材表面采取适当封闭措施。

3. 木地板施工工艺

① 作业条件

◎ 等吊顶和内墙面的装修施工完毕，门窗和玻璃全部安装完好后进行。

◎ 按照设计要求，事先把要铺设地板的基层做好。

◎ 待室内各项工程完工和超过地板面承载的设备进入房间预定位置之后，方可进行。

◎ 检查核对地面面层标高，符合设计要求。

◎ 将室内四周的墙划出，面层标高控制水平线。

② 材料准备

主材	各种类别的木地板、毛地板。
其他材料	木隔栅、垫木、撑木、胶粘剂、处理剂、橡胶垫、防潮纸、防锈漆、地板漆、地板蜡等。

③ 施工流程（实木地板）

实木地板铺贴有实铺法和空铺法两种，二者在施工顺序上没有多大区别，主要在于部分环节的技术工艺不同。

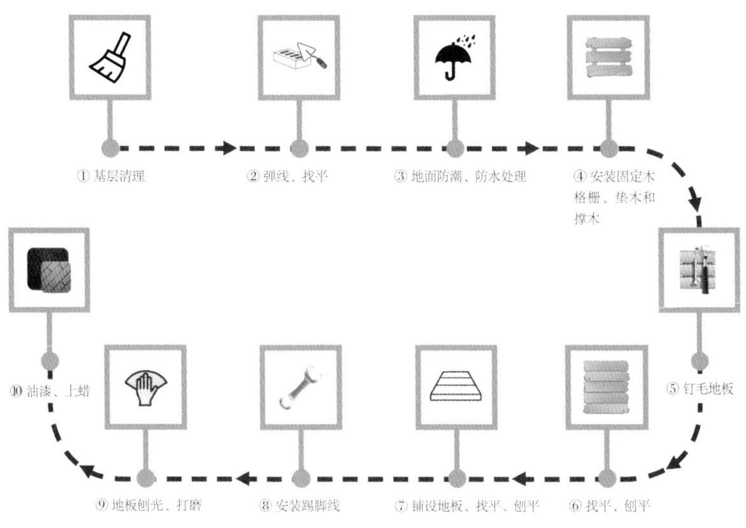

▲ 实铺法

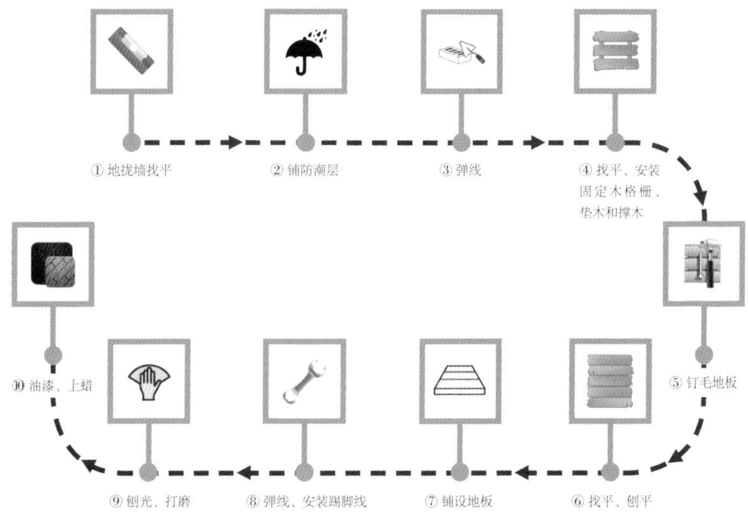

▲ 空铺法

重点监控：

· **基层清理：** 实铺法将基层上砂浆、垃圾、尘土等彻底清扫干净。空铺法将地垄墙内的砖头、砂浆、灰屑等应清扫干净。

· **实铺法安装固定木格栅、垫木：** 基层锚件为预埋螺栓和镀锌钢丝，其施工有所不同。

· **空铺法安装固定木格栅、垫木：** 隔栅调平后，在隔栅两边钉斜钉子与垫木连接。

· **钉毛地板：** 表面同一水平度与平整度达到控制要求后方能铺设地板。

· **安装踢脚线：** 墙上预埋的防腐木砖，应突出墙面与粉刷面齐平。

· **抛光、打磨：** 必须机械和手工结合操作。

· **油漆、打蜡：** 地板磨光后应立即上漆，使之与空气隔断，避免湿气侵袭地板。

④ 施工流程（强化复合地板）

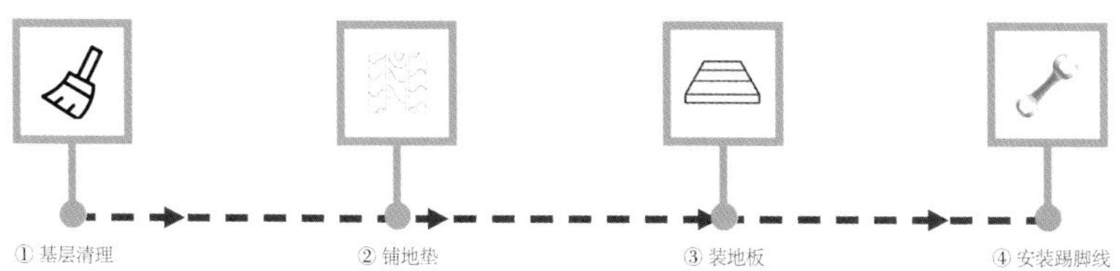

重点监控：

· **铺地垫**：先满铺地垫，或铺一块装一块，接缝处不得叠压。

· **装地板**：铺装可从任意处开始，不限制方向。

施工疑难问题解析

※ **木地板表面不平时怎么办?**

○ 基层不平或地板条变形起拱所致。

○ 安装施工时，用水平尺对龙骨表面找平，如不平应垫垫木调整。

○ 龙骨上应做通风小槽。

○ 板边距墙面应留出 10 毫米的通风缝隙。

○ 保温隔音层材料必须干燥，防止地板受潮后起拱。

○ 木地板表面平整度误差应在 1 毫米以内。

※ **避免地板有响声的办法有哪些?**

○ 彻底根治需重新紧固地龙，重装地板，却费工又费料。

○ 需在安装地龙和地板之前，注重工艺和方法，地板才不会出声。

六、五金、门窗的安装

五金和门窗的安装在家居装修中属于细节项目。主要应注意施工工艺与设计图是否符合，是否有漏项等问题。

1. 五金施工工艺

① 日用五金分类

类别	内容
锁类	外装门锁、抽屉锁、玻璃橱窗锁、防盗锁、锁芯等。
拉手类	抽屉拉手、柜门拉手、玻璃门拉手等。
门窗类五金	合页：玻璃合页、拐角合页、轴承合页（铜质、钢质）等。滑轨道：抽屉轨道、推拉门轨道等。门吸，密封条等。
家庭装饰小五金类	窗帘杆（铜质、木质）、升降晾衣架等。
水暖五金类	角阀、地漏等。
卫生间、厨房五金	水龙头、花洒、水槽、开关、插座等。

② 施工常识

※ 木工五金安装

◎ 五金件的安装时间需考虑好与油漆工施工的衔接问题。

◎ 五金件的安装时间不宜过早，避免施工时过多考虑对五金件的保护。

◎ 安装五金件要注意不能破坏油漆工人已经完成的施工。

◎ 对于需要钻孔的五金件，基本上是在油漆工施工之前，或主要工序进行之前完成。

◎ 油漆工完成施工后，木工再进行安装工作。

※ 浴室五金安装

浴巾架	主要装在浴亭外边，离地约 1.8 米的高度。
双管毛巾架	◎ 装在卫生间中央部位空旷的墙壁上。 ◎ 装在单管毛巾架上方时，离地约 1.6 米。 ◎ 单独安装时，离地约 1.5 米。
单管毛巾架（脚巾架）	◎ 装在卫生间中央部位空旷的墙壁上。 ◎ 装在双管毛巾架下方时，离地约 1.0 米。 ◎ 单独安装时，离地约 1.5 米。
单层物品架（化妆架）	◎ 安装在洗脸盘上方、化妆镜的下部。 ◎ 离脸盆的高度以 30 厘米为宜。
衣钩	◎可安装在浴室外边的墙壁上。 ◎离地应在 1.7 米的高度。
墙角玻璃架	◎ 安装在洗衣机上方的墙角上。 ◎ 架面与洗衣机的间距以 35 厘米为宜。
纸巾架	◎ 安装在马桶侧，用手容易够到，且不太明显的地方。 ◎ 一般以离地 60 厘米为宜。

2. 门窗施工工艺

① 作业条件

◎ 门窗框靠地的一面应刷防腐漆，其他各面及扇均应涂刷一道清油。

◎ 门框的安装应依据图纸尺寸核实后进行安装。

◎ 门窗框安装应在抹灰前进行。

◎ 门扇和窗扇安装宜在抹灰完成后进行。

② 材料准备（木门窗）

主材	木门窗（包括纱门窗）。
其他材料	防腐剂、钉子、木螺丝、合页、插销、拉手、挺钩、门锁等按门窗图表所列的小五金型号、种类及其配件准备。
主要机具	粗刨、细刨、裁口刨、单线刨、锯、锤子、斧子、改锥、线勒子、扁铲、塞尺、线坠、红线包、墨汁、木钻、小电锯、担子板、扫帚等。

③ 施工流程（木门窗）

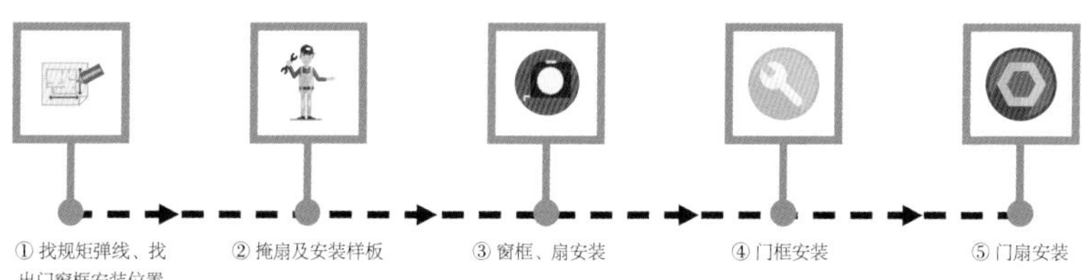

重点监控：

· **找规矩弹线：** 要保证门窗安装的牢固性。

· **窗框、扇安装：** 应考虑抹灰层的厚度，并要在墙上画出安装位置线。

· **门框安装：** 应在地面工程施工前完成，门框安装应保证牢固。

· **门扇安装：** 确定门的开启方向及小五金型号和安装位置。

④ 材料准备（铝合金门窗）

主材	铝合金门窗型材。
辅助材料	防腐材料、填缝材料、密封材料、防锈漆、水泥、砂、连接铁脚、连接板等。
主要机具	电锤、射钉枪、电焊机、经纬仪、螺丝刀、手锤、扳手、钳子、水平尺、线坠等。

⑤ 施工流程（铝合金门窗）

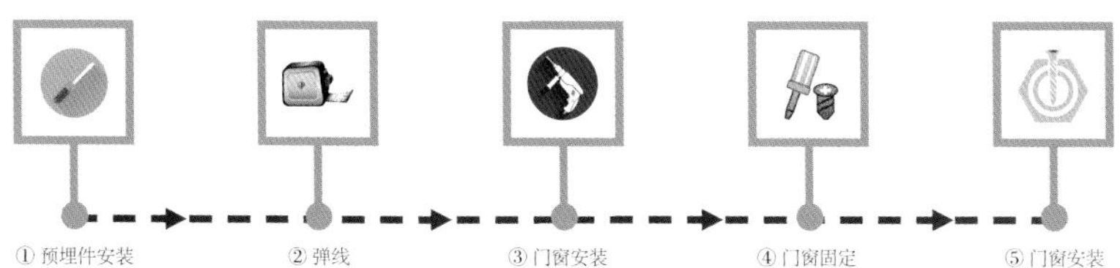

重点监控：

· **预埋件安装：** 洞口预埋铁件间距须与门窗框上设置的连接件配套。

· **门窗框安装：** 铝框上的保护膜在安装前后不得撕除或损坏。

· **门窗安装：** 框与扇配套组装而成，开启扇需整扇安装。

⑥ 材料准备（塑钢门窗）

主材	塑钢门窗型材。
其他材料	连接件、镀锌铁脚、自攻螺栓、膨胀螺栓、PE发泡软料、玻璃压条、五金配件等。
主要机具	电锤、射钉枪、电焊机、经纬仪、螺丝刀、手锤、扳手、钳子、水平尺、线坠等。

⑦ 施工流程（塑钢门窗）

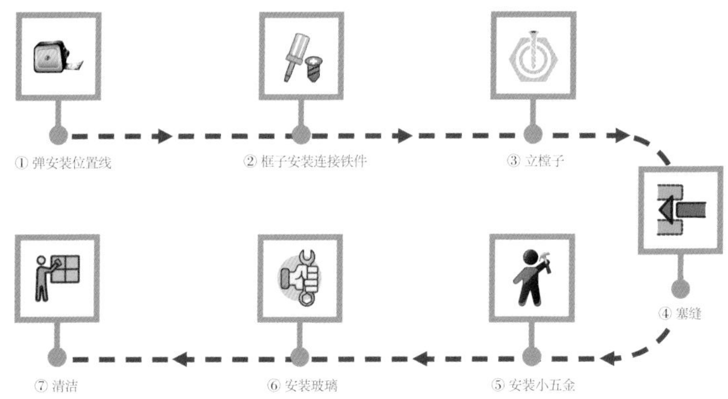

重点监控：

- **框子安装连接铁件：**严禁用锤子敲打框子，以免损坏。
- **立樘子：**严禁用水泥砂浆或麻刀灰填塞，以免门窗框架受震变形。
- **安装小五金：**严禁直接锤击打入。
- **安装玻璃：**半玻璃平开门，可在安装后直接装玻璃。可拆卸的窗扇，可先将玻璃装在扇上，再把扇装在框上。

⑧ 材料准备（窗帘盒、窗帘杆）

主材	木材及制品（一般采用红、白松及硬杂木干燥料）。
其他材料	五金配件、金属窗帘杆。
主要机具	手电钻、小电动台锯、木工大刨子、小刨子、槽刨、小木锯、螺丝刀、凿子、冲子、钢锯等。

⑨ 施工流程（窗帘盒、窗帘杆）

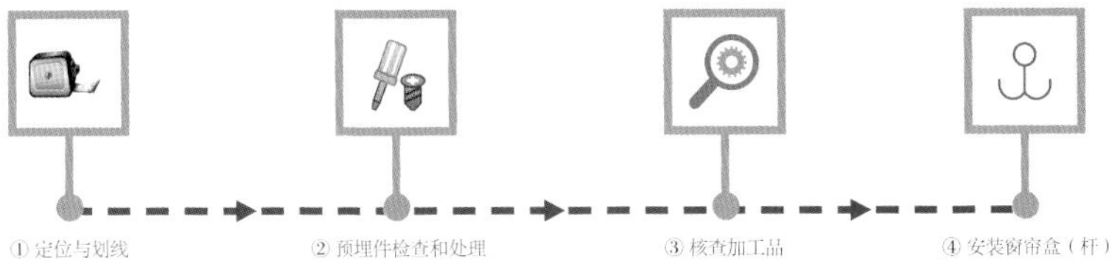

① 定位与划线　② 预埋件检查和处理　③ 核查加工品　④ 安装窗帘盒（杆）

重点监控：

·安装窗帘盒：将窗帘盒中线对准窗口中线、盒的靠墙部位要贴严、固定方法按个体设计。

·窗帘杆安装：做到平、正同房间标高一致。

施工疑难问题解析

※ 门窗套安装经常出现哪些缺陷？

○ 门套线碰角高低不平：两条套线应该在同一平面，且高低一致，再要接缝严密。

○ 门套不垂直、上下口宽度不一致：门套上口根据墙面的水平线调水平度。

※ 门窗拆除后，是否可以直接施工？

○ 门窗拆除后不可以直接施工。

○ 施工时要把拆坏的地方用水泥沙浆或石膏修理平整。

第十章
装修质量现场验收，及时处理遗留问题

一、常见验收工具

家庭装修过程中，验收是非常重要的环节，但是房屋验收不是仅凭眼睛观察就能发现问题，对于可能存在的内部问题，则需要使用专业验收工具辅助检验。

1. 垂直检测尺

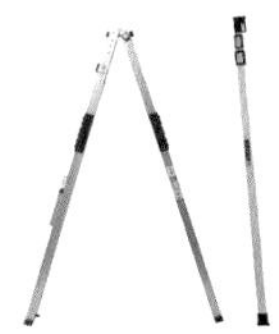

定义：又称靠尺，用以检测建筑物体平面的垂直度、平整度及水平度偏差。

作用：检测墙面、瓷砖是否平整、垂直；检测地板龙骨是否水平、平整。

功能：垂直度检测、水平度检测、平整度检测。

使用要点：

垂直度检测

☆ 用于 1 米检测时，将检测尺左侧面靠紧被测面。☆ 待指针自行摆动停止时，直读指针所指刻度下行刻度数值。☆ 此数值即被测面 1 米垂直度偏差，每格为 1 毫米。☆ 用于 2 米检测时，检测方法同上。☆ 直读指针所指上行刻度数值，此数值即被测面 2 米垂直度偏差，每格为 1 毫米。☆ 如被测面不平整，可用右侧上下靠脚（中间靠脚旋出不要）检测。

水平度检测

☆ 检测尺侧面装有水准管。☆ 可检测水平度，用法同普通水平仪。

平整度检测

☆ 检测尺侧面靠紧被测面。☆ 其缝隙大小用契形塞尺检测，其数值即平整度偏差。

垂直检测尺校正方法

○ 垂直检测时，若发现仪表指针数值偏差，应将检测尺放在标准器上进行校对调正。

○ 可自行准备一根长约 2.1 米水平直方木或铝型材作为标准器。

○ 将其竖直安装在墙面，将检测尺放在标准水平物体上，用十字螺丝刀调节水准管，使气泡居中。

2. 游标卡尺

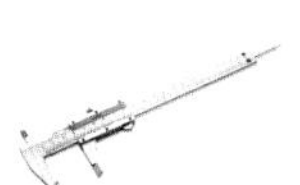

定义：由主尺和附在主尺上能滑动的游标两部分构成的工具。

作用：测量工件宽度、测量工件外径、测量工件内径、测量工件深度。

功能：测量长度、内外径、深度。

使用要点：

☆ 将量爪并拢，查看游标和主尺身的零刻度线是否对齐。
☆ 对齐即可进行测量，若没对齐则要记取零误差。
☆ 游标零刻度线在尺身零刻度线右侧叫正零误差，在尺身零刻度线左侧叫负零误差。
☆ 测量零件外尺寸时，卡尺两测量面的连线应垂直于被测量表面，不能歪斜。
☆ 测量时，可以轻轻摇动卡尺，放正垂直位置。

游标卡尺的读数方法

○ 先以游标零刻度线为准在尺身上读取毫米整数。 ○ 看游标上第几条刻度线与尺身的刻度线对齐，如第 6 条刻度线与尺身刻度线对齐，则小数部分为 0.6 毫米。 ○ 若没有正好对齐的线，则取最接近对齐的线进行读数。
○ 如有零误差，则用上述结果减去零误差。 ○ 读数结果 = 整数部分 + 小数部分 − 零误差

3. 响鼓锤

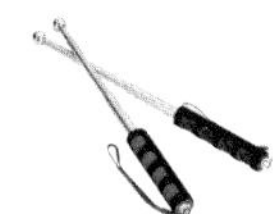

定义：由锤头和锤把组成，其特征在于锤头上部为楔状，下部为方形。

作用：通过锤头与墙面撞击的声音来判断是否存在空鼓现象。

功能：一般分为 10 克、1 克、25 克、50 克 和伸缩式。

使用要点：

锤尖

☆ 检测石材面板或大块陶瓷面砖的空鼓面积。
☆ 将锤尖置于其面板或面砖角部，左右来回退着向面板或面砖中部轻轻滑动并听其声音，判定空鼓面积或程度。
☆ 注意不能用锤头或锤尖敲击面板、面砖。

锤头

☆ 检测较厚的水泥砂浆找坡层及找平层，或厚度在 40 毫米左右混凝土面层的空鼓面积或程度。
☆ 将锤头置于距其表面 20 ~ 30 毫米的高度，轻轻反复敲击，通过轻击过程所发出的声音判定空鼓面积或程度。

4. 万用表

定义：带有整流器，可测量交、直流电流，电压及电阻等多种电学参量的磁电式仪表。
作用：测量被测量物体的电阻，交、直流电压。测量晶体管的主要参数以及电容器的电容量。

使用要点：

☆ 使用前，先进行“机械调零”，使万用表指针指在零电压或零电流的位置上。
☆ 测量某电路电阻时，须切断被测电路电源，不得带电测量。
☆ 测量某一电量时，不能在测量同时换挡。
☆ 如需换挡，应先断开表笔，换挡后再测量。
☆ 被测数据不明时，应先将量程开关置于最大值，而后由大量程往小量程档处切换，使仪表指针指示在满刻度的 ½ 以上处。
☆ 万用表使用完毕，应将转换开关置于交流电压的最大档。
☆ 如长期不使用，应将万用表内部电池取出，以免电池腐蚀表内其他器件。

5. 卷尺

定义：又称鲁班尺，一种软性测量工具。
作用：测量房屋的净高、净宽和橱柜等的尺寸。
功能：检测预留空间是否合理，设计大小是否一致。

使用要点：

☆ 卷尺量尺寸的方法一种是挂在物体上，一种是顶到物体上。
☆ 两种量法差别在于卷尺头部铁片的厚度。
☆ 卷尺头部松的目的是在顶在物体上时，能将卷尺头部铁片补偿出来。

6. 直角尺

定义：一种专业量具，简称角尺，有些场合也被称为靠尺。
作用：检测工件的垂直度及工件相对位置的垂直度，有时也用于画线。
功能：用于垂直度检验，安装加工定位，画线等。

使用要点：

☆ 将直角尺放在墙角或门窗内角，看两条边是否和尺的两边吻合。
☆ 如果吻合说明墙角或边角是呈直角状态。

7. 塞尺

定义：又称测微片或厚薄规，横截面为直角三角形，斜边上有刻度。
作用：检验间隙。
功能：利用锐角正玄直接将短边长度表示在斜边上，可直接读出缝的大小。

使用要点：

☆ 使用前须先清除塞尺和工件上的污垢与灰尘。
☆ 测量时，先用较薄的一片塞尺插入被测间隙内，若仍有空隙，则挑选较厚的依次插入，直至恰好塞进而不松不紧，该片塞尺的厚度即为被测间隙大小。
☆ 若没有所需厚度的塞尺，可取若干片塞尺相迭代用，被测间隙即为各片塞尺尺寸之和。
☆ 使用中根据结合面的间隙情况选用塞尺片数，但片数愈少愈好。
☆ 由于塞尺很薄，容易折断，测量时不能用力太大。
☆ 使用后应在表面涂以防锈油，并收回到保护板内。
☆ 不能测量温度较高的工件。

二、局部验收项目

在整个装修过程中，涉及的施工项目非常之多，因此学会基本的验收常识，才能在装修中有所预防，避免日后因为验收不到位而出现大小问题。

1. 电路施工质量验收

序号	验收标准	是	否
1	所有房间灯具使用正常		
2	所有房间电源及空调插座使用正常		
3	所有房间电话、音响、电视、网络使用正常		
4	有详细的电路布置图，标明导线规格及线路走向		
5	灯具及其支架牢固端正，位置正确，有木台的安装在木台中心		
6	导线与灯具连接牢固紧密，压板连接时无松动，水平无斜。螺栓连接时，在同一端子上导线不超过两根，防松垫圈等配件齐全		

2. 水路施工质量验收

序号	验收标准	是	否
1	管道工程施工符合工艺要求外，还应符合国家有关标准规范		

续表

序号	验收标准	是	否
2	给水管道与附件、器具连接严密，经通水实验无渗水		
3	排水管道无倒坡、无堵塞、无渗漏，地漏篦子应略低于地面		
4	卫生器具安装位置正确，器具上沿要水平端正牢固		
5	阀门注意方面：低进高出，沿水流方向		
6	管检验压力，管壁应无膨胀、无裂纹、无泄漏		
7	明管、主管管外皮距墙面距离一般为 2.5～3.5 厘米		
8	冷、热水管间距一般不小于 150～200 毫米		
9	卫生器具采用下供水，甩口距地面一般为 350～450 毫米		
10	洗脸盆、台面距地面一般为 800 毫米，沐浴器为 1800～2000 毫米		
11	管材外观颜色一致，无色泽不均匀及分解变色线；内外壁应光滑、平整，无气泡、裂口、裂纹、脱皮、痕纹及碰撞凹陷。公称直径不大于 32 毫米，盘管卷材调直后截断面应无明显椭圆变形		

3. 马赛克施工质量验收

序号	验收标准	是	否
1	马赛克粘贴必须牢固		
2	满粘法施工的马赛克工程无空鼓、裂缝		
3	马赛克的品种、规格、颜色和性能符合设计要求		
4	阴阳角处搭接方式、非整砖使用部位应符合要求		
5	马赛克表面平整、洁净，色泽一致，无裂痕和缺损		

4. 陶瓷墙面砖施工质量验收

序号	验收标准	是	否
1	陶瓷墙砖的品种、规格、颜色和性能符合设计要求		
2	满粘法施工的陶瓷墙砖工程无空鼓、裂缝		
3	瓷砖表面平整、洁净，色泽一致，无裂痕和缺损		
4	阴阳角处搭接方式、非整砖的使用部位符合设计要求		
5	墙面突出物周围的陶瓷墙砖应整砖套割吻合，边缘整齐		
6	墙裙、贴脸凸出墙面的厚度一致		
7	接缝平直、光滑，填嵌连续、密实，宽度和深度应符合要求		

5. 隔墙施工质量验收

序号	验收标准	是	否
1	木龙骨及木墙面板的防火和防腐处理符合设计要求		
2	墙面板所用接缝材料的接缝方法应符合设计要求		
3	骨架隔墙上的孔洞、槽、盒位置正确，套割吻合，边缘整齐		
4	骨架隔墙内的填充材料应干燥，填充应密实、均匀、无下坠		
5	边框龙骨与基体结构连接牢固，并平整、垂直，位置正确		
6	隔墙表面平整光滑、色泽一致、无裂缝，接缝均匀、顺直		
7	骨架隔墙中龙骨间距和构造连接方法符合设计要求		
8	骨架内设备管线的安装、门窗洞口等部位加强龙骨应安装牢固、位置正确，填充材料的设置符合设计要求		

6. 墙面抹灰质量验收

序号	验收标准	是	否
1	抹灰前基层表面无尘土、污垢等杂物，并应浇水湿润		
2	一般抹灰所用的材料的品种和性能符合设计要求		
3	护角、孔洞、槽、盒周围的抹灰表面应整齐、光滑。管道后面的抹灰表面应平整		
4	抹灰层与基层之间及各抹灰层之间粘结牢固，抹灰层无脱层、空鼓，面层无爆灰和裂缝		

续表

序号	验收标准	是	否
5	抹灰分格缝的设置符合设计要求，宽度和深度均匀，表面应光滑，棱角整齐		
6	水泥砂浆不得抹在石灰砂浆上，罩面石膏灰不得抹在水泥砂浆层上		
7	有排水要求的部位做滴水线（槽），滴水线（槽）应整齐平顺、内高外低，滴水槽的宽度和深度均应不小于 10 毫米		
8	普通抹灰表面光滑、平整，分格缝清晰；高级抹灰表面光滑、颜色均匀、无抹纹，分格缝和灰线清晰美观		
9	每当抹灰总厚度大于或等于 35 毫米时，采取加强措施。不同材料基体交接处表面的抹灰，采取防止开裂的加强措施，当采用加强网时，加强网与各基体的搭接宽度不小于 100 毫米		

7. 乳胶漆施工质量验收

序号	验收标准	是	否
1	所用乳胶漆的品种、型号和性能符合设计要求		
2	墙面涂刷的颜色、图案符合设计要求		
3	墙面应涂饰均匀、粘结牢固，不得漏涂、透底、起皮和掉粉		
4	基层处理符合要求		
5	表面颜色应均匀一致		

续表

序号	验收标准	是	否
6	不允许或允许少量轻微出现泛碱、咬色等质量缺陷		
7	不允许或允许少量轻微出现流坠、疙瘩等质量缺陷		
8	不允许或允许少量轻微出现砂眼、刷纹等质量缺陷		

8. 木材表面涂饰施工质量验收

序号	验收标准	是	否
1	所用涂料的品种、型号和性能符合要求		
2	木材表面涂饰工程的表面颜色均匀一致		
3	木材表面涂饰工程的颜色、图案符合要求		
4	工程中不允许出现流坠、疙瘩、刷纹等问题		
5	装饰线、分色线直线度的尺寸偏差不得大于1毫米		
6	木材表面涂饰工程的光泽度与光滑度符合设计要求		
7	涂饰均匀、粘结牢固，不得漏涂、透底、起皮和掉粉		

9. 大理石饰面板施工质量验收

序号	验收标准	是	否
1	石材表面无泛碱等污染		
2	后置埋件的现场拉拔强度符合设计要求		
3	大理石饰面板上的孔洞套割吻合，边缘整齐		
4	大理石饰面板的品种、规格、颜色和性能符合要求		
5	大理石饰面板的表面平整、洁净、色泽一致，无裂痕和缺损		
6	嵌缝密实、平直，宽度和深度符合设计要求，嵌填材料色泽一致		
7	安装工程的预埋件、连接件的数量、规格、位置、连接方法和防腐处理符合设计要求		
8	采用湿作业法施工的大理石饰面板工程，石材应进行防碱背涂处理，饰面板与基体之间的灌注材料饱满密实		

10. 木质饰面板施工质量验收

序号	验收标准	是	否
1	木质饰面板的孔、槽数量，位置及尺寸符合要求		
2	木质饰面板的表面应平整、洁净、色泽一致，无裂痕和缺损		

续表

序号	验收标准	是	否
3	木质饰面板的嵌缝密实、平直，宽度和深度符合设计要求，嵌填材料色泽一致		
4	木质饰面板的品种、规格、颜色和性能符合设计要求，木龙骨、木饰面板的燃烧性能等级符合要求		

11. 壁纸裱糊施工质量验收

序号	验收标准	是	否
1	壁纸边缘平直整齐，不得有纸毛、飞刺		
2	壁纸的阴角处搭接顺光，阳角处无接缝		
3	壁纸与各种装饰线、设备线盒等交接严密		
4	复合压花壁纸的压痕及发泡壁纸的发泡层无损坏		
5	壁纸应粘贴牢固，不得有漏贴、补贴、脱层、空鼓和翘边		
6	壁纸的种类、规格、图案、颜色和燃烧性能等级符合要求		
7	裱糊后各幅拼接横平竖直，拼接处花纹、图案吻合，不离缝、不搭接，且拼缝不明显		
8	裱糊后壁纸表面平整，色泽应一致，不得有波纹起伏、气泡、裂缝、褶皱和污点，且斜视无胶痕		

12. 软包施工质量验收

序号	验收标准	是	否
1	清漆涂饰木制边框的颜色、木纹协调一致		
2	软包工程的安装位置及构造做法符合要求		
3	单块软包面料不应有接缝，四周绷压严密		
4	软包工程的龙骨、衬板、边框应安装牢固，无翘曲，拼缝平直		
5	软包工程表面平整、洁净，无凹凸不平及褶皱。图案清晰、无色差，整体协调美观		
6	软包边框平整、顺直，接缝吻合。其表面涂饰质量符合涂饰工程的有关规定		
7	软包面料、内衬材料及边框的材质、图案、颜色、燃烧性能等级和木材的含水率必须符合要求		

13. 吊顶施工质量验收

序号	验收标准	是	否
1	木质龙骨平整、顺直、无劈裂		
2	明龙骨吊顶工程的吊杆和龙骨安装必须牢固		
3	吊顶的标高、尺寸、起拱和造型符合设计的要求		

续表

序号	验收标准	是	否
4	石膏板的接缝应按其施工工艺标准进行板缝防裂处理		
5	饰面材料的材质、品种、规格、图案和颜色符合设计要求		
6	暗龙骨吊顶工程的吊杆、龙骨和饰面材料的安装必须牢固		
7	当饰面材料为玻璃板时，使用安全玻璃或采取可靠的安全措施		
8	吊杆、龙骨的材质、规格、安装间距及连接方式符合设计要求		
9	金属吊杆、龙骨进行表面防腐处理，木龙骨进行防腐、防火处理		
10	安装双层石膏板时，面板层与基层板的接缝应错开，并不得在同一根龙骨上接缝		
11	金属龙骨的接缝平整、吻合、颜色一致，不得有划伤、擦伤等表面缺陷		
12	饰面材料的安装稳固严密。饰面材料与龙骨的搭接宽度大于龙骨受力面宽度的 ⅔		
13	饰面板上的灯具、烟感器、喷淋等设备的位置合理、美观，与饰面板的交接严密吻合		
14	吊顶内填充吸声材料的品种和铺设厚度符合设计要求，并有防散落措施		
15	饰面材料表面洁净，色泽一致，不得有曲翘、裂缝及缺损。饰面板与明龙骨的搭接平整、吻合，压条平直、宽窄一致		

14. 陶瓷地面砖施工质量验收

序号	验收标准	是	否
1	面层与下一层的结合（粘结）牢固，无空鼓		
2	踢脚线表面洁净，高度一致，结合牢固，出墙厚度一致		
3	面层邻接处的镶边用料及尺寸符合设计要求，边角整齐且光滑		
4	面层表面的坡度符合设计要求，不倒泛水、无积水，与地漏、管道结合处严密牢固，无渗漏		
5	砖面层的表面洁净，图案清晰，色泽一致，接缝平整，深浅一致，周边直顺。板块无裂纹、掉角和缺棱等缺陷		
6	楼梯踏步和台阶板块的缝隙宽度一致、齿角整齐。楼段相邻踏步高度差不应大于 10 毫米，且防滑条顺直		

15. 石材地面施工质量验收

序号	验收标准	是	否
1	面层与下一层的结合（黏结）牢固，无空鼓		
2	踢脚线表面洁净，高度一致，结合牢固，出墙厚度一致		
3	大理石，花岗岩面层所用板块的品种，质量符合设计要求		
4	面层表面的坡度符合设计要求，不倒泛水、无积水，与地漏、管道结合处严密牢固，无渗漏		

续表

序号	验收标准	是	否
5	砖面层的表面洁净，图案清晰，色泽一致，接缝平整，深浅一致，周边直顺。板块无裂纹、掉角和缺棱等缺陷		
6	楼梯踏步和台阶板块的缝隙宽度一致，齿角整齐。楼段相邻踏步高度差不应大于 10 毫米，且防滑条顺直		

16. 实木地板铺设质量验收

序号	验收标准	是	否
1	木格栅安装牢固、平直		
2	面层铺设应牢固，粘结无空鼓		
3	木格栅、垫木和毛地板等做防腐、防蛀处理		
4	面层缝隙严密，接缝位置应错开，表面要洁净		
5	实木地板面层所采用的材质和铺设时的木材含水率符合要求		
6	木地板面层所采用的条材和块材，其技术等级及质量要求符合要求		
7	拼花地板的接缝对齐，粘钉严密。缝隙宽度均匀一致。表面洁净，无溢胶		
8	实木地板的面层刨平，磨光，无明显刨痕和毛刺等现象。实木地板的面层图案清晰，颜色均匀一致		

17. 复合地板铺设质量验收

序号	验收标准	是	否
1	面层铺设牢固，黏结无空鼓		
2	踢脚线表面光滑，接缝严密，高度一致		
3	强化复合地板面层所采用的材料，其技术等级及质量要求符合要求		
4	强化复合地板面层的颜色和图案符合设计要求。图案清晰，颜色均匀一致，板面无翘曲		

18. 塑钢门窗安装质量验收

序号	验收标准	是	否
1	推拉门窗扇有防脱落措施		
2	推拉门窗扇的开关力不大于 100 牛		
3	滑撑铰链的开关力不大于 80 牛，并不小于 30 牛		
4	平开门窗扇开关灵活，平铰链的开关力不大于 80 牛		
5	内衬增强型钢的壁厚及设置符合质量要求		

续表

序号	验收标准	是	否
6	塑钢门窗扇开关灵活，关闭严密，无倒翘		
7	塑钢门窗表面洁净、平整、光滑，大面无划痕、碰伤		
8	塑钢门窗扇的密封条不得脱槽，旋转窗间隙基本均匀		
9	固定片或膨胀螺栓的数量与位置正确，连接方式符合要求		
10	窗框必须与拼樘料连接紧密，固定点间距不应大于 600 毫米		
11	固定点距穿角、中横框、中竖框 150～200 毫米，固定点间距不大于 600 毫米		
12	塑钢门窗配件的型号、规格、数量符合设计要求，安装牢固，位置正确，功能满足使用要求		
13	塑钢门窗的品种、类型、规格、开启方向、安装位置、连接方法及填嵌密封处理符合要求		
14	塑钢门窗框与墙体间缝隙采用闭孔弹性材料填嵌饱满，表面采用密封胶密封，密封胶粘结牢固，表面光滑、顺直、无裂纹		
15	塑钢门窗拼樘料内衬增强型钢的规格、壁厚必须符合要求，型钢与型材内腔紧密吻合，其两端必须与洞口固定牢固		

19. 木门窗安装质量验收

序号	验收标准	是	否
1	木门窗扇安装牢固，并开关灵活，关闭严密无倒翘		
2	门窗框预埋木砖的防腐处理，木门窗框固定点的数量、位置及固定方法符合要求		
3	木门窗的品种、类型、规格、开启方向、安装位置及连接方法符合要求		
4	木门窗配件的型号、规格、数量符合设计要求，安装牢固，位置正确，功能满足使用要求		
5	木门窗与墙体间缝隙的填嵌材料符合设计要求，填嵌饱满。寒冷地区外门窗（或门窗框）与砌体间的空隙填充保温材料		

20. 铝合金门窗安装质量验收

序号	验收标准	是	否
1	铝合金门窗推拉门窗扇开关力不大于 100N		
2	铝合金门窗的防腐处理及填嵌、密封处理应符合要求		
3	门窗扇的橡胶密封条或毛毡密封条安装完好，不得脱槽		
4	有排水孔的铝合金门窗，排水孔应畅通，位置和数量符合设计要求		

续表

序号	验收标准	是	否
5	铝合金门窗框预埋件的数量、位置、埋设方式、与框的连接方式符合要求		
6	铝合金门窗扇必须安装牢固，并开关灵活、关闭严密无倒翘。推拉门窗扇有防脱落措施		
7	铝合金门窗配件的型号、规格、数量符合设计要求，安装牢固，位置应正确，功能应满足使用要求		
8	铝合金门窗框与墙体之间的缝隙填嵌饱满，并采用密封胶密封。密封胶表面光滑、顺直、无裂纹		
9	铝合金门窗表面洁净、平整、光滑、色泽一致、无锈蚀，大面应无划痕、碰伤。漆膜或保护层应连续		
10	铝合金门窗的品种、类型、规格、开启方向、安装位置、连接方法及铝合金门窗的型材壁厚符合设计要求		

21. 橱柜安装质量验收

序号	验收标准	是	否
1	厨房设备安装前的检验		
2	吊柜的安装应根据不同的墙体采用不同的固定方法		
3	安装水龙头，要求安装牢固，上水连接不能出现渗水现象		

续表

序号	验收标准	是	否
4	安装灶台，不得出现漏气现象，安装后用肥皂沫检验是否安装完好		
5	安装不锈钢水槽时，应保证水槽与台面连接缝隙均匀，不渗水		
6	安装洗物柜底板下水孔处要加塑料圆垫，下水管连接处应保证不漏水、不渗水，不得使用各类胶粘剂连接接口部分		
7	抽油烟机的安装，要注意吊柜与抽油烟机罩的尺寸配合，应达到协调统一		
8	底柜安装应先调整水平旋钮，保证各柜体台面、前脸均在一个水平面上，两柜连接使用木螺钉，后背板通管线、表、阀门等应在背板画线打孔		

22. 洗手盆安装质量验收

序号	验收标准	是	否
1	洗手盆产品平整无损裂		
2	排水栓有不小于 8 毫米直径的溢流孔		
3	洗手盆与排水管连接后牢固密实，且便于拆卸，连接处不得敞口		
4	托架固定螺栓可采用不小于 6 毫米 的镀锌开脚螺栓或镀锌金属膨胀螺栓（如墙体是多孔砖，则严禁使用膨胀螺栓）		
5	排水栓与洗手盆连接时，排水栓溢流孔尽量对准洗手盆溢流孔，以保证溢流部位畅通，镶接后排水栓上端面低于洗手盆底		

续表

序号	验收标准	是	否
6	洗手盆与墙面接触部用硅膏嵌缝。如洗手盆排水存水弯和水龙头是镀铬产品，在安装时不得损坏镀层		

23. 浴缸安装质量验收

序号	验收标准	是	否
1	安装时不损坏镀铬层。镀铬罩与墙面紧贴		
2	淋浴器其高度可按有关标准或按用户需求安装		
3	浴缸上口侧边与墙面结合处用密封膏填嵌密实		
4	浴缸安装上平面必须用水平尺校验平整，不得侧斜		
5	其他各类浴缸可根据有关标准或用户需求确定浴缸上平面高度		
6	各种浴缸冷、热水龙头或混合龙头其高度高出浴缸上平面 150 毫米		
7	浴缸排水与排水管连接应牢固密实，且便于拆卸，连接处不得敞口		
8	如浴缸侧边砌裙墙，应在浴缸排水处设置检修孔或在排水端部墙上开设检修孔		
9	在安装裙板浴缸时，其裙板底部应紧贴地面，楼板在排水处应预留 250～300 毫米洞孔，便于排水安装，在浴缸排水端部墙体设置检修孔		

24. 坐便器安装质量验收

序号	验收标准	是	否
1	冲水箱内溢水管高度低于扳手孔 30~40 毫米		
2	带水箱及连体坐便器其水箱后背部离墙不大于 20 毫米		
3	坐便器的安装应用不小于 6 毫米的镀锌膨胀螺栓固定，坐便器与螺母间应用软性垫片固定，污水管露出地面 10 毫米		
4	安装时不得破坏防水层，已经破坏或没有防水层的，要先做好防水，并经 24 小时积水渗漏试验		
5	给水管安装角阀高度一般距地面至角阀中心为 250 毫米，如安装连体坐便器应根据坐便器进水口离地高度而定，但不小于 100 毫米，给水管角阀中心一般在污水管中心左侧 150 毫米 或根据坐便器实际尺寸定位		

25. 窗帘盒（杆）安装质量验收

序号	验收标准	是	否
1	窗帘盒（杆）配件的品种、规格符合设计要求，安装牢固		
2	窗帘盒（杆）的造型、规格、尺寸、安装位置和固定方法符合要求。窗帘盒（杆）的安装牢固		
3	窗帘盒（杆）的表面平整、洁净，线条顺直，接缝严密，色泽一致，不得有裂缝、翘曲及损坏		
4	窗帘盒（杆）施工所使用的材料的材质及规格、木材的燃烧性能等级和含水率、人造板材的甲醛含量符合要求和国家规定		

26. 开关、插座安装质量验收

序号	验收标准	是	否
1	插座使用的漏电开关动作灵敏可靠		
2	开关切断火线。插座的接地线单独敷设		
3	插座的接地保护线措施及火线与零线的连接位置符合规定		
4	开关、插座的安装位置正确。盒子内清洁，无杂物，表面清洁、不变形，盖板紧贴建筑物的表面		
5	明开关，插座的底板和暗装开关、插座的面板并列安装时，开关、插座的高度差允许为 ±0.5 毫米；同一空间的高度差为 ±5 毫米		

27. 地漏安装质量验收

序号	验收标准	是	否
1	地漏四周光滑、平整		
2	地漏水封高度达到 50 毫米		
3	地漏箅子的开孔孔径应是 6~8 毫米		
4	地漏低于地面 10 毫米左右，排水流量不能太小		
5	注意整修排水预留孔，使其和买回来的地漏吻合		
6	如果安装的是多通道地漏，应注意地漏的进水口不宜过多，一般有两个进水口就可以满足使用需要了		

第十一章

软装采购与布置，完成装修最后一关

一、家居软装配饰的预算占比

二、常见软装的种类与应用

三、常见软装的选购要点

四、常见家具、家电标准尺寸

一、家居软装配饰的预算占比

家居软装配饰的种类一般包括织物、灯具、植物、装饰画、雕塑、器皿等。在家庭装修中往往将装饰部分与家具和家电部分放在一起做预算。

1. 不同配饰的价格区间

种类	概述
灯具	◎ 以盏或组计价 ◎ 材质和造型不同的灯具，价格差异较大 ◎ 进口灯具的价格尤高
地毯	◎ 价格根据材质、花型、工艺不同有所差异 ◎ 平均价格在 300~500 元 / 平方米 ◎ 也不乏有上千元的，及百元左右的品种
窗帘	◎ 价格根据其品种而有所差别 ◎ 落地帘的价格为 50~500 元 / 平方米；印花卷帘的价格为 20~45 元 / 平方米；百叶帘的价格为 45~75 元 / 平方米；风琴窗帘的价格为 50~1200 元 / 平方米
床上用品	◎ 以四件套为基准，低端产品百元左右，一些大品牌产品定价在 500 元左右 ◎ 一般家庭选择 300 元左右的即可
装饰画	◎ 价格区间跨度较大，从便宜的几十元到上千元的均有 ◎ 手工制作的装饰画价格偏高
工艺品	从几块钱到上万元的均有，可根据实际装修选择
花卉绿植	◎ 价格区间跨度大，一般家庭购置不超过千元 ◎ 追求品质的家庭，可根据实际预算选购

2. 了解家庭装修不同档次的配饰预算

装修档次	费用（以 100 平方米为基准）
经济型	0.8～3 万元
中档型	1.8～6.3 万元
高档型	3～10.5 万元
豪华型	5～12 万元（或以上）

3. 了解家庭装修不同空间的配饰预算比例

把装修软装开支做成 100%，各种开支所占比例如下（不包括电器、家具）：

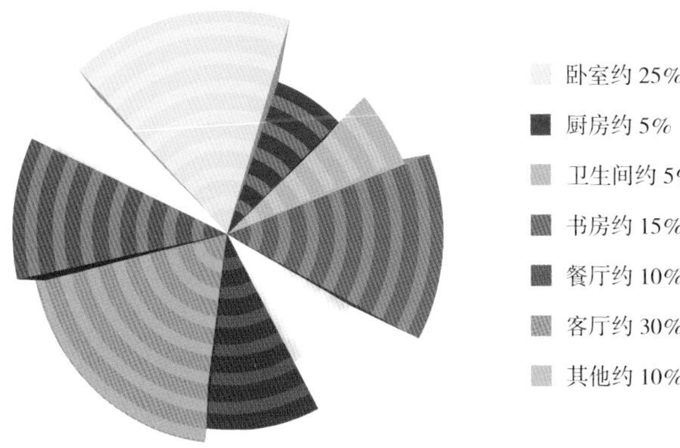

二、常见软装的种类与应用

软装元素在家居中既有实用功能，可为家居生活提供便利，也具有装饰功能，美化空间环境。不同的软装类别，还可以细分成若干小类，为家居空间提供多样化的设计可能。

1. 家具

家具是室内设计的重要组成部分，是陈设中的主体。相对抽象的室内空间而言，家具陈设具体生动，形成了对室内空间的二次创造，起到识别空间、塑造空间、优化空间的作用。

① 常见家具分类

※ 根据功能分类

坐卧性家具	贮存性家具	凭倚性家具	陈列性家具

如椅子、沙发、床等，满足人们日常的坐、卧需求。尺度要求细分	主要用来收藏、储存物品，包括衣柜、壁橱、书柜、电视柜等	人在坐时使用的餐桌、书桌等，及站立时使用的吧台等	包括博古架、书柜等，主要用于家居中一些工艺品、书籍的展示

※ 根据风格分类

现代家具

造型比较简洁、利索，体现出现代家居的实用理念

后现代家具

造型较个性，突破传统，给人造成视觉上的冲击力

欧式古典家具

造型复古而精美，雕花是其常用装饰，体现出奢华感

新古典家具

相较于欧式古典家具少了几分厚重，多了几分精致

中式古典家具

具有传统的古典美感，精雕细琢，体现出设计者的匠心

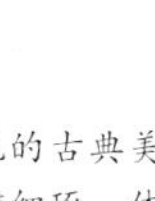

新中式家具

相比中式古典家具线条更加简化，符合现代人生活习惯

北欧家具

线条简洁、造型流畅，符合人体工学，多为板材家具

日式家具

具有禅意，较低矮，材质一般为竹、木、藤，体现自然气息

续表

美式家具	田园家具	东南亚家具	地中海家具
	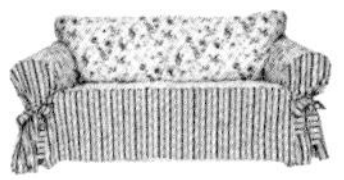		
形态厚重、线条粗犷，体现出自由、奔放的姿态	少不了布艺、碎花和格子，体现出清新而轻松的自然风情	以竹藤、木雕材质为主，体现出热带风情，给家居带来自然韵味	表现出海洋的清新感，其中船类造型经常用到

※ 根据家居空间应用分类

客厅			
双人沙发	三人沙发	转角沙发	单人沙发

小户型单独使用或做主沙发，2+1+1 组合，大户型做辅沙发，3+2+1 组合	小户型单独使用，大中户型适合用做主沙发，以 3+2+1 或 3+1+1 的形式组合使用	小户型中单独使用，或中、大户型作主沙发，以转角 +2 或转角 +1 的形式组合	作为沙发的辅助装饰性家具，大户型家居可成对出现，小户型最好使用一个

续表

客厅			
沙发椅	沙发凳	茶几	条几

作为辅助沙发，以3+1+沙发椅或2+1+沙发椅的形式组合使用，增加休闲感	作为点缀使用于沙发组合中，可选择与沙发组不同颜色或花纹的款式，能够活跃整体氛围	可结合户型的面积以及沙发组的整体形状来具体选择使用方形还是长方形	沙发不靠墙摆放时，可用在沙发后面，或用在客厅过道中，用来摆放装饰品
角几	边柜 	电视柜	组合柜
	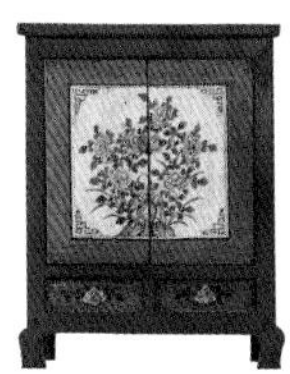	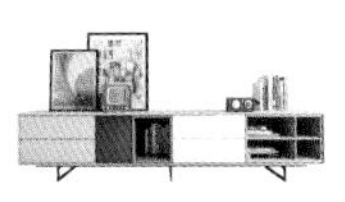	
用于沙发组合的角落空隙中	用于客厅过道或侧墙，储物及摆放装饰品	摆放电视或者相关电器及装饰品	用于电视墙，通常包含电视柜及立式装饰柜

续表

餐厅			
餐桌椅	角柜	餐边柜	酒柜
餐厅中主要定点家具，可根据餐厅面积、风格选择	三角造型，用于转角处，占地面积小，摆放装饰品或酒品	靠墙放置，可摆放装饰品，与装饰画墙组合效果更佳	适合有藏酒习惯的家庭，通常适用于大中户型
卧室			
床	床头柜	斗柜	衣柜
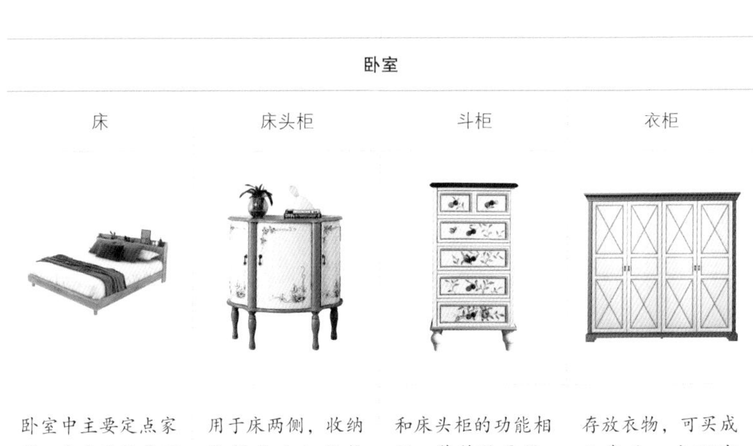			
卧室中主要定点家具，大小及款式可根据卧室的面积来选择	用于床两侧，收纳及摆放台灯及物品，与床选择整套的款式最佳	和床头柜的功能相似，装饰性更强，一般欧式、美式风格中常见	存放衣物，可买成品家具，也可定制，定制款式与家居空间吻合度更高

续表

卧室			
榻	床尾凳	梳妆台	衣帽架
	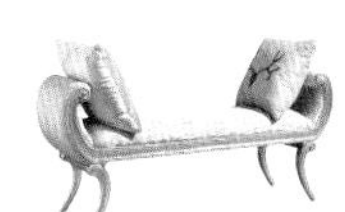		
适用大面积卧室，摆放在床边做短暂休息之用	适用大面积卧室，放置在床尾，用来更换衣物及装饰	适用于有女士的卧室中，大小根据卧室面积选择	体积小，可移动，可悬挂衣帽，特别适合面积小的卧室
书房			
书桌椅	书柜 	书架	休闲椅

书房主要家具，大小可根据书房面积及风格选择	体积较大，容纳量高，适合藏书丰富的家庭	体积比书柜小，更灵活，适合面积不大的书房	适用面积较大的书房，放在门口或窗边，用于待客交谈

② 家具的布置要点

※ 比例尺度与室内环境协调统一

◎ 选择或设计室内家具时要根据空间大小决定家具的体量大小，可参考室内净高、门窗、窗台线、墙裙等。

◎ 如在大空间选择小体量家具，显得空荡且小气。而在小空间中布局大体量家具，则显得拥挤、阻塞。

▲ 空间面积充裕的家居可摆放厚重家具

▲ 小空间家具体量应小巧

※ 家具风格与室内风格相一致

◎ 室内设计风格的表现，除了界面的装饰设计外，家具的形式对室内整体风格的体现具有重要的作用。

◎ 对家具的风格的正确选择有利于突出整体室内空间的气氛与格调。

※ 家具数量由空间和面积大小决定

◎ 家具数量的选择要考虑空间的容纳人数、人们的活动要求以及空间的舒适性。

◎ 要分清主体家具和从属家具，使其相互配合，主次分明。

◎ 例如，卧室中床为主体家具，而大衣柜、床头柜则可根据空间大小来决定选择与否。

▲ 卧室空间充裕，可以靠墙摆放大衣柜

▲ 卧室面积有限，家具造型多简约、小巧

※ 家具布置的动线需合理

◎ 摆放家具，要考虑室内人流路线，使人的出入活动快捷方便，不能曲折迂回，更不能造成使用家具的不方便。

◎ 摆放时还要考虑采光、通风等因素，不要影响光线的照入和空气流通。

◎ 例如，床要放在光线较弱处。大衣柜应避免靠近窗户，以免产生大面积的阴影。门的正面应放置较低矮的家具，以免产生压抑感。

▲ 阳台门的前方家具低矮，不会形成视觉压抑感

Tips 家具在空间中适宜运用比例

一般使用的房间家具占总面积的 35%～40%，在家庭住宅的小居室中，占房面积可达到 55%～60%。

③ 利用家具布局改变空间印象

对称式

◎ 以对称形式出现的规则式家具布局，能明显地体现出空间轴线的对称性，给人以安定、平衡的感觉。

◎例如，在床的两侧摆放相同的床头柜。

非对称式

◎ 一种既有变化又有规律的不对称的安排形式，能给人以轻松活泼的感觉。

例如，儿童房床的一侧摆放床头柜，而另一侧则摆放书桌。

集中式

◎ 集中式家具布局适用于面积较小的家居空间。

◎ 可以利用功能单一的家具进行统筹规划，形成一定的围合空间。

分散式

◎ 分散式家具布局适用于面积较大的家居空间。

◎ 可用数量较多、功能多样的家具来增加空间的实用功能。

④ 利用家具扩大室内空间

※ 利用壁柜、壁架扩大空间

◎ 固定式壁柜、吊柜、壁架等家具可充分利用储藏面积，例如，将室内楼梯底部、门廊上部、过道、墙角等闲置空间利用起来储藏杂物，可以起到间接扩大空间的作用。

◎ 室内的上部分空间也可以由家具占用，以节省地面面积。

◎ 利用楼梯空余的下部空间打造了开放式壁柜。

◎ 提高了空间使用率，也提供了更多收纳空间。

※ 利用家具的多用性和可折叠功能扩大空间

在小空间中，为增加空间利用效率，可以利用翻板书桌、组合橱柜、翻板床、多用沙发、折叠椅等家具来节约空间。

◎ 定制设计的睡床，集收纳和睡眠功能为一体。

◎ 体量小巧的餐桌占地面积较小，同时可作为工作台使用。

2. 布艺

布艺织物是室内装饰中常用的物品，能够柔化室内空间生硬的线条，赋予居室新的感觉和色彩，同时还能降低室内的噪声，减少回声，使人感到安静、舒心。

① 常见布艺分类

窗帘

平开帘	罗马帘	卷帘	百叶帘

沿轨道轨迹或杆子做平行移动的窗帘，适用于客厅、卧室	在绳索牵引下作上下移动的窗帘，适合豪华风格的，及大面积玻璃观景窗	随卷管卷动上下移动的窗帘，亮而不透。适合书房、卫生间等小面积空间	可180度调节的窗帘。遮光、透气，可水洗，适用于书房、卫生间、厨房

床上用品

床品套件	被芯	枕芯	床垫
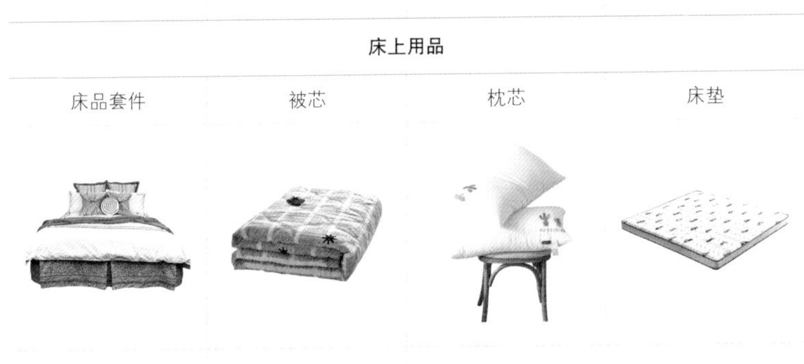			
可根据季节更换，快速改变居室整体氛围	按材质可以分为棉、中空纤维、羊毛、蚕丝、羽绒	按材质可以分为乳胶、羽绒、决明子、荞麦、慢回弹等	可分为羊毛、珊瑚绒以及竹炭床垫等

续表

地毯			
羊毛地毯	混纺地毯	化纤地毯	草织地毯
阻燃、不易老化褪色，脚感舒适	耐虫蛀，耐磨性更高，弹性好	耐磨性好，富有弹性，价格较低	乡土气息浓厚，适合夏季铺设

② 布艺在空间中的设计原则

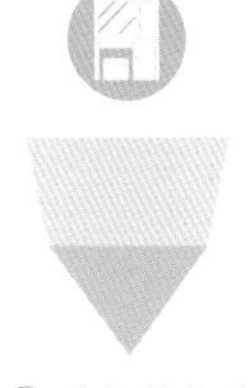

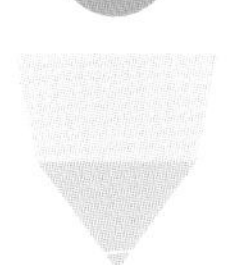

① 要与整体风格形成呼应

② 布艺选择应以家具为参照

③ 布艺选择应与空间使用功能统一

④ 不同布艺之间应和谐搭配

※ 要与整体风格形成呼应

◎ 布艺选择首先要与室内装饰格调相统一，主要体现在色彩、质地和图案上。

◎ 色彩浓重、花纹繁复的布艺虽然表现力强，但不好搭配，较适合豪华的居室。

◎ 浅色、简洁图案的布艺，则可以衬托现代感的居室。

◎ 带有中式传统图案的布艺，更适合中式风格的空间。

※ 布艺选择应以家具为参照

◎ 家具色调很大程度上决定整体居室的色调。

◎ 选择布艺色彩最省事的做法为——以家具为基本的参照标杆。

◎ 执行原则：窗帘色彩参照家具、地毯色彩参照窗帘、床品色彩参照地毯、小饰品色彩参照床品。

◀ 窗帘的色彩和图案来源于家具和抱枕

※ 布艺选择应与空间使用功能统一

◎ 布艺在面料质地的选择上，尽可能选择相同或相近元素，避免材质杂乱。

◎ 布艺选用最主要的原则是要与使用功能项统一，如装饰客厅可以选择华丽、优美的面料，装饰卧室则应选择流畅、柔和的面料。

▲ 客厅布艺体现美观性

▲ 卧室布艺体现舒适性

※ 不同布艺之间应和谐搭配

◎ 窗帘、地毯、桌布、床品等布艺应与室内地面、家具尺寸相和谐。

◎ 地面布艺多采用稍深颜色。

◎ 桌布和床品中的设计元素尽量在地毯中选择，可用低于地面色彩和明度的花纹取得和谐。

③ 用布艺饰品化解缺陷空间格局的方法

层高有限的空间

◎用色彩强烈的竖条纹椅套、壁挂、地毯来装饰家具、墙面或地面。

◎搭配素色墙面，形成鲜明对比，使空间显得更高挑，增加空间的舒适度。

采光不理想的空间

◎布质组织较为稀松、布纹具有几何图形的小图案印花布，给人视野宽阔的感觉。

◎尽量统一墙饰上的图案，使空间在整体感上达到贯通，让空间“亮”起来。

狭长空间

◎在狭长空间两端使用醒目图案，能吸引人的视线。

◎在狭长一端使用装饰性强的窗帘或壁挂。

◎在狭长一端的地板上铺设柔软地毯。

狭窄空间

◎可以选择图案丰富的靠垫，来达到增宽室内视觉效果的作用。

局促空间

◎选用毛质粗糙或是布纹较柔软、蓬松的材料，以及具吸光质地的材料来装饰地板、墙壁。

◎窗户则可大量选用有对比效果的窗帘。

3. 布艺－窗帘

窗帘可以保护隐私，调节光线和室内保温。厚重、绒类布料的窗帘还可以吸收噪声，在一定程度上起到遮尘防噪的效果。另外，窗帘也是家居装饰不可或缺的要素。

① 窗帘的组成

帘体

平过帘头	波浪帘头	工字帘头	混合型帘头

包括窗幔、窗身和窗纱，窗幔是装饰帘不可缺少的部分，有平铺、打折、水波、综合等样式。

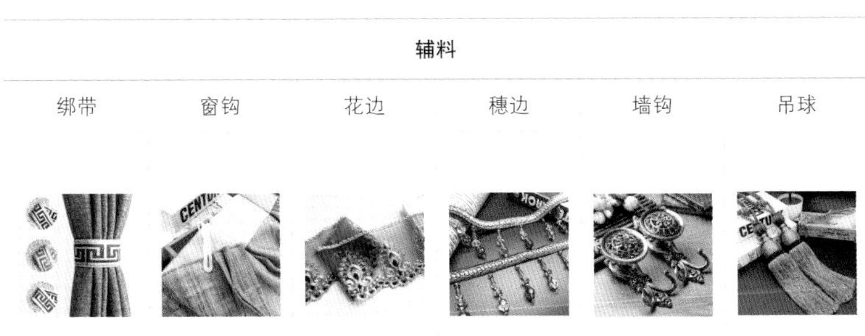

体量一般不大，主要起装饰作用，也有部分具有实用功能。常用辅料一般包括：绑带、窗钩 、花边、穗边、墙钩、吊球等。

② 窗帘常见面料种类

种类	概述
传统面料	窗帘布的面料基本以涤纶化纤织物和混纺织物为主，垂感好、厚实
遮光面料	既能与其他布帘配套作为遮光帘，又单独集遮光和装饰为一体，并可做成各种不同风格的遮光布
纱帘	窗纱的种类大体归纳起来有平纹、条格、印花、绣花、压花、植绒、烂花、起皱等，其中做纱的原料有麻、涤纶丝、锦纶丝、玻璃丝等

③ 选择合适窗帘的方式

※ 窗帘款式的挑选

◎ 首先应考虑居室的整体效果，其次考虑花色图案的协调感，最后根据环境和季节确定款式。

◎ 面积不大的房间窗帘款式宜简洁、大气。

◎ 大面积的房间可采用精致、气派或具有华丽感的样式。

▲ 小空间的窗帘款式简洁

▲ 挑高较高的大空间窗帘款式可多样化

※ 确定窗帘尺寸的方法

高而窄的窗户	选长度刚过窗台的短帘，并向两侧延伸过窗框，尽量暴露最大的窗幅
宽而短的窗户	选长帘、高帘，让窗幔紧贴窗框，遮掩窗框宽
较矮的窗户	可在窗上或窗下挂同色的半截帘，使其刚好遮掩窗框和窗台，造成视觉的错觉

※ 确定窗帘花色的方法

备注：“花色”是窗帘花的造型和配色。

要点：

◎ 窗帘图案不宜过于繁琐，要考虑打褶后的效果。
◎ 窗帘花型有大小之分，可根据房间的大小进行具体选择。

空间面积大	空间面积小
窗帘可选择较大花型，给人强烈的视觉冲击力，但会使空间感觉有所缩小	窗帘应选择较小花型，令人感到温馨、恬静，且会使空间感觉有所扩大

新婚房	老人房
窗帘色彩宜鲜艳、浓烈，以增加热闹、欢乐气氛	窗帘宜用素净、平和色调，以呈现安静、和睦的氛围

4. 布艺－床品

床上用品是卧室中非常重要的软装元素，能够体现居住者的身份、爱好和品位。根据季节更换不同颜色和花纹的床上用品，可以很快地改变居室的整体氛围。

备注： 床上用品要注重舒适度，舒适度主要取决于采用的面料，好的面料应兼具高撕裂强度、耐磨性、吸湿性和良好的手感，另外，缩水率应控制在 1% 之内。

※ 根据季节选择床品颜色

▲ 春季床品色彩鲜艳、多样

▲ 夏季床品色彩清新，材质轻薄

▲ 秋季床品图案、色彩可取决于自然

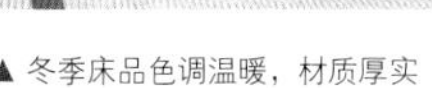

▲ 冬季床品色调温暖，材质厚实

※ 根据人群选择床品颜色

女儿房

粉色、鹅黄色、马卡龙色

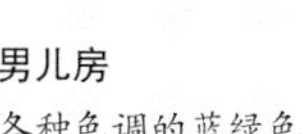

男儿房

各种色调的蓝绿色

年轻夫妻

选择较多，如米色、卡其色、粉色、绿色、蓝色等，或用撞色

老年房

稳重大方的颜色，如浊色调的红色、蓝色，以及棕色系

5. 布艺 – 地毯

地毯是以棉、麻、毛、丝、草等天然纤维或化学合成纤维为原料，经手工或机械工艺进行编结、栽绒或纺织而成的地面铺敷物，能够隔热、防潮，具有较高的舒适感，同时兼具美观性。

※ 根据家居空间选择地毯

挑高空旷的空间	◎地毯图案可不受面积制约而有更多变化 ◎花纹可以较繁复，色彩可以大胆一些
开放式的空间	挑选一两块小地毯铺在就餐区和会客区，空间布局一目了然
大房间	将地毯压角斜铺，为空间带来更多变化

备注：如果整个房间通铺长绒地毯，能起到收缩面积感、降低房高的视觉效果

※ 根据家居色彩选择地毯

◎ 在墙面、家具、软装饰都以白色为主的空间中，地毯色彩可艳丽，令空间中的其他家居品都成为映衬地毯的背景色。

◎ 色彩丰富的家居环境中，最好选用能呼应空间色彩的纯色地毯。

◎ 选择与壁纸、窗帘、靠垫等装饰图案相同或近似的地毯，可令空间呈现立体装饰效果。

▲ 地毯图案与壁纸图案属于同系列，具有扩张空间的作用

6. 灯具

灯具在家居空间中不仅具有装饰作用，同时兼具照明的实用功能。灯具应讲究光、造型、色质、结构等总体形态效应，是构成家居空间效果的基础。

① 灯具的种类

吊灯	吸顶灯	落地灯	壁灯
◎多用于卧室、餐厅、客厅 ◎吊灯按照其最低点离地面不小于 2.2 米	◎适合于客厅、卧室、厨房、卫生间等处 ◎安装简易，款式简洁	◎一般放在沙发拐角处，灯光柔和 ◎落地灯灯罩应离地面 1.8 米以上	◎适合卧室、卫生间照明 ◎壁灯的安装高度，其灯泡应离地面不小于 1.8 米
台灯	射灯	筒灯	浴霸灯
◎一般客厅、卧室用装饰台灯 ◎工作台、学习台用节能护眼台灯	◎安装吊顶四周、家具上部，或置于墙内 ◎整体、局部采光均可	嵌装于吊顶内部。装设多盏筒灯	浴霸灯用于卫生间，既有照明效果，也可以达到保暖的作用

② 室内灯具设计原则

※ 应与家居环境装修风格相协调

◎ 灯具选择必须考虑到家居装修的风格、墙面的色泽以及家具的色彩等。

◎ 如家居为简约风格，就不适合繁复华丽的水晶吊灯。

▲ 吊灯造型具有艺术气息，与整体空间设计搭配相宜

※ 灯具大小要结合室内面积

12 平方米以下	◎宜采用直径为 20 厘米以下的吸顶灯或壁灯 ◎灯具数量、大小应配合适宜，以免显得过于拥挤
15 平方米左右	◎应采用直径为 30 厘米左右的吸顶灯或多叉花饰吊灯 ◎灯的直径最大不得超过 40 厘米
20 平方米以上	◎灯具尺寸一般不超过 50×50（厘米）即可

※ 根据业主喜好选择灯具样式

◎ 如果注重灯的实用性，可以挑选黑色、深红色等深色系镶边的吸顶灯或落地灯。

◎ 若注重装饰性又追求现代化风格，则可选择造型活泼、灵动的灯饰。

◎ 如果是喜爱民族特色造型的灯具，可选择雕塑工艺落地灯。

※ 根据不同人群选择合适的灯具

青年人

◎ 青年人对灯饰要突出新、奇、特

◎ 主体灯应彰显个性，造型富有创意，色彩鲜明

◎ 壁灯在造型上可以爱情为题材，光源要求以温馨、浪漫为主

中年人

◎ 中年人是家庭主导，也是事业上的栋梁，对装饰造型、色彩力求简洁明快

◎ 布灯既要体现出个性，也要体现主体风格，如用旋臂式台灯或落地灯，以利学习工作

老年人

◎ 老年人生活习惯简朴，所用灯具色彩、造型要衬托老年人典雅大方的风范

◎ 主体灯可用单元组合宫灯形吊灯或吸顶灯

◎ 为方便老人起夜，可在床头设一盏低照度长明灯

儿童

◎ 儿童灯饰造型、色彩，既要体现童趣，又要有利于儿童健康成长

◎ 主体灯力求简洁明快，可用简洁式吊灯或吸顶灯，做作业的桌面上的灯光要明亮，可用动物造型台灯，但要注意保证照度

◎ 由于儿童好奇心强、好动，故灯饰要绝对保证安全可靠

7. 装饰画

装饰画属于一种装饰艺术，给人带来视觉美感、愉悦心灵。同时，装饰画也是墙面装饰的点睛之笔，即使是白色的墙面，搭配几幅装饰画，即刻就可以变得生动起来。

① 装饰画的种类

中国画	油画	摄影作品	工艺画 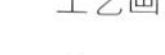
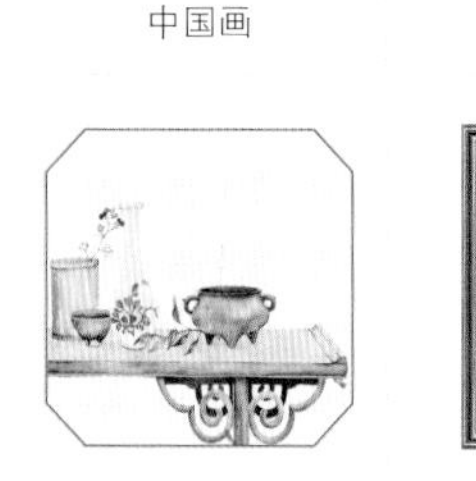			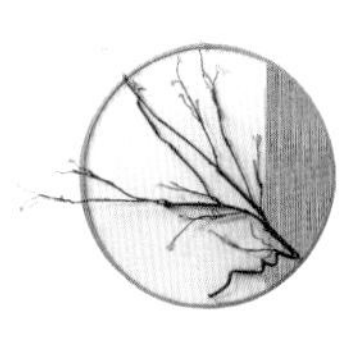
适合与中式风格搭配，常见形式为横、竖、方、圆、扇形等	具有丰富的色彩变化及层次对比，特别适合欧式风格	根据画面色彩和主题，搭配不同风格画框，适用性广	用各种材料通过拼贴、镶嵌、彩绘等工艺制作，适用性广

链接： 装饰画属于居室中的墙面挂饰，除此之外，装饰镜、挂盘等也是设计时常见的墙面装饰，作用类似，皆有美化墙面的功能。

装饰镜	挂毯	挂盘	工艺挂饰

常出现在欧式家居中，一般出现在壁炉和沙发背景墙	可以营造出休闲的空间氛围，田园、北欧风格较常见	生动、灵活，自然风格的餐厅墙面十分常见，也可用于客厅	品类丰富，常装点客厅、卧室背景墙，过道中可采用小型作品

② 装饰画的悬挂方式

重复式

◎ 面积相对较大的墙面可采用。

◎ 将三幅造型、尺寸相同的装饰画平行悬挂。

◎ 图案、边框应尽量简约，浅色及无框款式更适合。

对称式

◎ 最保守、简单的墙面装饰手法。

◎ 将两幅装饰画左右或上下对称悬挂。

◎ 适合面积较小的区域，画面内容最好为同一系列。

水平线式

◎ 在若干画框的上缘或下缘设置一条水平线，在这条水平线的上方或下方组合大量画作。

◎ 避免呆板，可将相框更换成尺寸不同、造型各异的款式。

方框线式

◎ 在墙面上悬挂多幅装饰画可采用方框线挂法。

◎ 根据墙面情况，勾勒出一个方框形，以此为界，在方框中填入画框，可以放四幅、八幅甚至更多。

建筑结构线式

◎ 依照建筑结构悬挂装饰画，以柔和建筑空间中的硬线条。

◎ 如在楼梯间，可以楼梯坡度为参考线悬挂一组装饰画，将此处变成艺术走廊。

Tips 避免照片墙杂乱的方法

○ 将多幅装饰画或相框组合，即成为照片墙。

○ 相框颜色不一致是杂乱的主要原因，可将所有相框统一成白色或其他中性色调。

○ 照片色彩不一也会产生杂乱，可把照片扫描并黑白打印，只留一张彩色照片作视觉焦点。

○ 把相片陈列在墙面的相片壁架上，靠墙而立，可随时更换新的照片作品。

○ 分层次展示可在每层选择一个彩色相片作为主角，用其他的黑白照片来陪衬。

③ 装饰画在家居中的运用法则

※ 最好选择同种风格

◎ 装饰画最好选择同种风格，也可偶尔使用一两幅风格截然不同的装饰画做点缀。

◎ 如装饰画特别显眼，同时风格十分明显，具有强烈视觉冲击力，最好按其风格来搭配家具、靠垫等。

▲ 装饰画的色彩和图案抢眼，但与家居软装形成呼应，不显突兀

※ 应坚持宁少勿多，宁缺毋滥

◎ 装饰画在一个空间环境里形成一两个视觉点即可。

◎ 如果同时要安排几幅画，必须考虑之间的整体性，要求画面是同一艺术风格，画框是同一款式，或者相同的外框尺寸，使人们在视觉上不会感到散乱。

④ 装饰画悬挂的适宜高度及间距

※ 适宜高度

◎ 挂画的中心点略高于人平视的视平线。即需要稍微抬一点下巴看到挂画、欣赏挂画。

◎ 不管是 1 幅画，还是 2 幅画，抑或组合画，都需找到整组画的中心点，计算挂画左右高度、上下高度。

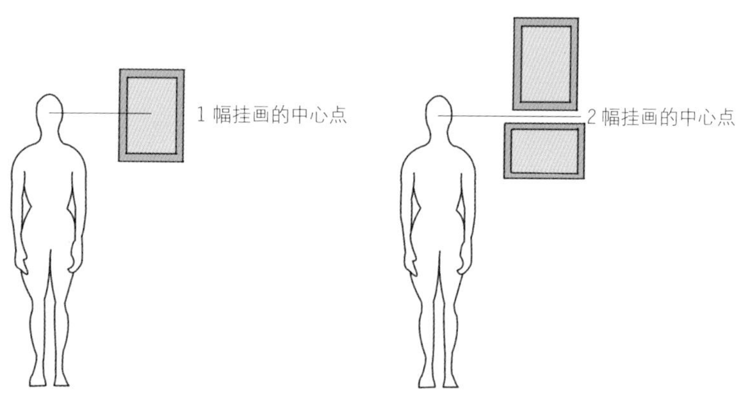

※ 适宜间距

◎ 若是 2 幅画一组的挂画，中心间距最好在 7、8 厘米左右，让人觉得是一个整体。

◎ 挂画分隔太远，会形成两个视觉焦点，整体性大大降低。

⑤ 挑选装饰画的方式

※ 根据居室采光来挑选装饰画

光线不理想的房间： 尽量不要选用黑白色系的装饰画或国画，会让空间显得更阴暗。
光线强烈的房间： 不要选用暖色调、色彩明亮的装饰画，会让空间失去视觉焦点。

备注： 利用照明可以使挂画更出色。例如，让一支小聚光灯直接照射装饰画，能营造出更精彩的装饰效果。

※ 根据墙面来挑选装饰画

◎ 现在市场上所说的长度和宽度多是画本身的长宽，并不包括画框在内。
◎ 在买装饰画前一定要测量好挂画墙面的长度和宽度。
◎ 注意装饰画的整体形状和墙面搭配。
◎ 狭长墙面适合挂放狭长、多幅组合或小幅画。
◎ 方形墙面适合挂放横幅、方形或小幅画。
◎ 墙面有足够的空间，可以挂置一幅面积较大的装饰画。
◎ 空间较局促时，适合面积较小的装饰画，不会令墙面产生压迫感。

▲ 墙面面积足够，可悬挂大幅装饰画

▲ 墙面面积有限，适合小幅装饰画组合

8. 工艺品

工艺品是通过手工或机器将原料或半成品加工而成的产品，是对一组价值艺术品的总称。在家居中运用工艺品进行装饰时，不宜过多、过滥，只有摆放得当、恰到好处，才能拥有良好的装饰效果。

① 工艺品的分类

金属工艺品	水晶工艺品	玻璃工艺品	陶瓷工艺品
金属或辅以其他材料制成。形式多样，各种风格均适用	玲珑剔透、高贵雅致，适合现代风格、简欧风格	晶莹通透、具有艺术感，最适合现代风格，其他风格均可	具有柔和、温润的质感，适合各种风格的居室
布艺工艺品	编织工艺品	木雕工艺品	树脂工艺品
柔软，可柔化室内空间线条，多见儿童房，或具有童趣的居室	具有天然、朴素、简练的艺术特色，适用于田园、东南亚风格	原料不同色泽不一，适合中式及自然类风格	造型多样、形象逼真，广泛涉及人物、动物、昆鸟、山水等

② 工艺品在家居中的运用法则

※ 对称平衡摆设制造韵律感

◎ 将两个样式相同或类似的工艺品并列、对称、平衡地摆放。

◎ 可以制造出和谐的韵律感，还可使其成为空间视觉焦点的一部分。

◀ 工艺品对称摆放

※ 同类风格的工艺品摆放在一起

◎ 家居工艺品摆放之前最好按照不同风格分类，再将同一类风格的饰品进行摆放。

◎ 在同一件家具上，工艺品风格最好不要超过 3 种。

◎ 如果是成套家具，则最好采用相同风格的工艺品，可形成协调的居室环境。

◀ 成套工艺品摆放

※ 摆放时要注意层次分明

◎ 摆放家居工艺饰品要遵循前小后大、层次分明的法则。

◎ 把小件饰品放在前排，大件装饰品放在后置位，可以更好地突出每个工艺品的特色。

◎ 也可尝试将工艺品斜放，这样的摆放方式比正放效果更佳。

③ 工艺品的摆放方式

※ 视觉中心宜摆放大型工艺品

◎ 一些较大型的反映设计主题的工艺品，应放在较为突出的视觉中心位置。

◎ 可在起居室主要墙面上悬挂主题性装饰物，常用的有兽头、绘画、条幅或个人喜爱的收藏等。

◀ 在沙发附近位置，摆放了体量较大的创意装饰

◀ 此种设计可将居住者的品位呈现，也令空间彰显出个性气息

※ 小型工艺品可成为视觉焦点

◎ 在开始进行空间装饰时，可先从小型工艺品进行布置，方便调整更换。

◎ 小型家居饰品往往会成为视觉焦点，更能体现居住者的兴趣和爱好。

◀ 背景墙带有格子设计，使墙面具有了视觉变化

◀ 为了避免单调，在书柜中点缀小型工艺品，令墙面熠熠生辉

9. 花艺

装饰花艺是指将剪切下来的植物的枝、叶、花、果作为素材，经过一定的技术（修剪、整枝、弯曲等）和艺术（构思、造型、配色等）加工，重新配置成一件精致完美、富有诗情画意、能再现大自然美和生活美的花卉艺术品。

① 花艺的分类

东方花艺

以中国和日本为代表，着重表现自然姿态美，多采用浅、淡色彩，以优雅见长

西方花艺

也称欧式插花，色彩艳丽浓厚，花材种类多，注重几何构图，讲求浮沉的造型

② 花艺的设计原则

※ 花艺色彩与家居色彩要相宜

◎ 若空间环境色较深，花艺色彩以选择淡雅为宜。
◎ 若空间环境色简洁明亮，花艺色彩则可浓郁、鲜艳。
◎ 花艺色彩还可根据季节变化运用，最简单的方法为使用当季花卉作为主花材。

◀ 环境色较深，花艺色彩清雅

◀ 环境色明亮，花艺可呈对比色

※ 花卉与花卉之间的配色要和谐

◎ 一种色彩的花材，色彩较容易处理，只要用相宜的绿色材料相衬托即可。

◎ 两三种花色则需对各色花材审慎处理，应注意色彩的重量感和体量感。

◎ 色彩的重量感主要取决于明度，明度高者显得轻，明度低者显得重。

◎ 可在插花上部用轻色，下部用重色，或是体积小的花体用重色，体积大的花体用轻色。

▲ 单色花艺可装点空间，又不夺目

▲ 多色花艺可为空间增加动感

▲ 小体积花艺为重色，大体积花艺为轻色

▲ 花艺下部为重色，上部为轻色

③ 花艺与花器

在家居中利用花艺来装点，除了花材选择需要和家居空间匹配，花器选择也不容忽视。花卉与容器之间的色彩搭配主要可以两方面进行：

对比色组合：对比配色有明度对比、色相对比、冷暖对比等，可以增添居室活力。

调和色组合：能使人产生轻松、舒适感，方法是采用色相相同而深浅不同的颜色处理花与器的色彩关系，也可采用同类色和近似色。

花器常见种类一览表

种类	图示	特点
陶瓷花器		◎ 种类多样，单一色彩适用于现代、简约家居 ◎ 带有镀金、彩绘图案的花器适合欧式、田园风格
编织花器		◎ 具有朴实的质感，与花材搭配具有纯天然气息，适合田园、乡村风格 ◎ 悬挂类编织花器十分适合阳台
玻璃花器		◎ 透明玻璃花器干净、通透，北欧、田园风格常见 ◎ 彩色玻璃花器鲜艳、时尚，现代风格常见
金属类花器		◎ 带有彩绘图案的铁皮花器适合乡村风格 ◎ 反光的金属或黄铜花器适合现代、北欧等家居风格

10. 绿植

绿植为绿色观赏观叶植物的简称，因其耐阴性能强，可作为观赏植物在室内种植养护。

备注：选择绿植首先应考虑其摆放位置和尺寸，然后结合喜阴或耐热等特性来确定摆放位置，而后考虑风格，如温馨或自然柔和的风格，可随喜好选择各种绿植，但如果是色彩饱和度不高，偏灰色的装修风格，则最好不要出现十分艳丽，或有绣球形状花朵的种类。

① 绿植的分类

陈列式	攀附式	吊挂式

包括点式、线式和片式。点式即将盆栽置于桌面构成视点。线式和片式是将一组盆栽摆放成一条线	常用于大厅和餐厅等室内某些区域需要分隔时	在窗前、墙角、家具旁吊放有一定体量的阴生悬垂植物，可营造生动、活泼的空间立体美感
壁挂式	栽植式	迷你型

在墙上设置局部凹凸不平的墙面壁洞，放置盆栽。或砌种植槽，再种上攀附植物，使其沿墙面生长，形成局部绿色空间	多用于室内花园及室内大厅等有充分空间的场所。栽植时，多采用自然式，即平面聚散相依、疏密有致	摆置或悬吊在室内适宜场所。布置时要考虑如何与空间内家具、日常用品的搭配

② 绿植的设计原则

※ 绿植色彩与家居色彩要相宜

◎ 若空间色调浓重，则植物色调应浅淡些。如南方常见的万年青，叶面绿白相间，在浓重的背景下显得非常柔和。

◎ 若环境色调淡雅，植物的选择性相对就广泛一些，叶色深绿、叶形硕大和小巧玲珑、色调柔和的都可兼用。

※ 绿植在家居中的摆放不宜过多、过乱

◎ 一般来说，居室内绿化面积最多不得超过居室面积的 10%，这样室内才有一种扩大感，否则会使人觉得压抑，且植物高度不宜超过 2.3 米。

◎ 在选择花卉造型时，还要考虑家具造型。如在长沙发后侧，摆放一盆高而直的绿色植物，就可以打破沙发的僵直感，产生一种高低变化的节奏感。

▲ 在沙发旁侧摆放一株中型绿植，既化解了多余边角的问题，也为空间注入了生机

三、常见软装的选购要点

由于软装的品类较多，在选购时需要注意预算的把控，以及掌握一些选购要点。一般软装选购需注意两个方面，一是本身质量的把控，一是与家居空间的综合考虑。

电视柜

◎ 客厅和电视机较小，可选择地柜式电视柜、单组玻璃几式电视柜

◎ 客厅和电视机较大，可选择拼装视听柜组合、板架结构电视柜

◎ 需放置下 CD、DVD 等物品

◎ 考虑线路安置的方便性

真皮沙发

◎重点关注背部和下部外表

◎外露皮质部分应质地柔软、手感润滑、厚薄均匀、无皱无斑

◎外露皮质部分应避免柔软性差、手感发涩、死板

◎外露木质部分应做工精细、曲线水平

◎外露木质部分应避免漆面粗糙、曲线不对称

布艺沙发

◎看面料：厚度柔软、抗拉度强

◎看布料：色调和谐、大方

◎看框架：整体度牢固

◎看海绵：舒适度强、回弹度高

茶几

◎实木天然材质纹理自然、结实耐用、环保性好，但花纹少、保养繁琐、易开裂

◎火烧石材质天然纹理、耐磨、耐高温，但笨重、难清理、易污染

◎钢化玻璃材质安全性高、抗冲击性强

餐桌椅

◎ 面积大：富于厚重感觉的餐桌和空间相配

◎ 面积小：可选择伸缩式餐桌

◎ 需符合人体工程学，使用舒适

◎ 应避免牢固性差、摇晃不稳、有疤节裂痕

实木床

◎ 检查实木：相应位置的花纹、疤结对应，无色差

◎ 察看细节：不应有开裂、结疤、虫眼、霉变

◎ 检查框架：用榫槽方式连接、用螺钉和保护块方式加固

◎ 闻味道：不应有刺激气味

◎ 保修卡：应有保修卡

床头柜

◎ 整洁：带抽屉或隔板

◎ 实用：台灯、闹钟、书等都能摆下

◎ 方便：躺床上取放东西高度舒适

书桌

◎ 实木天然木材、用胶少、环保性高、寿命长，但易变形、开裂

◎ 人造材质幅面大、结构性好、不易变形开裂、颜色多，但用胶多、抗弯弱

装饰柜

◎ 应避免尺寸过大，整体空间不协调

◎ 应注重美观实用，收纳空间大，坚固牢靠

吊灯

◎ 若层高矮，不宜使用华丽高大的吊灯

◎ 应吸附力强，灯头无变形、破裂，电线无损伤

◎ 应避免五金表面发黑、刮花、漏漆、流漆

◎ 应避免玻璃粗糙，有坯锋、黑点

吸顶灯

◎ 看面罩：应柔软、轻便、透光性好；应避免透光性差、易染色

◎ 看光源：色温舒服、看字清晰、眼睛不疲劳；应避免不光亮、不清楚、模糊

◎ 看镇流器：启动、工作时电压稳定

壁灯

◎ 节能环保、寿命长

◎ 透光性好、抗腐蚀性好

◎ 应避免发热量大、光线不均匀

◎ 应避免颜色暗淡、光泽度低

台灯

◎ 应避免有频闪、照度不均匀、有光斑
◎ 遮光性好、光源不刺眼，电源线连线牢固
◎ 平稳性好、不易翻倒

落地灯

◎ 应移动便利、光线集中
◎ 灯沿应低于眼睛、可调光
◎ 摆放的附近应无镜子、玻璃制品
◎ 采用直照式，不应采用局部照明

窗帘

◎ 垂直挺括、遮光性好、隔音性好
◎ 应避免易皱、易缩水、保温性差

窗帘杆

◎ 应挑选壁厚、直径大，材质坚固、滑动无噪音的产品
◎ 应避免颜色不协调
◎ 塑料材料易老化；铝合金包皮易开胶、承重性差、不耐摩擦。不锈钢最优

床品

◎ 手摸有点硬是被浆洗过，感觉手心里湿气似乎被吸，含棉量较高
◎ 眼观布面纤维细毛直且短，含棉较高
◎ 捋起来比较滑不是纯棉，有加化纤成分
◎ 纤维细毛长、分布不均，含化纤较多
◎ 质量好：平整均匀、质地细腻、印花清晰
◎ 质量差：布面不均、质地稀疏、缝纫粗糙

抱枕

◎ 超细纤维手感柔软、弹性好、不易板结
◎ 泡沫颗粒应细小、易移动、变形易恢复
◎ 蚕丝下脚料高档、效果比较硬挺
◎ pp 棉手感顺滑，但易粘东西、难清洗

装饰画

◎ 应与装修风格搭配，画风一致
◎ 应注意色调，与房间色调反差
◎ 应避免图案和样式与空间功能不吻合

墙面挂饰

◎ 应避免房间小，挂式大
◎ 房间光线暗，宜配暖调画
◎ 中式宜挂中国字画、年画、竹编画
◎ 西式宜挂版画、油画、大幅彩照

玻璃饰品

◎ 粘贴用的胶水和施胶度，要光亮、饱满
◎ 玻璃内部无生产时残留的手渍、水渍和黑点

工艺品摆件

◎ 树脂纯手工彩绘、环保无污染、精美造型
◎ 树脂表面应避免不光滑、光亮、刺手
◎ 防红木雕旺财辟邪，且栩栩如生、做工精细

铁艺饰品

◎ 金属断面应光滑
◎ 漆膜应无脱落、皱皮、流挂、疙瘩、磕碰、划伤

陶艺饰品

◎ 看表面：无变形、扭曲、缺釉、粘釉、磕碰、掉瓷及疤痕，且花纹完整、清晰、牢固

◎ 听声音：质量好，声音清脆、响亮、结实；质量差，声音异常，有裂纹、内伤或破损

羊毛地毯

◎外观：优质图案清晰、绒面光泽、色彩均匀、花纹层次、毛绒柔软
劣质图案模糊、毛绒稀疏、色泽黯淡、易起球、粘灰

◎原料：优质毛长均匀、手感柔软、富有弹性、无硬根
劣质毛短粗细不匀、无弹性、有硬根

◎脚感：优质舒适、不黏不滑、回弹性好
劣质粗糙、伴有硬物感、回弹慢

◎工艺：优质工艺精湛、毯面平直、纹路规则
劣质做工粗糙、漏线、露底

混纺地毯

◎ 色彩协调、染色均匀、构图完整、线头密

◎ 图案清晰、精细。道数越多，打结越多，弹性好

◎ 应避免有变色，有瑕疵

挂毯

◎ 图案精致、形象美观

◎ 应避免色彩不协调

◎ 优质毯面平整、方正。劣质毯面污渍、瑕疵

四、常见家具、家电标准尺寸

不同的家具其基本尺寸也各有不同，但一般都以厘米为单位；而家用电器购买时则最好根据家居空间的大小来选择合理的尺寸。

1. 客厅常见家具尺寸

① 电视柜

类别	尺寸
常见高度	一般来说电视柜比电视长三分之二，高度大约在 40～60 厘米
常见厚度	电视大多为超薄和壁挂式，电视柜厚度多在 40～45 厘米
备注： 目前家庭装修中电视柜的尺寸可以订制，主要根据电视大小、房间大小，以及电视与沙发之间的距离来确定	

② 双人沙发

类别	尺寸
外围宽度	一般在 140～200 厘米之间
深度	大约有 70 厘米
凹陷范围	人坐上沙发后坐垫凹陷的范围一般在 8 厘米左右为好
备注： 这些数字代表波动区间，在这个范围内或是相近尺寸，皆属合理	

续表

③ 三人沙发

类别	尺寸
座面深度	一般在在 48~55 厘米间
后靠背倾斜度	以 100~108 度之间为宜
两侧扶手高度	在 62~65 厘米之间
备注：三人沙发一般分为双扶三人沙发、单扶三人沙发、无扶三人沙发三类	

Tips 三人沙发常见尺寸在家居中的适用范围（单位为毫米）

○ 1900×700×780：比较简单、无扶手的三人沙发，适合简装居室和卧室。

○ 1700×800×700：小型低背沙发，小户型很实用。

○ 2140×920×850：比较大气的沙发，例如皮艺三人沙发，适合大客厅。

○ 1920×1000×450：组合布艺沙发中三人沙发的尺寸。

④ 茶几

种类	尺寸
小型长茶几	长 60~75 厘米，宽 45~60 厘米，高 38~50 厘米（38 厘米最佳）
大型长茶几	长 150~180 厘米，宽 60~80 厘米，高 33~42 厘米（33 厘米最佳）
方形茶几	宽有 90、105、120、135、150 厘米几种；高为 33~42 厘米
圆茶几	直径有 90、105、120、135、150 厘米几种；高为 33~42 厘米

2. 餐厅常见家具尺寸

① 4 人餐桌

种类	尺寸
方桌	◎正方形一般为 800×800（毫米） ◎长方形一般为 1400×800（毫米） ◎也常见 1350×850（毫米）、1400×850（毫米）的尺寸
圆桌	表面直径一般为 900 ~1000 毫米

② 6 人餐桌

种类	尺寸
方桌	◎ 760×760（毫米）的方桌和 1070×760（毫米）的长方形桌为常见尺寸 ◎ 760 毫米的餐桌尺寸是标准尺寸的宽度，至少不宜小于 700 毫米 ◎餐桌尺寸高度一般为 710 毫米，配 415 毫米高度的餐桌椅
圆桌	桌面直径在 1100~1250 毫米之间

3. 卧室常见家具尺寸

① 睡床

种类	尺寸
单人床	1.2×2.0（米）或 0.9×2.0（米）
双人床	1.5×2.0（米）
大床	1.8×2.0（米）

备注：以上是标准尺寸，以前长度标准是 1.9 米，现在大品牌款式基本上是 2.0 米。但注意这个床的尺寸是指床的内框架（即床垫的尺寸）

② 儿童床

续表

种类	尺寸
学龄前	年龄6岁以下，身高一般不足1.3米，可购买长1～1.3米，宽0.65～0.75米，高度约为0.4米左右的睡床
学龄期	可参照成人床尺寸购买，即长度为1.92米，宽度为0.8、0.9和1米三个标准
备注：选购高架床要注意下铺面至上铺底板的尺寸，一般层间净高应不小于0.95米	

③ 床头柜

序号	尺寸（标准）
1	国家标准明确规定为宽400~600毫米，深350~450毫米，高500~700毫米
2	最为常见的床头柜为现代风格，尺寸通常为580×415×490（毫米）、600×400×600（毫米）及600×400×400（毫米），适合搭配1.5×2（米）和1.8×2（米）的床
备注：不少品牌床都有对应组合床头柜，尺寸都是搭配好的	

④ 衣柜

种类	尺寸
两门衣柜	1210×580×2330（毫米），适合小户型，用来做装饰
四门衣柜	2050×680×2300（毫米），常见衣柜类型
五门衣柜	2000×600×2200（毫米），适合搭配套装家具
六门衣柜	2425×600×2200（毫米），适合大户型家居
备注：选购衣柜时应注意层板间的间距不能过大或过小，应在0.4～0.6米之间	

⑤ 衣柜推拉门

种类	尺寸
标准衣柜	◎衣柜尺寸 1200×650×2000（毫米），推拉门尺寸 600×2000（毫米） ◎衣柜尺寸 1600×650×2000（毫米），推拉门尺寸 800×2000（毫米） ◎衣柜尺寸 2000×650×2000（毫米），推拉门尺寸 1000×2000（毫米）
订做衣柜	从安全性、实用性、耐用性等方面考虑，衣柜长度大于 2 米时，考虑做成三门式的衣柜推拉门更为稳妥
备注：具体测量衣柜推拉门尺寸要量内径，然后平均成两扇或三扇，记得门与门有重叠部分	

⑥ 衣柜放杂物抽屉

序号	尺寸（标准）
1	抽屉的顶面高度最好小于 1250 毫米
2	高度在 150～200 毫米，宽度在 400～800 毫米
备注：存放内衣、袜子、杂物、毛衣的抽屉各有要求，杂物抽屉要扁平，毛衣等厚重衣物应大而深	

⑦ 电脑桌

种类	尺寸
桌面高度	一般为 74 厘米
桌面宽度	约为 60～140 厘米
备注：电脑桌尺寸选择要科学，否则会导致腰背痛、颈肌疲劳或劳损、手肌腱鞘炎和视力下降等疾病	

4. 厨卫常见家具尺寸

① 整体橱柜

种类	尺寸
厨柜地柜	◎宽度：400~600毫米为宜 ◎高度：780毫米史为合适
厨柜台面	◎厨柜台面到吊柜底，高尺寸600毫米；低尺寸是500毫米 ◎宽度：不可小于900×460（毫米） ◎高度：780毫米更为合适 ◎厚度：10毫米、15毫米、20毫米、25毫米等（石材厚度）
厨柜门板宽度	200~600毫米
厨柜吊柜	◎左右开门：宽度和地柜门差不多即可 ◎上翻门：尺寸最小500毫米，最大1000毫米 ◎深度：最好采用300毫米及350毫米两种尺寸（一边墙一种深度）
厨柜底脚线	高度一般为80毫米
厨柜抽屉滑轨	有三节滑轨、抽邦滑轨、滚轮路轨等，尺寸为250毫米、300毫米、350毫米、400毫米、450毫米、500毫米、550毫米

② 消毒柜

种类	尺寸
嵌入式消毒柜	长600毫米左右，宽420~450毫米左右，高650毫米左右
立式消毒柜	可以根据自已家的设计情况购买
壁挂式消毒柜	标准尺寸一般在80~100升即可

③ 卫浴柜

序号	尺寸（标准）
1	主柜高度一般为80~85厘米（包含面盆高度）
2	长为800~1000毫米（一般包括镜柜在内），宽（墙距）为450~500毫米

备注：浴室柜尺寸除了常用几种以外，还有长达1200毫米，甚至1600毫米的

5. 玄关常见家具尺寸

① 鞋柜

种类	尺寸
高度	不要超过 800 毫米
宽度	根据所利用的空间宽度合理划分
深度	是家里最大码的鞋子长度，通常尺寸在 300~400 毫米之间
层板高度	鞋柜通常设定在 150 毫米之间
备注： 如何想在鞋柜里摆放其他一些物品，如吸尘器、苍蝇拍等，深度需在 400 毫米以上	

② 鞋架

种类	尺寸
简易鞋架	一般为 30×60×60 厘米（高度可增可减）
装饰鞋架	一般是 30×60×80 厘米

6. 常见家电尺寸

① 液晶电视

规格	尺寸
32 寸	长约 69 厘米，宽约 39 厘米
37 寸	长约 81.79 厘米，宽约 45.99 厘米
40 寸	长约 88.48 厘米，宽约 49.77 厘米

续表

规格	尺寸
47 寸	长约 104 厘米，宽约 58.50 厘米
50 寸	长约 110 厘米，宽约 62 厘米
55 寸	长约 121.55 厘米，宽约 68.2 厘米

备注： 通常所说某显示器或电视机多少寸，其实是指英寸（inch），现在液晶电视多为 16:9

② 空调的功率规格

匹数	功率	适用房间面积
1P	2000~2500 大卡（800~950 瓦）	12 平方米
1.5P	3200~3600 大卡（1100~1300 瓦）	18 平方米
2P	4600~5100 大卡（1600~1950 瓦）	28 平方米
3P	6000~7200 大卡（2500~2980 瓦）	50 平方米

③ 冰箱

类别	容积	尺寸
小冰箱	60 升以下	515 × 500 × 530 毫米左右
对开门式冰箱	100 升以上	900 × 590 × 1750 毫米左右
双门式冰箱	100~200 升之间	1600 × 495 × 635 毫米左右
三门式冰箱	201~250 升之间	545 × 560 × 1740 毫米左右

④ 洗衣机

类别	容积	尺寸
滚筒洗衣机	2.1~4.5 千克	600×550×600 毫米
	5.6~7 千克	840×595×600 毫米
	4.6~5.5 千克	596×600×900 毫米
	7 千克以上	850×600×600 毫米
波轮洗衣机	4.6~5.5 千克	550×540×910 毫米左右
	5.6~7 千克	530×540×890 毫米左右
	7 千克以上	550×560×968 毫米左右

⑤ 微波炉

规格	尺寸
18 升	290×290×149 毫米
20 升	282×482×368 毫米
21 升	461×361×289 毫米
23 升	305×508×435 毫米
25 升	320×510×455 毫米
27 升	320×523×505 毫米
30 升	552×344×495 毫米
32 升	301×518×404 毫米

备注：一般来说，微波炉的尺寸和微波炉的容量成正比，大概在 20~32 升左右，23 升是最常见的微波炉容量，比较适合大众家庭

室内设计流程

设计师进行一项装修工程时，首先应将室内设计流程了然于心。因为，室内设计涉及的细节较多，只有按部就班，步步为营，才能令工作顺利开展，达到良好的装饰效果。

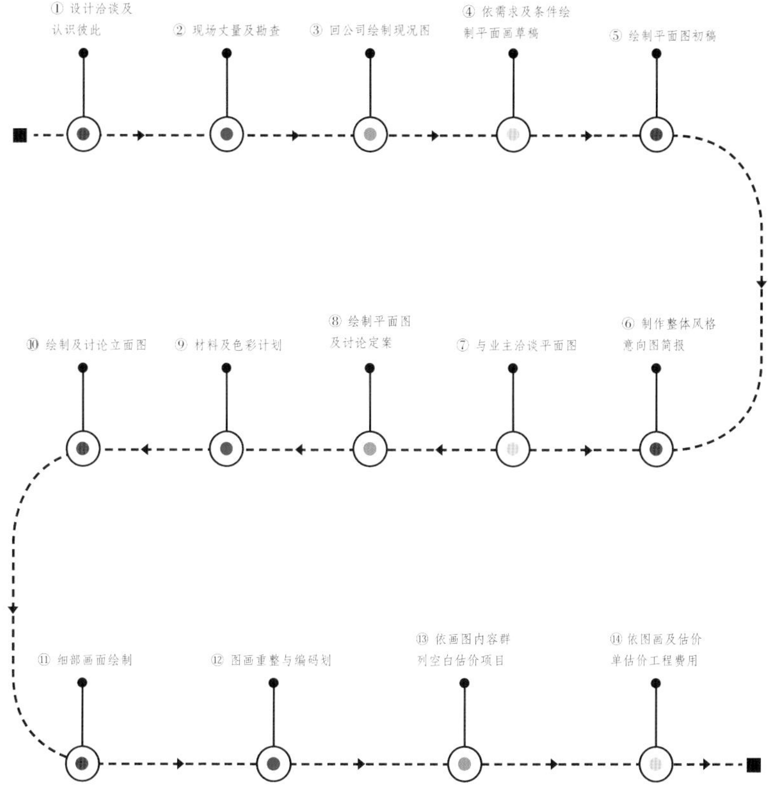

室内施工流程

在进行室内施工时，也应按照合理的流程开展。一般来说，施工进程应循序渐进，切忌不可为了追赶工期，将不可穿插的两大工程并行，导致室内工程不合格，反而浪费时间。

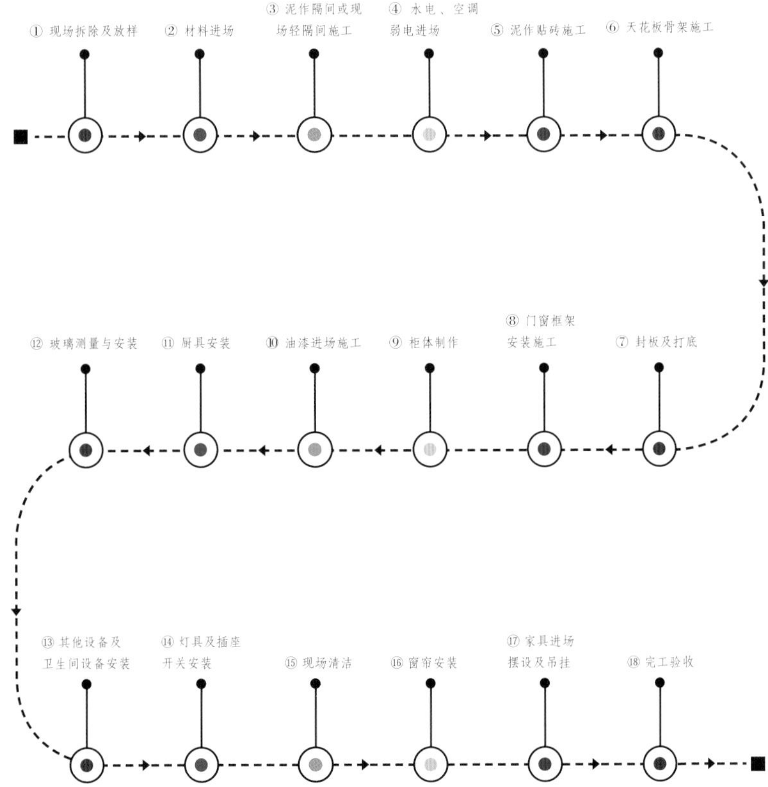

书香中
内蕴禅意的
中式书院设计

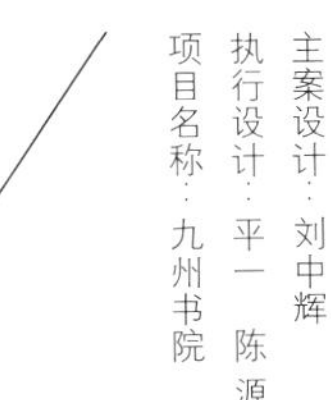

/ 平面图 /

一层平面布置图

二层平面布置图

/ 设计师简介 /

刘中辉，国际知名设计师，四合院设计院创办人。自 2001 年从业至今，获得“中国十大设计师”“IFI 国际室内建筑师 / 设计师联盟会员”等多项行业荣誉。作为中国室内中式设计第一人，以扎实的设计功底和多年沉淀对古典文化的造诣，打造出众多卓尔不群的优秀作品，如《九州书院》、财富公馆》等。

案例简述：本次中式书院设计案例，遵循古道之余也加上设计师自身多年对于传道授业之地的深刻理解。古拙厚重的大格局下不乏一些充满奇趣的小细节，所谓大中有细，实为不俗也。

前厅

开门即见圣人像，万世师表虽早已作古，但其留下的诸多精神及学说历久弥新仍值得我辈读书人学习敬重。仰首天花板仿若一墩倒置棋盘，棋布星罗，似银河浩瀚，寓意读书人当为天地立心，为生民立命，为往圣继绝学，为万世开太平。

办公室 1

窗明几净，除必要桌椅，寥寥数幅字画外再无多余，也是设计师对空间意趣充满善意的期许。期许人们在此心无旁骛，笃学不倦，青云直上。

更衣室

通过中式元素的运用，整体色彩，线条与几何图形的拿捏，将空间气质打造得朴实无锋气韵内收。

办公室 2

以圆窗作纸，盆栽作画。那枝杈如风拂过墨汁，抹过白净的纸面，在暖黄的光线下，颇富雅思。

茶室

复古却不过分拘泥，学院清净地，摒弃奢华浮夸元素，必要元素外，只锦上添花增添些小趣味设计。书香气中，只问琴瑟和鸣，书声琅琅。

讲堂

中式书院一切仿古制，古朴木质桌椅上是作锦绣文章的笔墨纸砚。空间敞亮的讲堂，讲师位于其上，授道解惑。学子们手不释卷，学而求精。师生之情，亦师亦友。

禅厅

读书需心境，心境需心静。“禅”间便适合闲暇片刻，或胸有郁积不得抒时，煮一壶茶，提起茶杯，放下杂念。

其它空间

将传统古典圆满演绎的中式别墅设计

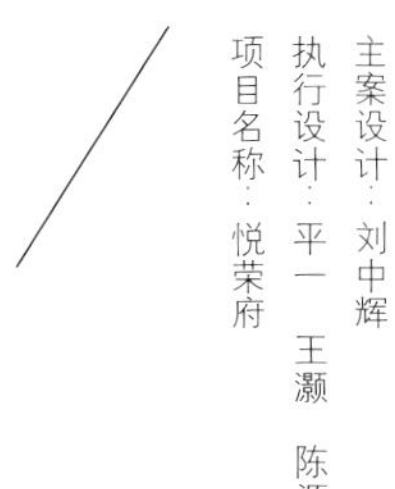

案例简述：在洞悉业主的想法与喜好后，设计师将传统文化理解巧妙融入到现代设计当中去。通过对其剖析重构，把源起于中国传统文化的书画、家具等古典元素与当代家居理念完美结合，营造出一种立意高远的优雅氛围。同时以简单的直线表现中式的古朴大方。在色彩上，采用柔和的古典色调，予人以优雅温馨、自然脱俗的感受。

/ 平 面 图 /

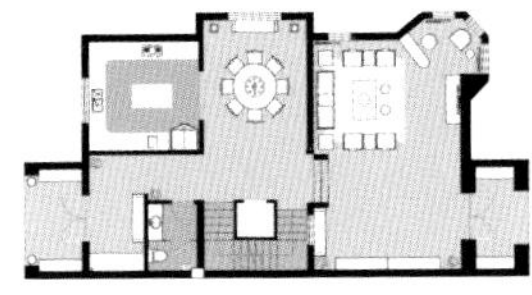

一层平面布置图

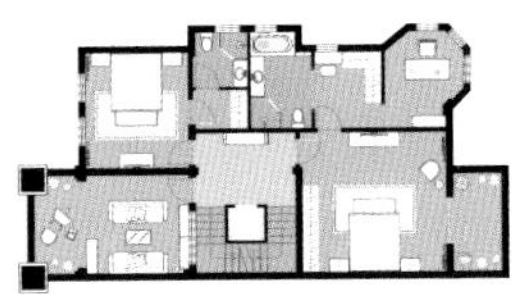

二层平面布置图

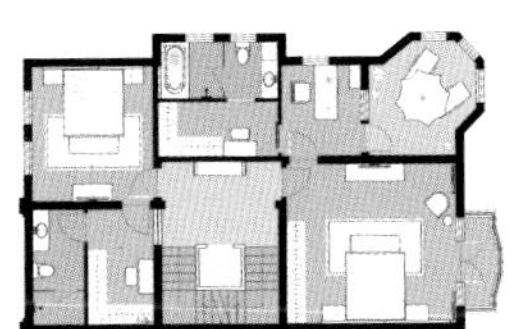

三层平面布置图

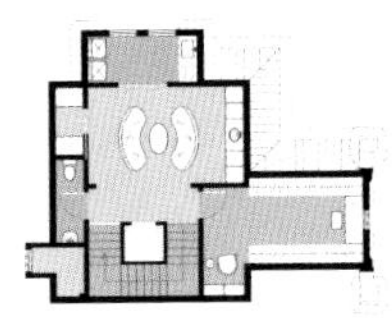

四层平面布置图

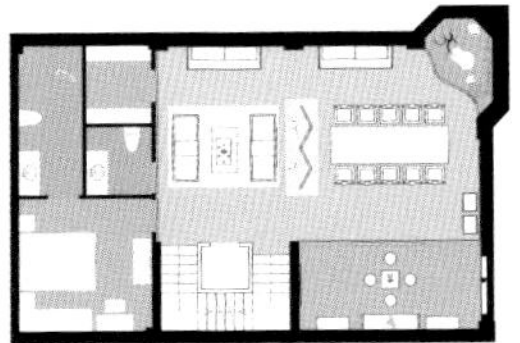

负一层层平面布置图

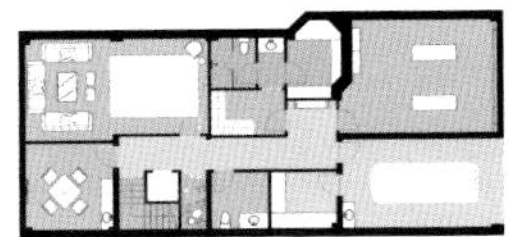

负二层层平面布置图

一层客厅

通过多元化的手法对传统元素进行新的演绎，让其与新环境有机融合在一起，以空间界面为载体，创造出富有文化、美感和情趣的空间。

一层餐厅

设计师精心调配出妥帖的格局，简洁空间里，由古典元素延伸出各种造型、手法，打磨出灵气盎然的人文意境。

一层玄关

玄关与过道处的水墨装饰画交相辉映，将中式韵味恰到好处的呈现；精雕细刻的玄关柜与装饰小品将中式意境延伸，给人质拙、古朴之感。

二层主卧室

大面积的春樱飞鸟壁布为原本古朴的空间带来一丝灵动，再加持实木家具、水墨图案的地毯，整个空间自然空灵与中式清雅相辅相成。

二层绘画阅读区

中式元素本身具有的文化性、装饰性给空间带来了更高层次的品味，使室内装饰既具有时代感，又散发出历史传统气息，既富有情调，又不失意蕴和内涵。

三层客卧

卧室设计围绕“静”这一看似简单，实则非常富有意味与内涵的主题展开。设计师通过色彩的协调、装饰元素的简洁化，弱化空间干扰，给人浑然一体的如画卷般的美感。

负一层品茶休闲区

在适当的位置利用博古架、绿植、陶瓷古玩来充实空间内容性，充分发挥这些景观小品的形态美，打造空灵雅致的环境效果。

其它空间